建筑构造

（第二版）

孟　刚　编著

· 上海 ·

内容提要

本书以建筑物的基本构成为线索，以建筑建造体系中的基础、地下室、墙体、楼地层、屋顶、楼梯、门窗及变形缝等组成要素，详细阐述了建筑构造技术的基本原理及应用方法。本书强调技术理论与工程实践接轨，以我国现行建筑法规、规范、行业标准等技术文件为指导，严格遵守相关条文规定，构成立足于当今建造环境的技术知识体系，同时为了使这一体系更加全面完善，作为知识拓展，还从一些传统做法以及国外构造理论中汲取了部分精华。

本书可作为高等院校建筑类、土木工程类本科专业教材，并可供广大建筑师和工程技术人员参考，也可供参加注册建筑师和注册结构工程师考试复习之用。

图书在版编目（CIP）数据

建筑构造 / 孟刚编著 . -- 2 版 . -- 上海：同济大学出版社，2021.11

高校建筑学与城乡规划专业教材

ISBN 978-7-5608-9979-4

Ⅰ . ①建… Ⅱ . ①孟… Ⅲ . ①建筑构造—高等学校—教材 Ⅳ . ① TU22

中国版本图书馆 CIP 数据核字（2021）第 224773 号

建 筑 构 造（第二版）

孟　刚　编著

责任编辑　徐　希
封面设计　完　颖
排版制作　朱丹天
责任校对　徐春莲

出版发行　同济大学出版社 www.tongjipress.com.cn
（地址：上海市四平路 1239 号　邮编：200092　电话：021-65985622）
经　　销　全国各地新华书店
印　　刷　常熟市大宏印刷有限公司
开　　本　787mm × 1092mm　1/16
印　　张　14
字　　数　349 000
版　　次　2021 年 11 月第 2 版
印　　次　2024 年 2 月第 2 次印刷
书　　号　ISBN 978-7-5608-9979-4
定　　价　59.00 元

前　言

建筑学专业是一门工程实践性很强的学科，其中的建筑构造技术是建筑学由概念转化为物质实践的最重要的技术课程之一。

建筑构造技术是建筑设计的一个重要组成部分，现代建筑设计应充分体现低碳、节能、绿色、环保、安全及可再生能源利用等可持续发展的技术设计理念。

本书以民用建筑基本构造技术为主，紧扣国家现行的有关建筑设计规范，重点反映民用建筑中的基本构造设计原理和构造作法。书中论述了国内外近年来发展较快且在工程实践中行之有效的一些建筑新材料、新结构和新技术。为便于读者更好地理解和阅读，针对建筑构造教学的特点，书中附有一定数量的插图，且每章附有复习提纲。

本书可作为建筑学专业的建筑构造课程的参考教材，也可作为注册建筑师考试的考前复习资料和建筑工程技术人员的参考读物。

本书在编写过程中得到了傅信祁教授的热情支持，陈妙芳副教授协助校对并提出很多修改建议；苏岩芃、樊国领、孙海萍、于春刚等研究生协助绘制书中的插图，在此一并表示感谢。

由于本书涉及的内容较多，尽管作者在编著过程中力图做到准确，但书中疏漏恐难免，敬请读者不吝指正。

颜宏亮

2010 年 6 月于同济大学

第二版前言

本书第一版首次出版距今已有 10 年之久。这段时期以来，无论是建筑技术还是信息环境都发生了显著变化，这成为本次修订更新的主要动因。

第二版在两个方面延续和加强了第一版的风格传统。其一，原有的简练结构被保留，且仍以建筑部件为主导线索；其二，第一版所追求的高度专业性得到进一步加强，让技术说话，达到突出构造学科本体的目的。第二版的编写充分利用了当前信息环境提供的便利，以国家颁布的一系列最新正式技术文件为准绳，力图使本书成为更符合国家现行标准、更贴近专业规范的教科书。

基于当今信息源分布已经走向离散、共享的状况，并兼顾初学者在建筑设计中的需要，本书专门针对某些虽非重点但在设计中常见的内容进行了补足，以尽量经济的篇幅做到尽量全面的覆盖，为学生的自主学习提供初步参考。

感谢第一版主编颜宏亮教授提供的书稿资料，感谢研究生韩龙飞同学协助绘图。

孟刚

2021 年 6 月于同济大学

目　录

第 1 章　概　论

建筑作为物质实体，由各种构配件组合而成。这些构配件需要根据实际用途、材料性能、受力情况、施工工艺和艺术要求加工制作，并遵循特定规律结合而发挥作用。

建筑构造是研究建筑物中各种构配件组成及组合原理的学科。在字面意义上，它包含静态的“构”（组成）和动态的“造”（组合）两个方面，其研究领域以建造技术为核心，涉及建筑材料、建筑结构、建筑物理、建筑设备、建筑施工、建筑经济、节能环保以及防灾安全等诸多专业知识，并紧随时代发展持续更新，具有科学性、综合性与开放性的特征。在整个建筑设计过程中，建筑构造设计是一个不可或缺的技术环节。它的任务是对建筑物中的部件、构件和配件进行详细设计，使之达到建造的技术要求，并满足使用功能和艺术造型的需要。

为了完成构造设计，建筑师需要掌握正确的构造原理和构造方法，研究如何完善材料使用，有机组合各种构配件，并选择恰当的构造连接方式，形成合理的细部节点，提供适用、安全、经济、美观的技术方案，以保证建造的顺利完成。

1.1　建筑物的类型与等级

1.1.1　按使用性质分类

建筑物按照使用性质一般分为生产性建筑和民用建筑两大基本类型。

1. 生产性建筑

主要包括工业建筑和农业建筑两大类。

顾名思义，工业建筑就是以工业性生产为主要使用功能的建筑。它由生产厂房和生产辅助用房组成，比如生产车间、动力用房、产品仓库等就属于工业建筑。

农业建筑是以农业性生产为主要使用功能的建筑，常见的有温室、大棚、饲养场、粮食加工站等。

2. 民用建筑

是供人们居住和进行各种公共活动的建筑的总称,又分为居住建筑和公共建筑两类。

居住建筑还可进一步分为住宅建筑和宿舍建筑。

公共建筑是供人们进行社会活动的非生产性建筑物，涵盖面广，类型多样，如办公楼、图书馆、学校、医院、剧院、商场、旅馆、车站、码头、体育馆、展览馆等。

1.1.2 按高度和层数分类

按照高度和层数进行分类，建筑物一般分为低层建筑、多层建筑、高层建筑和超高层建筑。

民用建筑根据地上建筑高度进行分类时，应按照以下标准：建筑高度≤ 27m 的住宅建筑、建筑高度≤ 24m 的公共建筑及建筑高度＞ 24m 的单层公共建筑为低层或多层建筑；建筑高度＞ 27m 的住宅建筑和建筑高度＞ 24m 的非单层公共建筑，且高度≤ 100m 的，为高层建筑；建筑高度＞ 100m 的为超高层建筑。

建筑高度的计算必须符合相应规范规定（图 1-1）。其中，平屋顶建筑高度是指从主入口场地室外地面至女儿墙顶点的高度（无女儿墙者应计算至其屋面檐口）；坡屋顶建筑高度应按建筑物室外地面至屋檐和屋脊的平均高度计算；若建筑物有多种屋面形式，建筑高度应按上述方法分别计算后取其中最大值。某些屋面突出物不计入建筑高度，主要包括：①局部突出屋面的楼梯间、电梯机房、水箱间等辅助用房占屋顶平面面积不超过 1/4 者；②突出屋面的通风道、烟囱、装饰构件、花架、通信设施等；

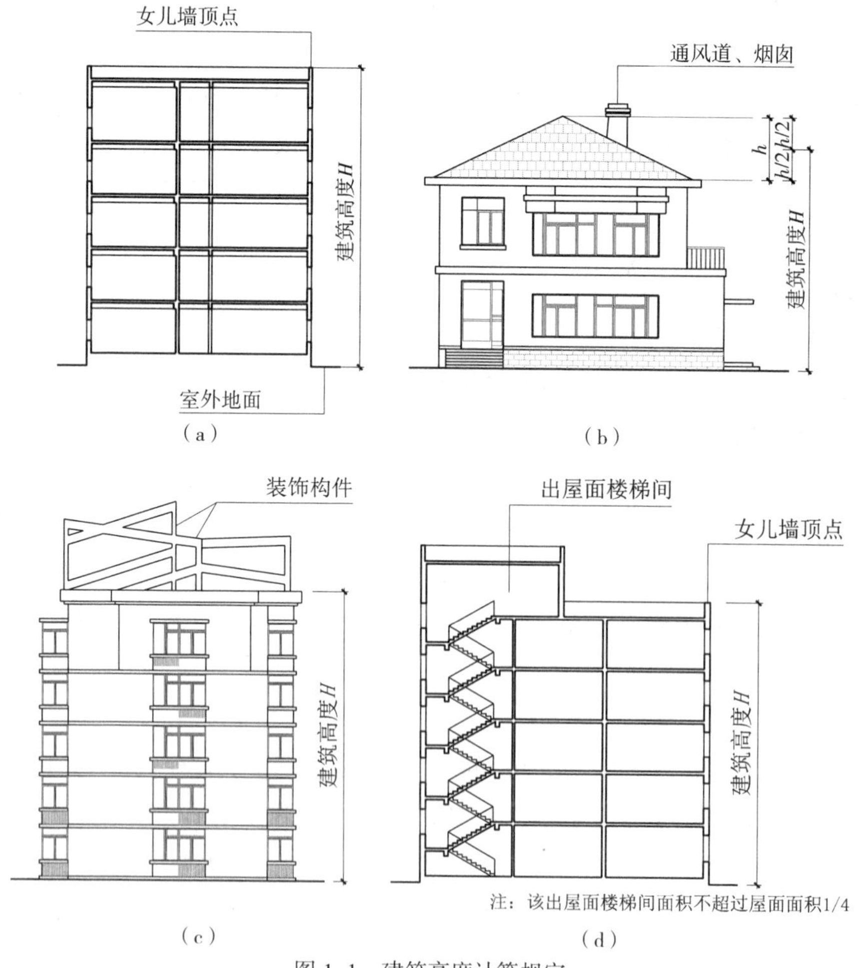

图 1-1 建筑高度计算规定

③安装在屋面的建筑设备，如空调冷却塔等。

按照层数对民用建筑进行分类时，公共建筑和宿舍建筑1～3层为低层，4～6层为多层，7层及以上为高层；住宅建筑1～3层为低层，4～9层为多层，10层及以上为高层。而在居住区规划设计工作中，多层住宅又进一步细分为多层Ⅰ类（4～6层）和多层Ⅱ类（7～9层），高层住宅则细分为高层Ⅰ类（10～18层）和高层Ⅱ类（19～26层）。

1.1.3 按结构体系分类

建筑物结构体系的主要作用是传递荷载，同时保证建筑物的安全稳定。自古至今，结构体系对建筑物的形成一直起着决定性作用，并且约束与促进始终并存。不同的结构体系，由于组成材料、力学特性、构件形态与构成方式等方面的差异，所创造的建筑形式也各不相同。

可用于建筑结构的材料从木材、石材等天然材料，到砖、混凝土、钢材等人造材料不一而足，将来还会有更多新材料被人们利用。经历长期发展后，这些材料形成了一系列成熟的结构体系。

1. 墙体结构承重体系

主要包括以砌体墙承重的混合结构体系和钢筋混凝土墙承重体系。

混合结构体系将砌体墙作为竖向承重构件，来支承由钢筋混凝土、木材、钢材等其他材料构成的楼板和屋顶。制作砌体墙的原材料来源丰富，施工也较为方便，所以这一体系应用广泛。不过基于承重能力和抗震设防的考虑，它的建造高度以多层为限，不同材料及不同抗震设防烈度条件下的限值已有相应规范作出具体规定。

钢筋混凝土墙承重体系则可用来建造包括低层、多层、高层在内的各种高度的建筑。该体系中的钢筋混凝土剪力墙不仅仅承受竖向荷载，还能够承受水平力，提高建筑物抵抗侧向风力和地震水平分力的能力。钢筋混凝土墙的施工既可采取现场浇筑的方式，也可在工厂预制。条件允许的话，甚至还可以在工厂里先将墙体和楼板组合加工成盒子单元，再到现场组装。

需要注意的是，为了满足结构要求，无论哪种墙体承重，承重墙上都不能留有过多洞口。

2. 骨架结构承重体系

这里的骨架是指梁、柱等杆状构件，它们都具有线性外观。骨架与楼板配合即可满足承重要求，墙体只起围护和分隔作用，平面布置可获得较高灵活性。

常见的钢筋混凝土框架结构便是一个典型，设计师通过选择合适的柱距以及恰当的主、次梁布置，可以合理控制荷载的分布，并达到造价经济的目的。如果用于高层建筑，单纯的框架结构由于空间刚度较为薄弱，经常需要增加抗侧向力的构件，即与剪力墙或核心筒结合，形成框剪体系或框筒体系。

骨架结构承重体系还包括板柱、刚架、排架、拱等结构形式。

3. 空间结构承重体系

包括悬索、网架、壳体、折板、膜结构等多种形式。它们的基本特点是结构各向受力，可以充分发挥材料性能，从而减轻结构自重，非常适合建造覆盖大面积空间的大跨度建筑。同时，受力的特殊性经常通过构件形态体现出来，形成富有视觉特征的建筑形式。使用空间结构承重的体育场馆、大型展览馆、交通枢纽建筑等，往往能够成为城市地标建筑。建筑师若从视觉效果出发，将形态特殊的空间结构承重体系应用于小型建筑和建筑局部，常能为建筑设计增加活跃元素。

1.1.4 按施工方法分类

1. 现浇现砌式

是建筑主要构件均在施工现场成型的施工方法，需要一定工作量的湿作业。其中现浇即现场浇筑，主要针对钢筋混凝土构件；现砌即现场砌筑，主要针对砖墙、砌块墙等。

2. 预制装配式

是建筑主要构件均在专业工厂中加工制作，再运输到施工现场进行装配的施工方式。它将传统的现场建造转变为离场制造，体现了工业化色彩。

3. 装配整体式

装配整体式是前两种施工方法的结合。部分构件在工厂预制，然后现场装配；部分构件或预制构件间的连接节点通过现场施工的方式完成。

1.1.5 建筑物耐久等级

建筑物的耐久等级主要根据建筑主体结构设计的使用年限来区分，并根据建筑的重要性和工程项目等级来确定。

设计使用年限即房屋建筑在正常设计、正常施工、正常使用和维护下所应达到的使用年限，这一规定时期内，建筑只需进行正常维护而不需要大修，就能按预期目标使用，实现预定的功能（表 1–1）。

表 1–1 设计使用年限分类

类别	设计使用年限（年）	示例
1	5	临时性建筑
2	25	易于替换结构构件的建筑
3	50	普通建筑和构筑物
4	100	纪念性建筑和特别重要的建筑

注：本表选自《建筑结构可靠性设计统一标准》GB 50068—2018。

1.1.6 建筑物耐火等级

建筑物耐火等级取决于房屋主要构件的耐火极限和燃烧性能。

耐火极限指的是构件从受到火的作用起，到失去支持能力或发生穿透性裂缝，或背火一面温度升高到 220℃时所延续的时间，单位为小时。

按照燃烧性能，建筑材料分为燃烧材料（木材等）、难燃烧材料（水泥刨花板、沥青混凝土等）和非燃烧材料（砖、石、混凝土、钢材等）。用上述材料制作的构件分别称为燃烧体、难燃烧体和非燃烧体。

建筑物耐火等级需根据建筑高度、使用功能、重要性和火灾扑救难度等确定。《建筑设计防火规范》GB 50016—2014 将民用建筑的耐火等级划分为一、二、三、四级，高层民用建筑根据其建筑高度、使用功能和楼层的建筑面积进一步分为一类和二类。地下或半地下建筑（室）和一类高层建筑的耐火等级不应低于一级；单、多层重要公共建筑和二类高层建筑的耐火等级不应低于二级。

1.2　建筑物的构造组成

作为建筑构造的研究对象，建筑物一般是由基础、墙和柱、楼地层、楼电梯、屋顶和门窗等主要构件组成的，它们称为建筑的六大部件。如图 1–2 所示，这些构件处在建筑物的不同部位，发挥着各自的作用。

1. 基础

基础是建筑物最下部的承重构件，与支承建筑物的地基直接接触，故其状况既与上部的建筑有关，也与下部的地基有关。它承受建筑物的全部荷载，必须具有足够的强度和稳定性，并能抵御地下各种不利因素的侵蚀。

2. 墙和柱

墙和柱作为建筑物中的主要竖向承重构件，负责把从屋顶和楼板层传来的荷载传递给基础。墙也可不用作承重构件，不承担竖向荷载。但无论承重与否，墙都具有分隔空间的功能或对建筑物起到围合、保护的作用。尤其作为建筑外围护构件时，能够抵御自然界各种因素对室内的侵袭，在建筑节能中扮演重要角色。墙体应当针对不同使用功能，分别具有足够的强度、稳定性以及保温、隔热、隔声、防水、防火等功能。

3. 楼地层

楼地层是建筑物中水平方向的承重构件，由楼板层和地坪层组成。

楼板层承受着家具、设备和人体的荷载以及楼板自身的重量，并将这些荷载传递至承重墙或梁、柱。在高层建筑中，楼板层是对抗风荷载等侧向水平力的有效支撑。楼板层也是分隔楼层空间的围护构件。楼板层必须具有足够的抗弯强度、刚度和隔声及防火能力。有水侵蚀的房间内，楼板层还必须具有防潮和防水的功能。

地坪层是底层房间与土壤相接触的部分，它承受底层房间内的荷载。对于不同的室内地坪，要求具有耐磨、防潮、防水、保温、美观舒适和便于清洁等不同的性能。

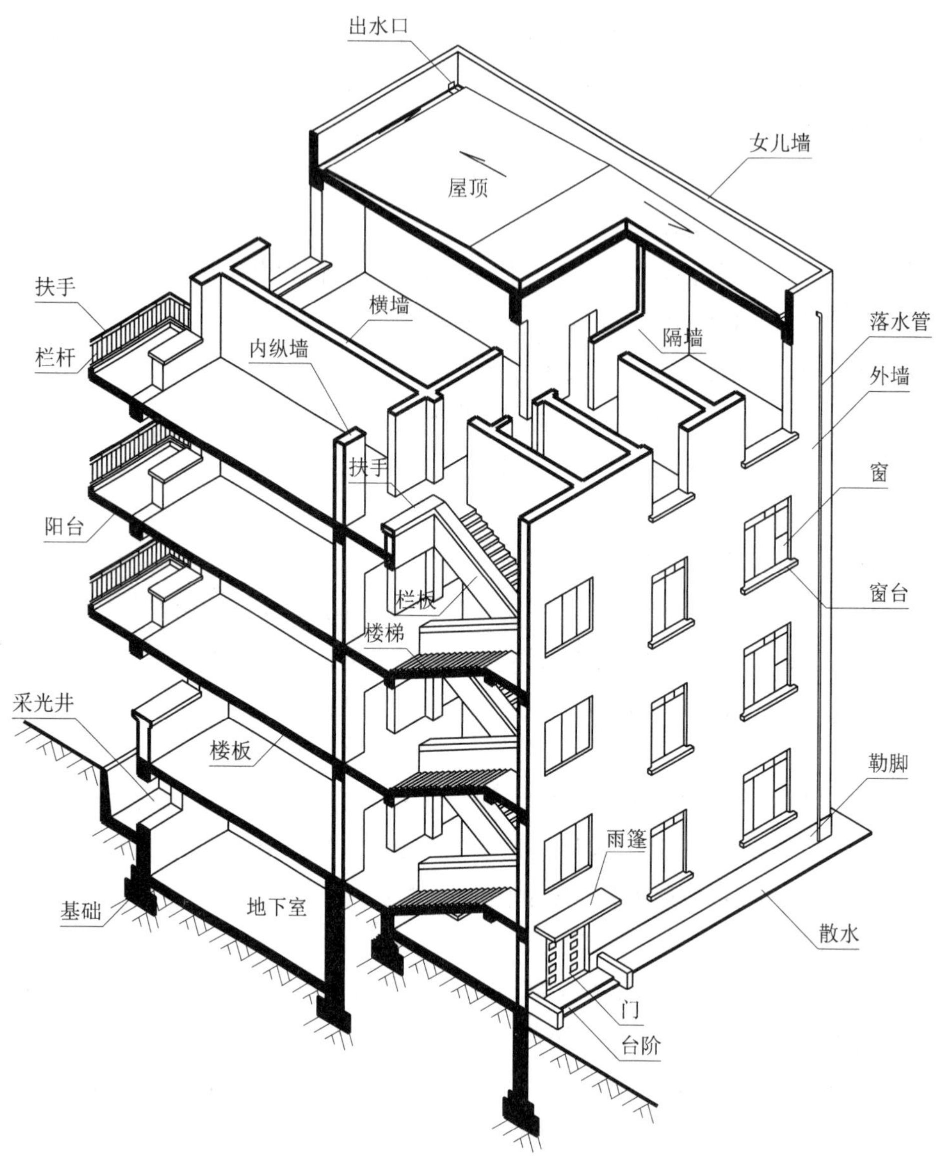

图 1-2　建筑物的组成

4. 楼电梯

楼电梯是建筑物中的垂直交通设施，供人们上下楼层和紧急疏散之用。楼梯的设计应充分考虑具有足够的疏散通行宽度以及安全、防滑等构造技术方面的要求。

5. 屋顶

屋顶是建筑物顶部的外围护构件和承重构件。其构造设计应充分考虑抵御自然界的雨、雪及太阳的热辐射等影响及建筑节能方面的要求，并能承受建筑物顶部的各类荷载。此外，屋顶的形式往往对建筑物的形态起着非常重要的作用，也被称为建筑的第五立面。屋顶必须具有足够的强度、刚度和防水、保温、隔热等功能，并能与周围环境及建筑的整体立面造型协调。

6.门窗

门主要供人们通行和分隔房间之用，窗则主要用于通风、采光和观景，同时也起分隔和围护作用。门和窗均属非承重构件。门窗设计应满足建筑不同的使用功能要求，应具有保温、隔热、隔声、防火、防盗及防蚊蝇等功能。作为外围护构件的门窗，节能处理非常重要。

除了上述6大部件以外，一座建筑物的组成还包括其他各种不同用途的附属构件和配件，如阳台、雨篷、遮阳、散水、管道井等。因材料、结构形式不同，也会有各种不同的做法。另外，建筑的各个部位均需要考虑饰面装修，以美化建筑空间，提高物理性能，保护结构构件。

这些具体的构造内容将在后面各章节中详述。

1.3 建筑模数协调标准

世界上很多国家都通过推进建筑工业化，解决了规模化建造的问题。各类建筑制品和构配件采用标准化、通用化设计，通过工厂化、部品化生产，最后在施工现场统一安装，提高了建筑生产、建造的质量和效率。建筑工业化也是我国建筑行业的工作重点之一。

工业化必然以标准化技术为基础，而标准化离不开系统的尺寸协调，其中扮演关键角色的是统一模数制。

1.3.1 目标与原则

模数协调的工作目标是实现建筑的设计、制造、施工安装等活动的互相协调，并能对建筑各部位尺寸进行具体分割，落实各部件的形态尺寸和边界条件。同时，通过优选某种类型的标准化方式，使得标准化部件的种类达到最优，有利于建筑部件的互换、定位和安装，协调建筑部件与功能空间之间的尺寸关系。

从宏观角度看，通过模数协调全面实现尺寸配合，可以保证建设过程在功能、质量、技术和经济等方面获得优化，促进房屋建设从粗放型生产转化为集约型的社会化协作生产。

建筑部件实现通用性和互换性是模数协调的最基本原则。遵循标准化和建筑统一模数制对不同材料、不同结构体系和部品体系以及主要的构配件进行设计、制造，使它们适用于常规建筑，满足各种需求。这样部件就可以进入大量定型的规模化生产流程，做到保证质量，降低成本。

这些通用部件具有可互换能力，互换时不受其材料、外形或生产方式的影响，可促进市场的竞争和部件生产水平的提高，适合工业化大生产，并简化施工现场作业。

部件的互换性有多方面含义，它包括年限互换、材料互换、式样互换、安装互换等。

为了实现部件互换，首先需要确定部件的尺寸和边界条件，使安装部位和被安装部位达到尺寸间的配合。而涉及年限互换者主要是当功能和使用要求发生改变，要对空间进行改造利用时，或者某些部件已经达到使用年限时，需要用新的部件进行更换。

模数协调工作包含两项内容，一是尺寸和安装位置各自的模数协调，二是尺寸与安装位置之间的模数协调。

1.3.2 模数协调标准

模数是尺寸协调中的增值单位。《建筑模数协调标准》GB/T 50002—2013 对建筑物的模数系列作出具体规定。

1. 基本模数

基本模数以 M 表示，按规定数值应为 100mm，即 1M=100mm。建筑物的整体、部分及建筑部件的模数化尺寸，与基本模数的倍数关系应符合规范规定（图 1-3）。

2. 导出模数

分为扩大模数和分模数，其基数应符合下列规定：

（1）扩大模数基数应为 2M、3M、6M、9M、12M……

（2）分模数基数应为 M/10、M/5、M/2。

3. 模数数列

从功能性和经济性原则出发，建筑物中模数数列的选择存在以下三种情况：

（1）建筑物开间或柱距，进深或跨度，梁、板、隔墙和门窗洞口宽度等分部件的截面尺寸宜采用水平基本模数和水平扩大模数数列，且水平扩大模数数列宜采用 2*n*M、3*n*M（*n* 为自然数）。

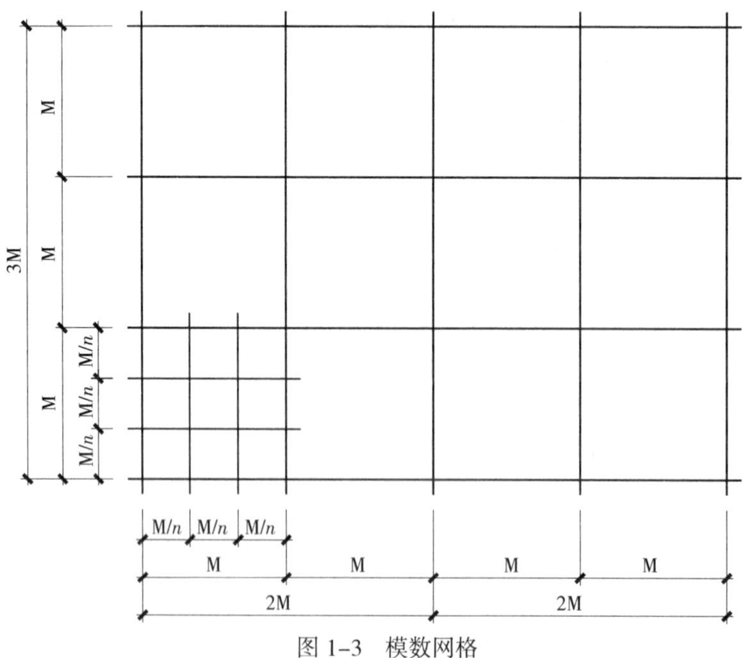

图 1-3　模数网格

（2）建筑物高度、层高和门窗洞口高度等宜采用竖向基本模数和竖向扩大模数数列，且竖向扩大模数数列宜采用 nM。

（3）构造节点和分部件的接口尺寸等宜采用分模数数列，且分模数数列宜采用M/10、M/5、M/2。

1.3.3　预制构配件的三种尺寸

1. 标志尺寸

需要符合模数数列的规定，用来标注建筑物的定位轴线等垂直距离（如开间、柱距、进深、跨度、层高），以及建筑构配件、门窗洞口等尺寸。

2. 构造尺寸

指建筑构配件等的设计尺寸，一般情况下，构造尺寸为标志尺寸减去缝隙或加上支承尺寸。

3. 实际尺寸

建筑构配件等加工生产后的实际尺寸。实际尺寸与构造尺寸之间的偏差应符合建筑公差的规定。

1.4　建筑构造设计原则

1.4.1　影响因素

一座建筑物建造完成并投入使用后，在没有战争和自然灾害破坏的前提下，正常设计使用年限一般为 50 ～ 70 年，期间要经受各种外界环境因素的考验。为提高建筑物对各种环境影响的抵御能力，延长建筑物的使用寿命和更好地满足使用功能的要求，在进行构造设计时，必须综合考虑来自各种环境因素的影响，以选择合理的技术路线，获得较为完善的构造设计方案。

1. 自然因素

主要包括两个方面：

（1）自然现象——气候条件、气温变化等；

（2）地理环境——日照、土质、水文条件等。

我国南北纬度相差较大，各地区自然、地理环境不同，气候相差悬殊，建筑构造设计经常需要面对不同的自然状况。从风、霜、雨、雪到日照、温度、湿度、雷电、冰冻、地震、地下水等，共同构成了影响建筑物使用功能和建筑构件使用质量的因素。

为防止自然条件的变化造成建筑物构件破坏以及保证建筑物的正常使用，建筑师在进行构造设计时，应针对所受影响的性质与程度，对建筑物各相关部位采取必要的防范措施，如防潮、防水、通风、保温、隔热、防止变形等。

2. 人为因素

人为因素的影响主要来自人们所从事的生产和生活活动，如机械振动、化学腐蚀、爆炸、火灾、环境噪声、城市热岛效应等，这些因素影响较大，有时甚至对建筑使用起到决定作用。因此，在进行建筑构造设计时，必须针对以上各种可能的因素，在材料选用和构造处理上，严格遵守国家和地区现行的建筑法规、行业技术标准等技术文件规定，采取包括隔振、防腐、防爆、防火、防盗、保温、隔热和隔声等在内的各种技术措施，努力为使用者创造一个舒适、宁静、方便、安全的生活和工作环境，满足人们的生理和心理要求，避免建筑物及其使用功能遭受不应有的损失和影响。

1.4.2 基本原则

1. 严格遵守国家现行的建筑法规和规范

建筑物从设计到建造都必须严格遵守国家现行的建筑法规和规范，包括强制性要求和示范性指导两方面的内容。一方面，执行设计规范是设计人员最起码的工作准则；另一方面，体系完善的法规和规范文本还可以帮助设计人员克服个人对事物认识的局限性和片面性，以便更全面地满足建筑设计工作要求，更加理性地进行构造技术设计，合理解决相关问题。

2. 注重新材料、新结构、新技术的研发应用

当代建筑业之所以突飞猛进地发展，技术水平的提高和突破是一个关键。伴随传统建造技术的稳步前进，数字协同、智能建造等全新技术的研究也异军突起，扮演着越来越重要的角色。而建筑构造设计又是其中一个必经环节。为圆满完成相关工作，设计人员必须重视研究建筑构造技术的基本原理和方法，大力研究和推广建筑新材料、新结构和新技术，不断为建筑发展注入新鲜血液。

3. 注意施工的可能性与现实性

构造设计与施工条件密切相关，技术水平与现场环境均会对构造节点的实现形成直接制约。所以设计人员既要充分了解当前施工技术，又要关注工程项目具体的现场状况，避免临时修改造成的不必要浪费。另外，为了提高建设速度，保证施工质量，建筑构造设计还应注意为构配件的生产工厂化、现场施工机械化创造条件，推动建筑工业化的发展。

4. 注重建筑的经济与社会效益，走可持续发展的道路

工程建设项目投资较大，在构造设计中，设计人员应该时刻关注建筑物的经济效益问题。既要注意降低建筑造价，减少材料的能源浪费，又要有利于降低长期运行、维修和管理的费用，考虑综合经济效益。设计人员还必须将社会效益纳入思考范畴，确保工程设计质量和使用安全，材料选用和技术方案更需结合国情与地方资源，提倡建筑节能和环保，走上可持续发展道路。

在建筑构造技术设计中，综合上述内容，全面考虑“坚固适用、美观大方、技术适宜、节能环保、经济合理”，是最基本的原则。

1.5　建筑制图标准

建筑图纸是建筑物设计、建造过程中的重要信息载体，是各方交流使用的主要工具。为了保证信息传递畅达清晰，建筑行业制定有专业制图标准，设计人员必须按照规定的制图方法、使用规范的图纸语言完成各种专业图纸，使得建筑图纸能够符合设计、施工、存档的要求，适应工程建设的需要。

建筑制图标准对手工制图和计算机制图两种方式都适用，所有新建、改建、扩建工程的各阶段设计图、竣工图以及原有建筑物、构筑物等的实测图，都必须按照标准绘制。

建筑构造设计所涉及图纸以详图居多，并需要对材料进行准确表示。为了做到表达清晰，所使用图线必须具有符合规定的线型和线宽（图 1–4）。基本线宽 b 的取值，宜根据图纸比例及复杂程度，从 1.4mm、1.0mm、0.7mm、0.5mm 线宽系列中选取。

《房屋建筑制图统一标准》GB/T 50001—2017 规定了各种常见建筑材料的表示方法，见图 1–5。它们通常用于 1 : 50 及以上比例的详图中。

一套完整的建筑图纸需要通过完善的索引系统建立图纸间的对应关系。构造设计经常需要使用在建筑平、立、剖面图中引出放大或进一步剖切放大的详图，将节点细部表达清楚。这些图纸通过一系列索引符号互相关联在一起（图 1–6）。

构造详图还必须标明相关尺寸以及所用的材料、级配、厚度和做法，为表达清晰，需要配合文字使用引出线。引出线宜采用水平方向的直线，或与水平方向成 30°、45°、60°、90° 的直线。多层构造共用引出线，应通过被引出的各层，并用圆点示意对应各层次（图 1–7）。按照制图标准规定，文字说明的顺序应由上至下，并应与被说明的层次对应一致；如层次为横向排序，则由上至下的说明顺序应与由左至右的层次对应一致。

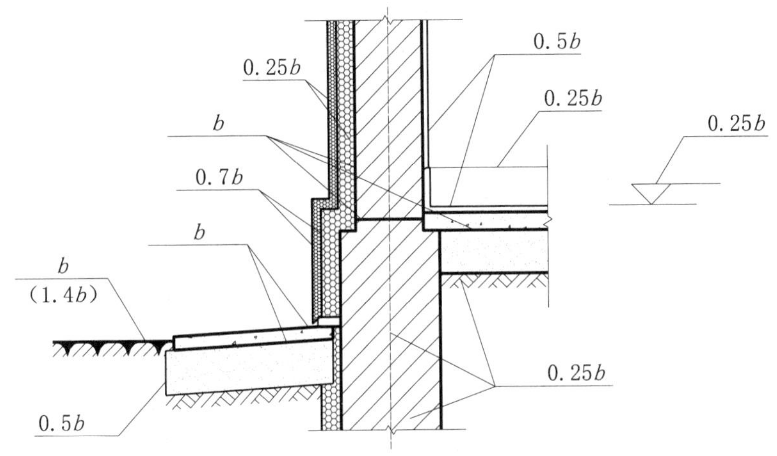

图 1–4　剖面详图图线宽度选用示例

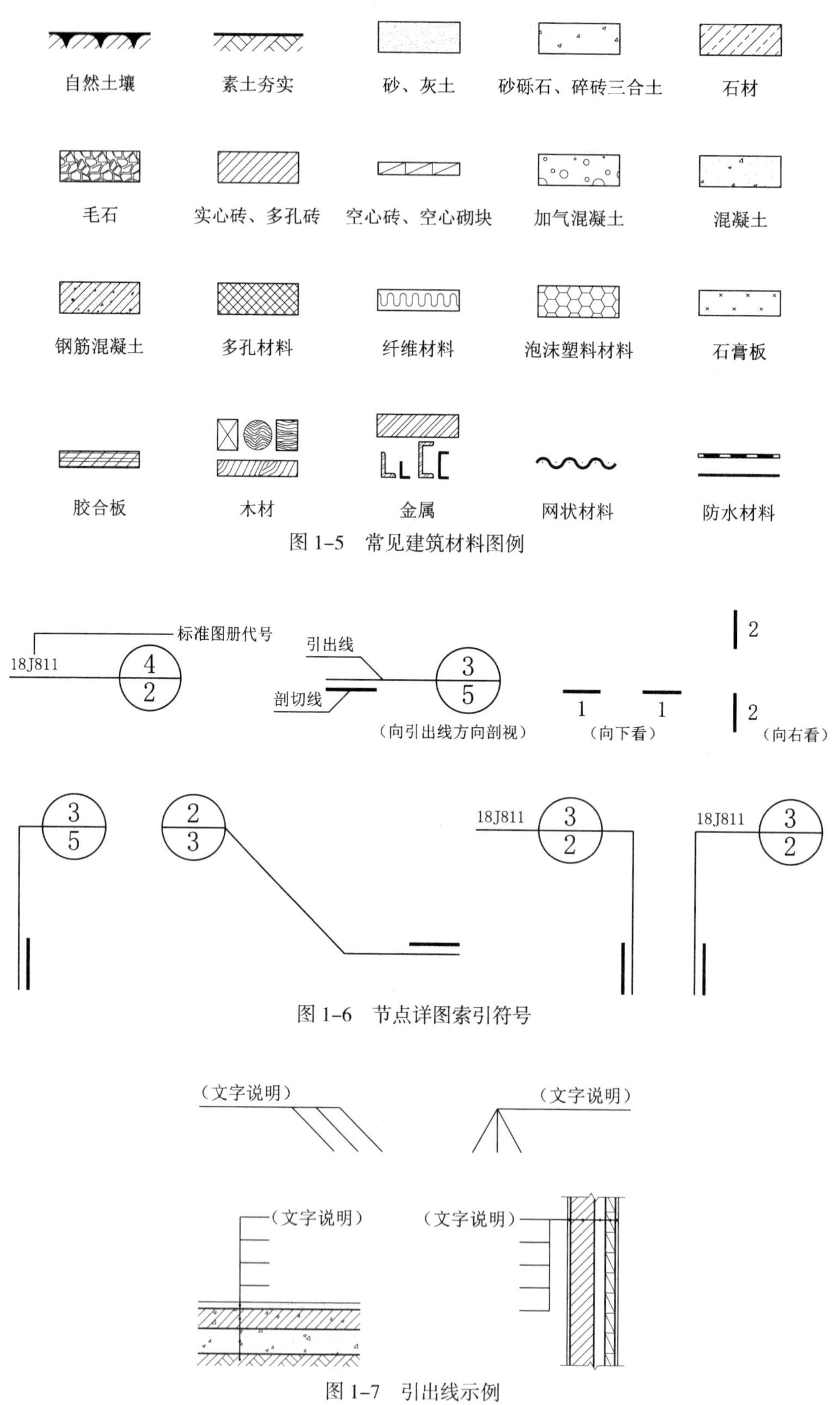

图 1-5　常见建筑材料图例

图 1-6　节点详图索引符号

图 1-7　引出线示例

本章引用的规范性文件

《建筑设计防火规范》GB 50016—2014（2018 年版）

《建筑结构可靠性设计统一标准》GB 50068—2018

《民用建筑设计统一标准》GB 50352—2019

《房屋建筑制图统一标准》GB/T 50001—2017

《建筑模数协调标准》GB/T 50002—2013

《工程结构设计基本术语标准》GB/T 50083—2014

《建筑制图标准》GB/T 50104—2010

《民用建筑设计术语标准》GB/T 50504—2009

第 2 章　基础和地下室

基础在不同建筑中体现为不同形式，它需要直接应对土壤环境带来的各种技术问题。在建筑工程中，地基和基础设计需要做到安全适用、技术先进、经济合理，确保质量、保护环境。位于 ±0.000 标高以下的地下室有时也起到基础的作用，所带来的防潮防水问题需要妥善处理。

2.1　地基和基础

2.1.1　基本概念

地基是支承建筑物重量的土体或岩体，它不是建筑物的组成部分。建筑物荷载造成的应力应变随着土层深度的增加而减小，达到一定深度以后便可忽略不计。基础以下直接承受荷载的地基土层称为持力层。

作为建筑地基的岩土，可分为岩石、碎石土、砂土、粉土、黏性土和人工填土。

基础位于建筑物最下部，与土壤直接接触，承受建筑物的全部荷载，并将荷载传递到地基。

2.1.2　天然地基与人工地基

地基分为天然地基和人工地基两类。

天然土层本身具有足够的强度，可以直接承受建筑物荷载的地基称为天然地基。当天然地基承载力较弱，或建筑物上部荷载较大，需进行人工加工或加固处理后才能满足承载力要求的地基称为人工地基。

1. 天然地基

建筑地基和基础设计应当尽量利用天然地基。地基变形必须控制在容许范围内，荷载量不能超过地基承载力容许值，而且地基必须具有足够的稳定性。技术方案要上下结合，尽可能减轻上部自重，并利用上部结构的整体性调整基底压力，使其分布与地基承载力的分布相适应。

2. 人工地基

当天然地基不能满足地基稳定、承载力和变形控制要求时，就需要对地基进行人工处理，以提高地基承载力，改善其变形性质或渗透性质（图 2–1）。

地基处理主要通过两类方法进行：

（1）减少地基压缩性，提高承载力。可以采取换土、压实及化学手段，具体方法

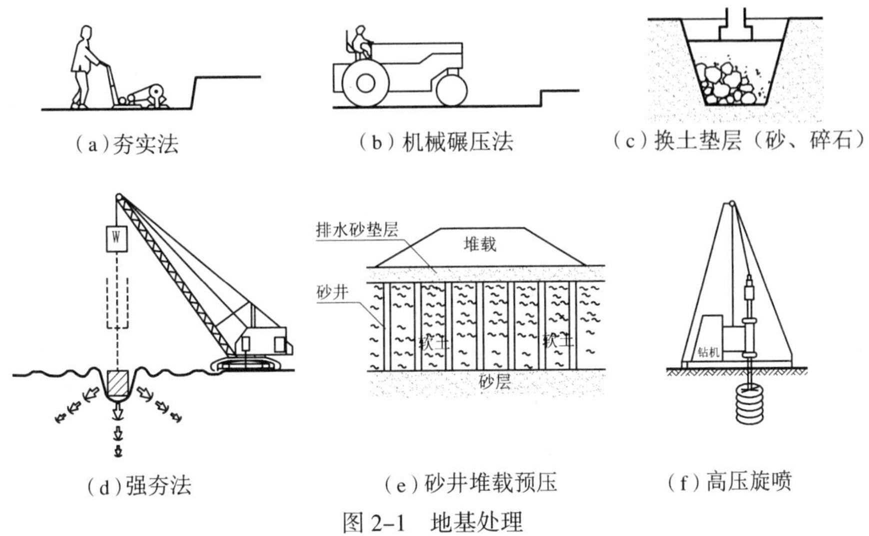

图 2-1　地基处理

包括换填垫层法、强夯法、振冲法、预压法、单液硅化法和碱液法等。

（2）采用复合地基。复合地基是指由地基土和竖向增强体（桩）组成、共同承担荷载的人工地基。具体做法需要根据不同土性、设计要求的承载力提高幅值等因素进行选择，方法有多种，包括强夯置换法、砂石桩法、振冲碎石桩法、灰土挤密桩法、柱锤冲扩桩法、水泥土搅拌法、高压喷射注浆法、低强度混凝土桩法、夯实水泥土法、钢筋混凝土桩法、长短桩法等。

2.1.3　地基和基础设计原则

地基和基础设计需要参照规范规定的相应设计等级进行。设计等级是按照地基基础设计的复杂性和技术难度确定的，划分时考虑了建筑物的性质、规模、高度和体型，以及对地基变形的要求、场地和地基条件的复杂程度、地基问题对建筑物的安全和正常使用可能造成影响的严重程度等因素。《建筑地基基础设计规范》GB 50007—2011 对此有详细规定。

所有建筑物的地基计算首先必须满足承载力计算的要求，其中有很多情况还需要控制地基变形，以避免上部结构破坏和出现裂缝。经常承受水平荷载作用的高层建筑，以及建造在斜坡上或边坡附近的建筑物，尚应验算其稳定性。建筑地下室或地下构筑物存在上浮问题时，还需进行抗浮验算。

2.2　基础设计

建筑物上部结构类型、地基土质状况、地下水位情况、地基承载力以及可能的沉降量、现场施工条件等，都会影响到基础设计。同时，设计人员尚需注意邻近建筑物的基础状况、地下构筑物及设施的位置、标高等，保证基础在施工和建筑物使用中不对其产生破坏作用。

2.2.1 基础的埋置深度

从建筑物室外地坪至基础底面的垂直距离，称作基础的埋置深度，简称基础埋深（图 2–2）。根据埋置深度，基础可以分为浅基础和深基础。浅基础是指埋置深度不超过 5m，或不超过基底最小宽度，计算承载力时不计入基础侧壁岩土摩阻力的基础；深基础则是埋置深度超过 5m，或超过基底最小宽度，计算承载力时需计入基础侧壁岩土摩阻力的基础。

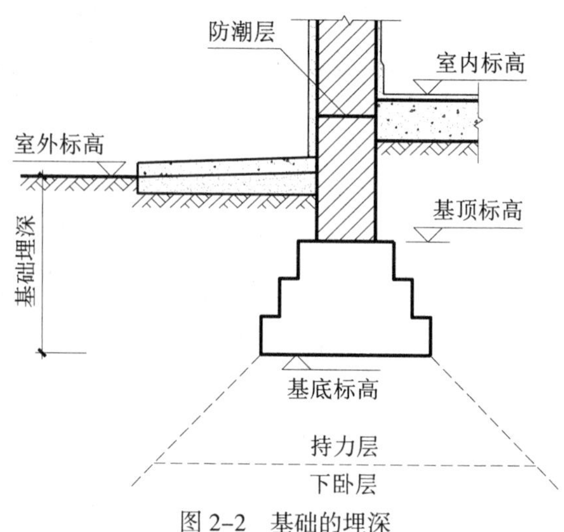

图 2–2　基础的埋深

如果仅从造价角度考虑，基础埋置深度越小就越经济。但如果没有足够土层包围，基础就会失去稳定性，并且容易受外界影响而损坏。《建筑地基基础设计规范》GB 50007—2011 规定，除岩石地基外，基础埋深不宜小于 0.5m。

总之，基础埋深是一个综合性问题，其制约条件可以分为建筑因素与环境因素两个方面。

1. 建筑因素

建筑物的用途、有无地下室、设备基础和地下设施、基础的形式和构造以及作用在地基上的荷载大小和性质，是决定基础埋深的几个首要因素。

《高层建筑混凝土结构技术规程》JGJ 3—2010 规定：对于天然地基和部分复合地基，高层建筑基础埋深可取房屋高度的 1/15；对于桩基础，不计桩长，可取房屋高度的 1/18。低层、多层建筑则需要更多考虑基地环境条件。

2. 环境因素

主要包括工程地质和水文地质条件、地基土冻胀和融陷、相邻建筑物基础埋深的影响等。

（1）工程地质条件

在满足稳定和变形要求的前提下，当地基上层土的承载力大于下层土时，宜利用上层土作持力层。反之，若上层土质差而厚度浅，则应当将基础埋置在下层好土范围内。土层分布存在许多复杂的变化，在工程建设中必须综合分析，才能得到最佳埋深（图 2–3）。

（2）水文地质条件

基础宜埋置在最高地下水位以上，这样就无须进行特殊防水处理，节省造价，还可以防止或减轻地基土层的冻胀影响。当地下水位较高，基础无法埋置在地下水位以

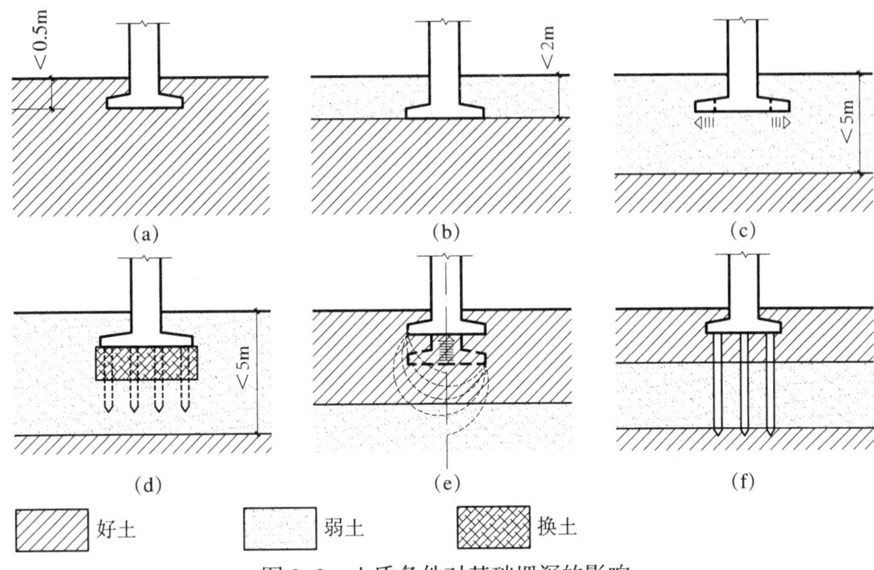

图 2–3　土质条件对基础埋深的影响

上时，应将基础底面埋置在最低地下水位以下，使它处于地下水位变化范围之外的稳定土层（图 2–4）。

（3）土壤冻胀和融陷

冻胀指土中水分冻结导致土体积增大的现象，融陷指冻土融化后产生的沉陷现象。地基土若产生冻胀，而建筑物恒载又不能克服冻胀力时，建筑物将被向上拱起；土层解冻时它又会下沉。冻融交替会使建筑物处于不稳定状态，产生变形破坏。冻结土与非冻结土之间的分界线称为冰冻线。一般应将基础的底面做在土层的冰冻线以下。

（4）相邻建筑物之间的基础处理

当新建建筑物的基础埋深小于或等于原有房屋的基础埋深时，一般可不考虑相互影响，所以新建基础应尽量控制其埋深不要超过原有建筑基础。

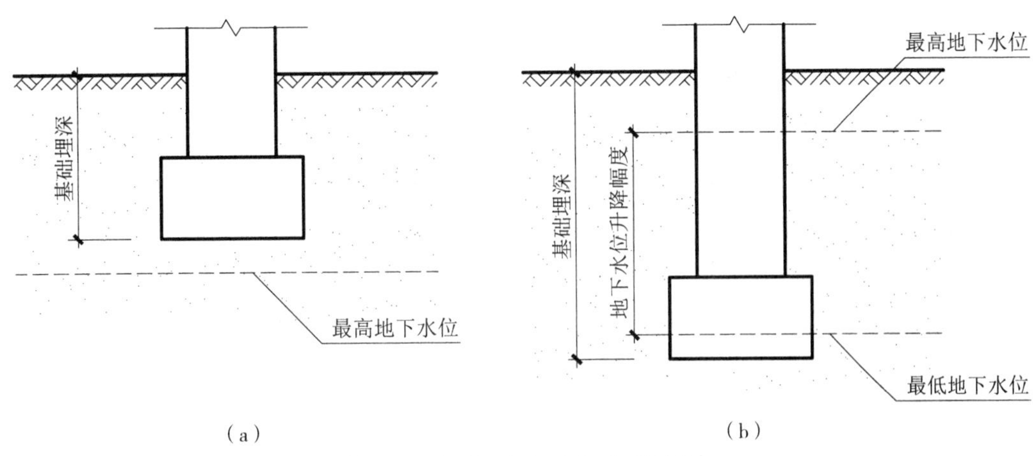

图 2–4　地下水位对基础埋深的影响

若新建建筑物的基础埋深大于原有建筑物的基础深度，则两个基础间应保持一定距离，其净距一般可取相邻两基础底面高差的 1 ～ 2 倍，具体数值还须根据建筑荷载大小、基础形式和土质情况确定。如上述要求不能满足，施工时应采取特殊措施，如分段施工、设临时加固支撑、打板桩、筑地下连续墙或加固原有建筑物地基。

还可以在构造技术上采取针对性处理，解决新旧基础相互影响的问题。例如条形基础做成台阶式，由浅向深过渡；再如使用挑梁法让新建基础后退，如图 2-5 所示。

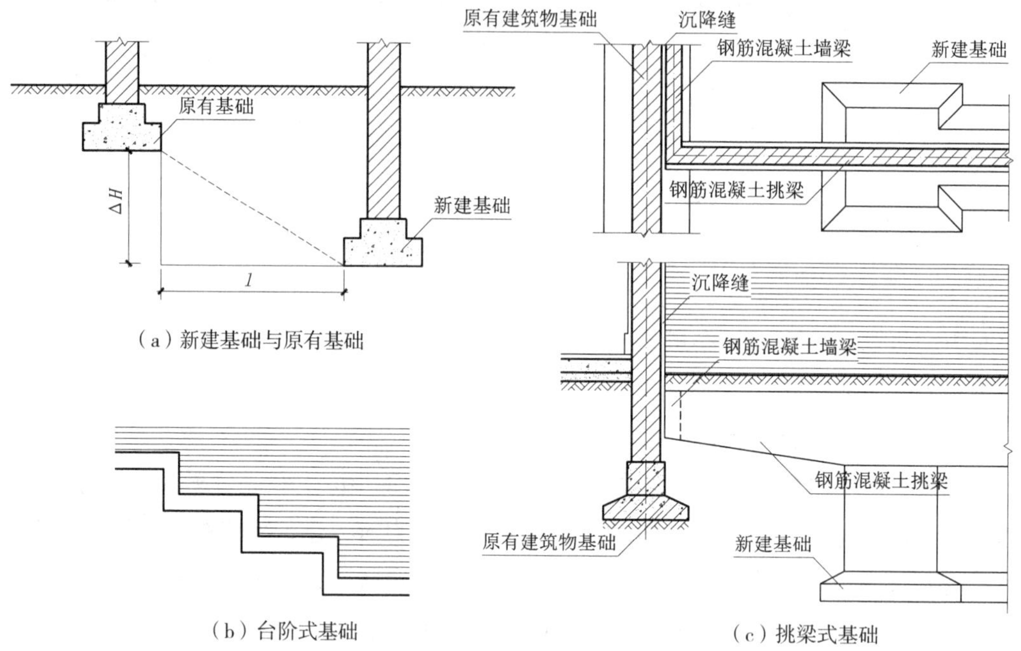

图 2-5　相邻建筑物之间的基础处理

2.2.2　基础类型

基础的类型较多，可以从不同角度认识它们。比如按所用材料和受力特点，基础可分为刚性基础和柔性基础两大类；按构造形式，则分为独立基础、条形基础、筏形基础、箱形基础、桩基础等。

1. 按照材料和受力特点分类

（1）刚性基础

由砖、毛石、混凝土或毛石混凝土、灰土和三合土等刚性材料组成的基础，称为刚性基础。这些基础材料的共同特点是抗压强度大，而抗拉、抗剪强度小。刚性基础适用于多层民用建筑和轻型厂房，采用墙下条形基础或柱下独立基础的形式。

建筑上部荷载通过基础向下传递的压力是呈一定角度扩散的，基础顺应传力通常需向侧边扩展一定底面积，以便让作用在基底的压应力更好满足地基承载力的设计要求，同时也让基础的内部应力更好满足材料强度的设计要求。并且由于这个原因，刚性基础在建筑工程中也称无筋扩展基础。而基础中压力传递方向与竖向的夹角称为压

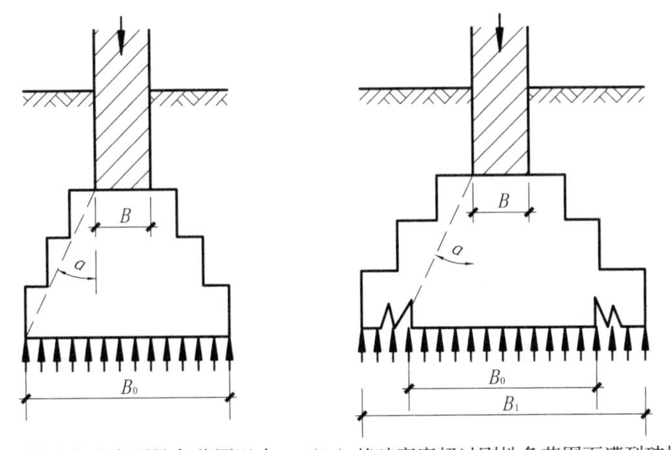

（a）基础宽度在刚性角范围以内　（b）基础宽度超过刚性角范围而遭到破坏

图 2–6　刚性角

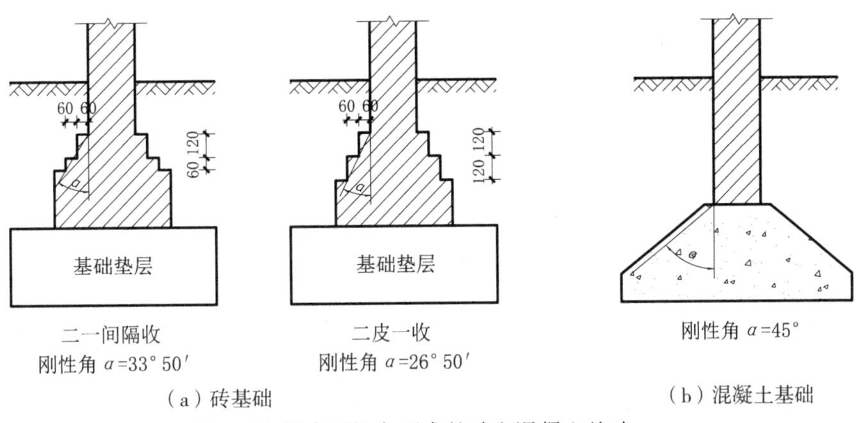

二一间隔收
刚性角 α=33° 50′

二皮一收
刚性角 α=26° 50′

（a）砖基础　（b）混凝土基础

图 2–7　符合刚性角要求的砖和混凝土基础

力分布角，也称为刚性角，以 α 表示，如图 2–6 所示。由于刚性材料抗拉能力差，如果基础底面宽度超过刚性角的控制范围，基础会因受拉而遭到破坏。所以刚性基础底面宽度的增大要受到刚性角的限制。

一般情况下，砖、石砌体基础的刚性角应控制在 26° ～ 33° 之间；而混凝土基础应控制在 45° 以内（图 2–7）。在建筑规范中，不同材料的基础其刚性角以放阶的级宽与级高之比值来表示，见表 2–1。

表 2–1　无筋扩展基础台阶宽高比的允许值

基础材料	质量要求	台阶宽高比的容许值		
		$p_k \leq 100$	$100 < p_k \leq 200$	$200 < p_k \leq 300$
混凝土基础	C15 混凝土	1 ∶ 1.00	1 ∶ 1.00	1 ∶ 1.25
毛石混凝土基础	C15 混凝土	1 ∶ 1.00	1 ∶ 1.25	1 ∶ 1.50

续表

基础材料	质量要求	台阶宽高比的容许值		
		$p_k \leq 100$	$100 < p_k \leq 200$	$200 < p_k \leq 300$
砖基础	砖不低于 MU10，砂浆不低于 M5	1 : 1.50	1 : 1.50	1 : 1.50
毛石基础	砂浆不低于 M5	1 : 1.25	1 : 1.50	—
灰土基础	体积比为 3 : 7 或 2 : 8 的灰土，其最小干密度: 粉土 1550kg/m^3 粉质黏土 1500kg/m^3 黏土 1450kg/m^3	1 : 1.25	1 : 1.50	—
三合土基础	体积比（1 : 2 : 4）～（1 : 3 : 6）（石灰 : 砂 : 骨料）每层约虚铺 220mm，夯至 150mm	1 : 1.50	1 : 2.00	—

注：1. 本表选自《建筑地基基础设计规范》GB 50007—2011。
2. p_k 为基础底面处的平均压力值（kPa）。

另外，砖、毛石基础需要垫层，而混凝土、毛石混凝土、灰土和三合土基础无需垫层。

（2）柔性基础

当建筑物荷载较大，或地基承载能力较差时，如果基础断面按刚性角逐步放宽，势必导致基础深度也要加大，这样既会增加土方工作量，也会增加材料用量，对造价和工期都十分不利。而如果在混凝土基础的底部配置钢筋，利用钢筋承受拉力，基础底部能够承受较大弯矩，就可以不受刚性角的限制（图 2-8）。这种钢筋混凝土基础也称柔性基础，或非刚性基础。在建筑工程中它又被称为钢筋混凝土扩展基础，或简称扩展基础，主要体现为钢筋混凝土条形基础和钢筋混凝土独立基础两种形式。

钢筋混凝土基础中，混凝土强度不应低于 C20，锥形基础边沿最薄处应不小于 200mm，且两个方向的坡度不宜大于 1 : 3；阶梯形基础的每阶高度宜为 300 ～ 500mm。为了保证钢筋混凝土基础施工时，钢筋不致陷入泥土中，常须在基础与地基

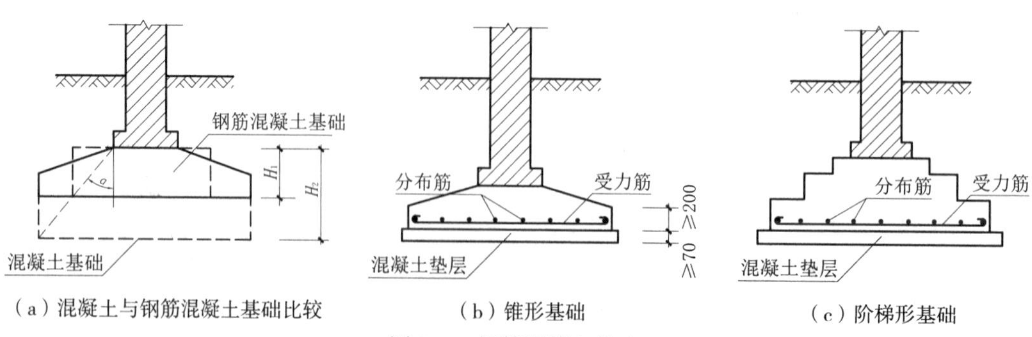

（a）混凝土与钢筋混凝土基础比较　（b）锥形基础　（c）阶梯形基础

图 2-8　钢筋混凝土基础

之间设置混凝土垫层，垫层还可以防止基础钢筋锈蚀。垫层的厚度不宜小于 70mm，垫层混凝土强度等级不宜低于 C10。

2. 按照构造形式分类

建筑物上部结构形式、荷载大小以及地基承载能力直接影响基础的构造形式，设计人员需要根据具体情况，以经济合理为目标，做出恰当选择。

（1）独立基础

建筑物上部采用骨架结构体系时，其承重柱下的基础多为方形或矩形的单独基础，称为独立基础。当柱子为预制构件时，需将基础做成杯口形式，然后将柱插入预留的杯口内，故称杯形基础（图 2–9）。为保证柱下独立基础双向受力状态，基础底面宜为正方形，或长短边之比不大于 2 的矩形。

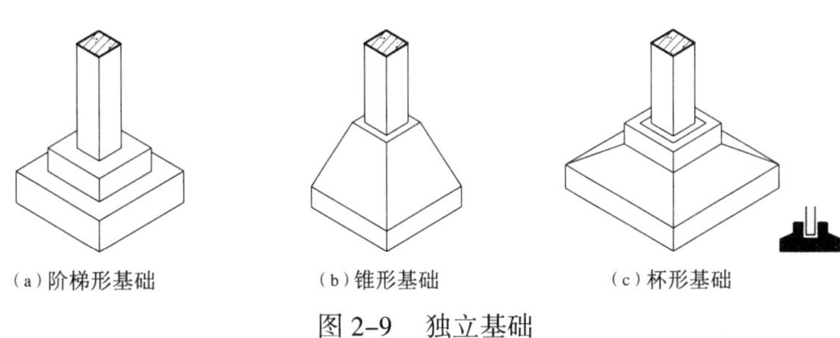

图 2–9　独立基础

（2）条形基础

当建筑物上部结构采用砖、石墙体承重时，基础在墙体底部沿墙身方向连续设置，这种长条状基础称条形基础或带形基础。条形基础是墙体承重建筑的典型基础形式。

如果地基承载能力较差，骨架结构体系若仍使用柱下独立基础，独立基础之间就可能出现较大的沉降差，而且基底尺寸也会较大。此时为了分散荷载，调整不均匀沉降，可以将相邻基础连在一起，就形成了柱下条形基础。

柱下条形基础可根据建筑物整体性的具体需要，设计成单向条形基础或双向条形基础（图 2–10）。双向条形基础又称井格式基础、十字条形基础或交叉条形基础。

（3）筏形基础

当地基土质较弱，建筑物上部荷载较大，以致单向或双向条形基础已不能适应地基变形需要时，可以将墙或柱下基础连成一片，使之形成一块整板来承受整个建筑物的荷载，这种满堂板式的钢筋混凝土基础就叫作筏形基础或筏板基础。筏形基础分为平板式和梁板式两种类型（图 2–11）。

筏形基础需要满足相应的结构构造要求，筏形基础混凝土强度等级不应低于 C25，但也不宜高于 C40。平板式筏形基础底板厚度不宜小于 300mm，梁板式筏形基础底板厚度不宜小于 250mm。

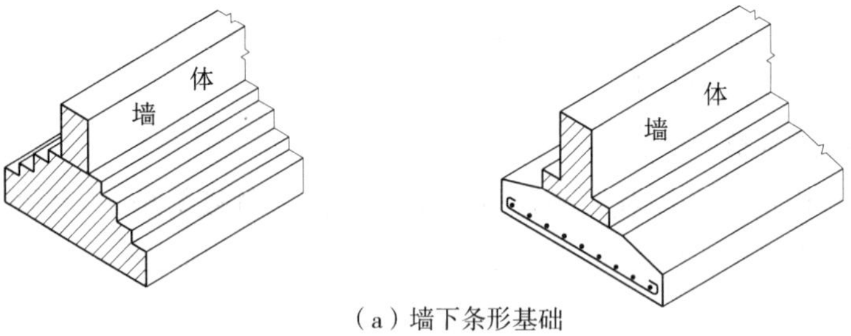

（a）墙下条形基础

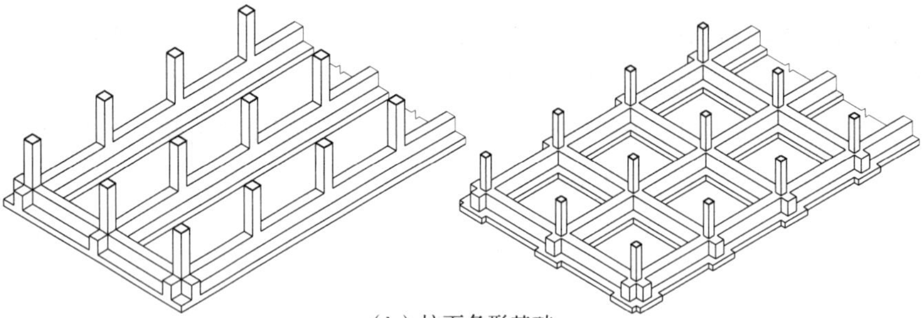

（b）柱下条形基础

图 2–10　条形基础

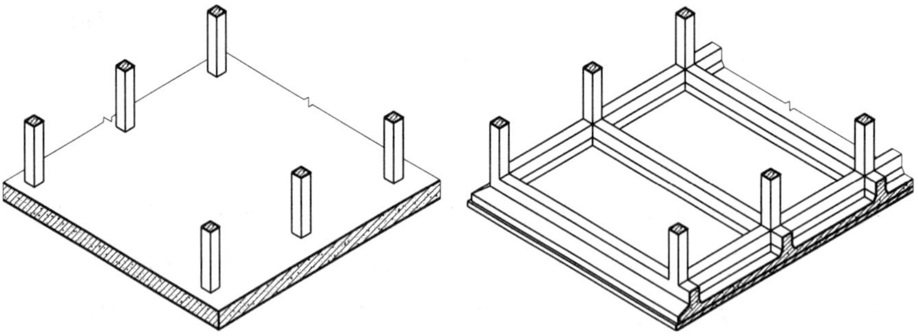

（a）平板式　　（b）梁板式

图 2–11　筏形基础

（4）箱形基础

箱形基础是由底板、顶板、侧墙及一定数量内隔墙构成的单层或多层空心箱体钢筋混凝土基础（图 2–12）。其埋置较深，基础底板和顶板之间的中空部分往往可用作地下室。箱形基础整体性好，空间刚度大，对抵抗地基的不均匀沉降有利，适用于高层建筑或在软弱地基上建造的荷载较大的建筑物。

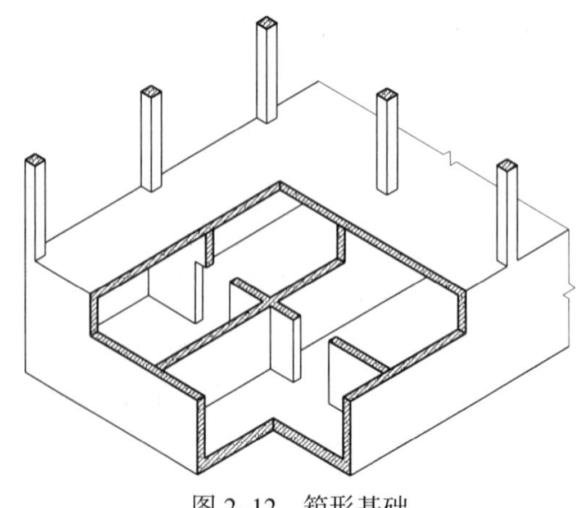

图 2–12　箱形基础

（5）桩基础

桩基础由设置于岩土中的桩和连接于

桩顶端的承台组成，它的效用是通过桩侧土或桩端土的抗力，将荷载传递给地基土层。竖向荷载主要由桩侧阻力承受的桩，称摩擦桩；竖向荷载主要由桩端阻力承受的桩，称端承桩（图 2–13）。

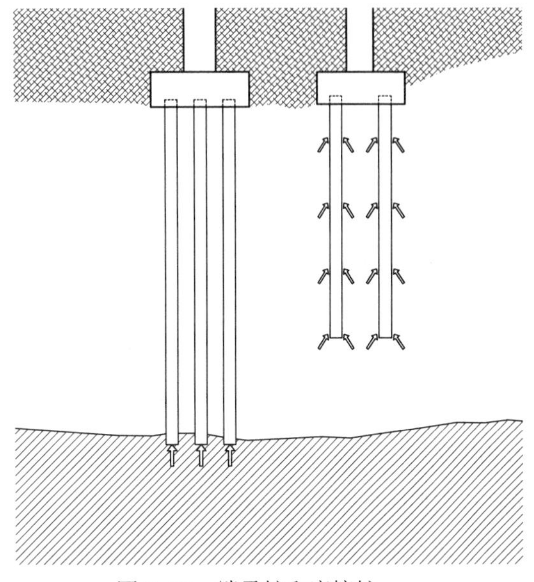

图 2–13　端承桩和摩擦桩

大多数桩基础采用钢筋混凝土桩，按施工方法不同分为预制桩和灌注桩。预制桩施工需要先把桩在工厂或施工现场预制完成，然后用打桩机将其打入地基土层中。灌注桩施工先要在地基岩土中通过机械钻孔、人力挖掘或钢管挤土等手段形成桩孔，然后在孔内放置钢筋笼，再灌注混凝土形成桩。

桩基础与其他类型基础不同，它也被视为一种人工地基处理方法。在竖向荷载大、建筑对倾斜和地基变形有限制要求时，以及地表软弱土层较厚或局部有暗浜、深坑、古河道等以致不宜用作持力层时，再或者桩基础比其他处理方法更经济的情况下，建筑需要选用桩基础。

2.2.3　基础选型与构件连接

1. 基础选型

基础选型必须在安全可靠、经济合理的设计原则下进行，需要综合考虑的因素包括地质条件、建筑高度及体型、使用功能、结构类型、荷载情况、有无地下室及其使用功能、相邻建筑物或构筑物的情况、施工条件、材料供应和抗震设防烈度等。在建筑自身因素中，竖向结构构件直接与基础连接，其形态与力学特性对基础选型起到重要决定作用。

砌体结构建筑应当优先选用混凝土或灰土刚性条形基础，混凝土强度不低于 C15，灰土采用 3∶7 灰土。当基础宽度大于 2.0m 时，宜选用柔性条形基础。

框架结构、单层排架或门架等骨架结构体系建筑在地基条件较好并且柱网分布较均匀时，可选用独立基础。如果上部荷载不均匀，或者地基较差，则可以考虑使用柱下条形基础或筏形基础，使得基础底板反力较均匀。

剪力墙结构建筑如果地基条件较好，宜优先选用墙下条形基础。当有地下室且地下室有防水要求时，可选用筏形基础，实际上就是自然形成箱形基础。

框架—剪力墙结构建筑的基础选型可参考框架结构和剪力墙结构。允许在框架柱采用独立柱基的同时，剪力墙采用条形基础，但需要通过设计保证两种基础的基底压力相差不太多。

高层建筑应优先选用筏形基础。由于平板式筏形基础具有抗冲切及抗剪切能力强的特点，且构造简单，施工便捷，所以比梁板式筏形基础具有更好的适应性，框架—核心筒结构和筒中筒结构就适宜采用平板式筏形基础。而当今建造的高层建筑体型高宽比常为 2 ～ 4，甚至更大，已不必再用箱形基础来加强其总体刚度，故一般情况下高层建筑不宜选用箱形基础，除非地下室的使用功能正好适合设计成箱形基础。

2. 上部构件连接

为了保证荷载能够稳定安全地向地基传递，建筑物上部结构与基础的连接也必须处理得当。砖、石、混凝土承重构件采用砌筑或浇筑的方式即可形成与基础的稳定连接，钢结构建筑的解决方法则是使用不同类型的柱脚（图 2–14）。还有一类轻型钢结构模块化建筑，包括基础在内都使用标准化、产品化构件，一般使用地脚锚栓等完成基础部位预制构件之间的连接（图 2–15）。

木结构建筑直接与土壤接触的基础和外墙，必须采用混凝土或砖石材料。

轻型木结构的墙骨柱柱底与基础之间或与基础上的地梁之间应有可靠锚固，与混凝土基础接触面应采取防腐防潮措施。底层木柱底面应高于室外地平面 300mm。木柱与基础直接锚固时可以采用 U 形扁钢、角钢和柱靴，在使用木质地梁的情况下木柱可以使用短榫、钢卡、螺栓等与之连接。

部分重型原木结构建筑会使用木质墙体承重，这时墙体与混凝土基础接触面上应设置防潮层，并且防潮层上应该设置经防腐防虫处理的垫木。其他木构件如果跟混凝

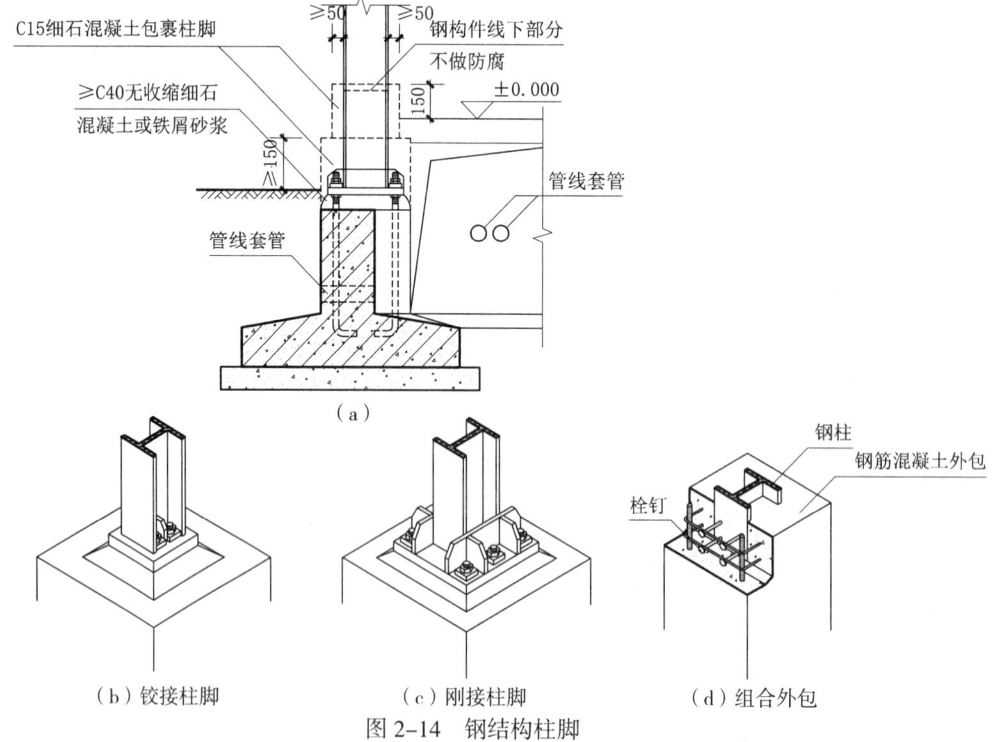

（a）

（b）铰接柱脚　（c）刚接柱脚　（d）组合外包

图 2–14　钢结构柱脚

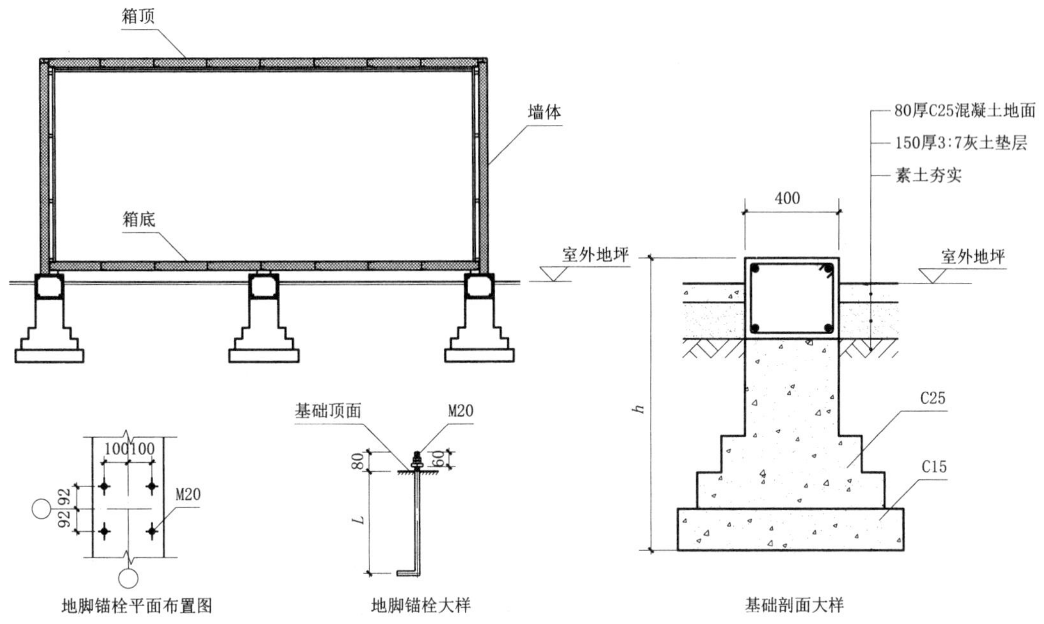

图 2–15　箱式模块化房屋标准模块基础

土基础直接接触，则必须采用经防腐防虫处理的木材（图 2–16）。

另外，建筑物底层的非承重构件有时也会直接将自重荷载传递到基础或底层地面，如果构件自重较大，则必须进行恰当的结构构造处理。例如，可以增设基础梁来承担框架结构中砌体填充墙的重量；对于底层的非承重砌体隔墙，在墙体厚度不超过 150mm、高度不超过 4m 的情况下，可以通过局部加厚地面混凝土垫层的方法避免集中荷载对地面的破坏（图 2–17）。

2.3　地下室构造

地下空间资源的利用日益显示出其重要性，已经被纳入城市规划工作中，根据商业、交通、市政、人民防空等多方要求统筹安排。

按照规范定义，房间地面低于室外地平面的高度超过该房间净高 1/2 的称为地下室（图 2–18），而如果房间地面低于室外地平面的高度不超过该房间净高 1/2 但已超过 1/3，则称为半地下室。

2.3.1　基本构造特征

建筑物是否需要设置地下室以及地下室的层数都是由使用要求决定的。在满足结构要求的情况下，地下室同时可以作为箱形基础使用。另外，按照人民防空要求设置的地下空间，由于要应对战时情况下人员的隐蔽和疏散，必须具备保障人身安全的各项技术措施。

地下室面临比其他建筑部件更为复杂的环境状况，必须解决土压力、水压力、浮

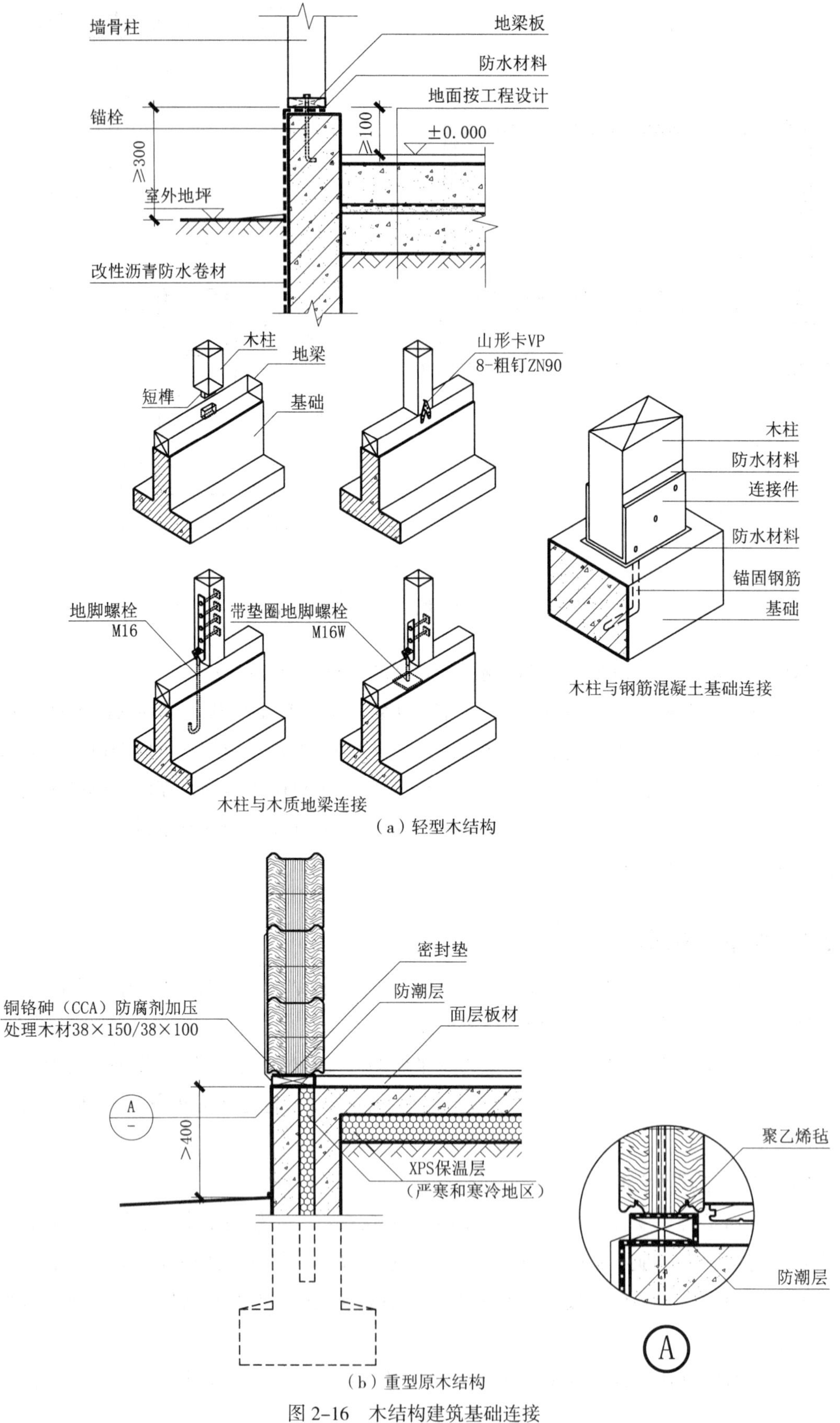

图 2-16　木结构建筑基础连接

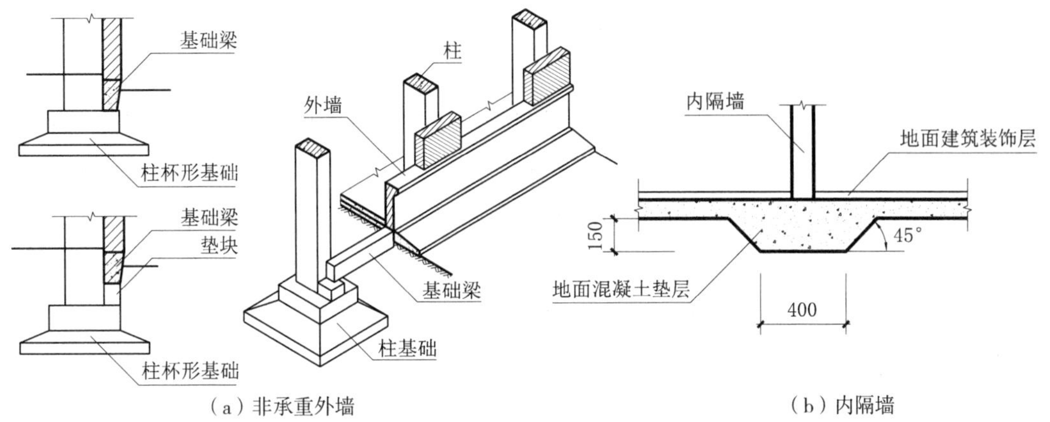

（a）非承重外墙　　（b）内隔墙

图 2-17　非承重砌体墙与基础、地面的连接

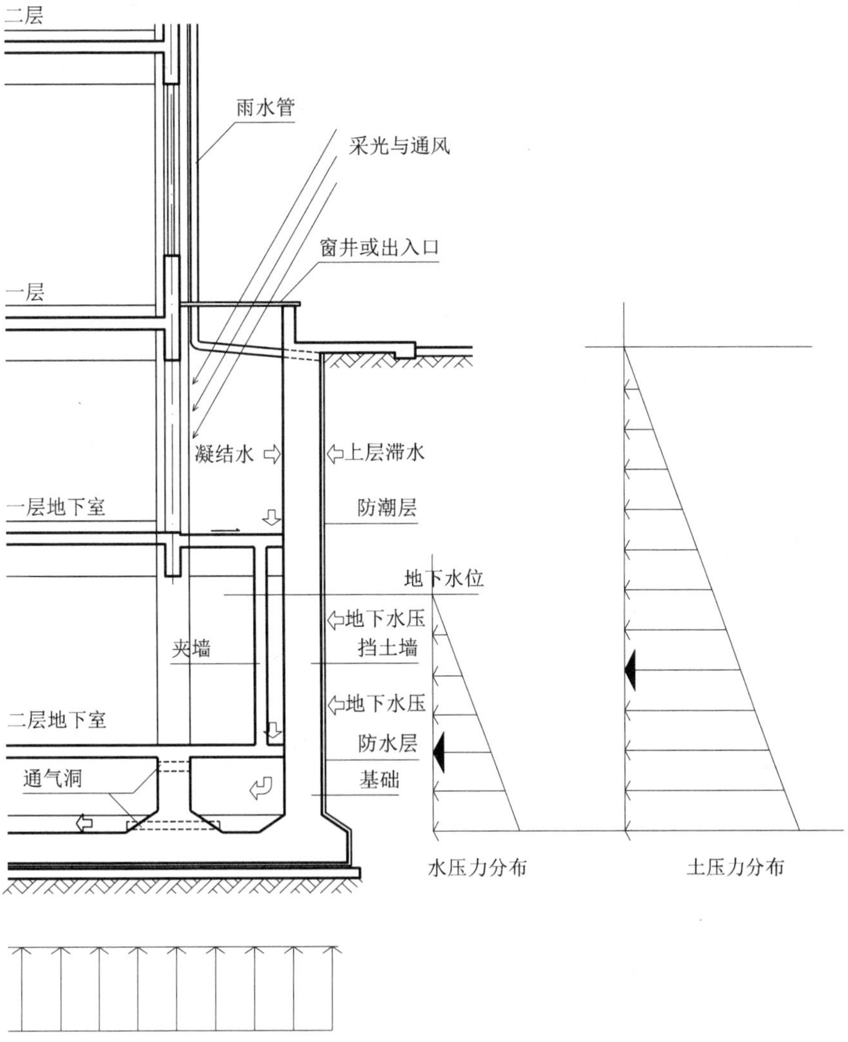

图 2-18　地下室示意图

力以及上层滞水、凝结水等带来的结构与构造问题，有时还需要设置地下窗井满足采光、通风要求。

地下室构造设计的重点是解决防水问题。由于地下室的外墙与底板长期跟地下潮气和地下水直接接触，并且地下水具有一定压力，如果因为结构的原因导致地下室结构层局部开裂，或由于防潮、防水构造设计措施不到位，地下潮气或地下水乘虚而入，便可能致使地下室不能使用或者影响到建筑物的耐久性。由于环境问题带来的地下水特别是浅层地下水污染，严重时可能会对混凝土、钢筋造成侵蚀破坏，也是一个不容忽视的问题。

按照《地下工程防水技术规范》GB 50108—2008 规定，地下工程必须根据定级准确、方案可靠、施工简便、耐久适用、经济合理的原则，进行防水设计。地下工程防水等级及适用范围见表 2-2、表 2-3。

地下室防水设计需要考虑地表水、地下水、上层滞水、毛细管水等的作用，以及人为因素引起的水文地质变化。单独建造的地下室宜采用全封闭、部分封闭的防排水设计，附建式的地下室防水设防高度应高出室外地坪高程 500mm 以上。

表 2-2　地下工程防水等级标准

防水等级	防水标准
一级	不允许渗水，结构表面无湿渍
二级	不允许漏水，结构表面可有少量湿渍 工业与民用建筑：总湿渍面积不应大于总防水面积（包括顶板、墙面、地面）的 1/1000；任意 $100m^2$ 防水面积上的湿渍不超过 2 处；单个湿渍的最大面积不大于 $0.1m^2$ 其他地下工程：总湿渍面积不应大于总防水面积的 2/1000；任意 $100m^2$ 防水面积上的湿渍不超过 3 处，单个湿渍的最大面积不大于 $0.2m^2$ 其中，隧道工程还要求平均渗水量不大于 0.05L/（m^2·d），任意 $100m^2$ 防水面积上的渗水量不大于 0.15 L/（m^2·d）
三级	有少量的漏水点，不得有线流和漏泥砂 任意 $100m^2$ 防水面积上的漏水点不超过 7 处，单个漏水点的最大漏水量不大于 2.5L/d，单个湿渍的最大面积不大于 $0.3m^2$
四级	有漏水点，不得有线流和漏泥砂 整个工程平均漏水量不大于 2L/（m^2·d）；任意 $100m^2$ 防水面积的平均漏水量不大于 4L/（m^2·d）

表 2-3　地下工程不同防水等级的适用范围

防水等级	适用范围
一级	人员长期停留的场所；因有少量湿渍会使物品变质、失效的贮物场所及严重影响设备正常运转和危及工程安全运营的部位；极重要的战备工程
二级	人员经常活动的场所；在有少量湿渍的情况下不会使物品变质、失效的贮物场所及基本不影响设备正常运转和工程安全运营的部位；重要的战备工程
三级	人员临时活动的场所；一般战备工程
四级	对渗漏水无严格要求的工程

注：表 2-2、表 2-3 选自《地下工程防水技术规范》GB 50108—2008。

2.3.2　地下室防水构造

地下室迎水面主体结构应采用防水混凝土，并应配合其他防水措施——主要是增设附加防水层，包括水泥砂浆防水层、卷材防水层、涂料防水层、塑料防水板防水层、金属防水层、膨润土防水材料防水层等，以满足防水等级的要求。

1. 防水混凝土

防水混凝土可通过调整材料配合比或者添加外加剂、掺合料等方法配制而成，除了应满足抗渗等级要求以外（表 2–4），它还应满足抗压、抗冻和抗侵蚀性等耐久性要求。

表 2–4　防水混凝土设计抗渗等级

工程埋置深度 H（m）	设计抗渗等级
$H < 10$	P6
$10 \leqslant H < 20$	P8
$20 \leqslant H < 30$	P10
$H \geqslant 30$	P12

注：本表选自《地下工程防水技术规范》GB 50108—2008。

地下室外墙和底板的混凝土结构厚度不应小于 250mm，并且迎水面钢筋保护层厚度不应小于 50mm。结构底板以下的混凝土垫层强度等级不应小于 C15，厚度不应小于 100mm，在软弱土层中不应小于 150mm。

防水混凝土应连续浇筑，宜少留施工缝。如果必须留设施工缝，则应注意水平施工缝不应留在剪力最大处或底板与侧墙的交接处，垂直施工缝应避开地下水和裂隙水较多的地段，如有可能尽量与变形缝结合（图 2–19）。

2. 水泥砂浆防水层

防水层使用的水泥砂浆包括聚合物水泥防水砂浆、掺外加剂或掺合料的防水砂浆，施工时宜采用多层抹压法。

水泥砂浆防水层既可以用于地下室主体结构的迎水面，也可以用于背水面，不能用于受持续振动或温度高于 80℃的地下工程防水。聚合物水泥防水砂浆厚度单层施工宜为 6 ～ 8mm，双层施工宜为 10 ～ 12mm；掺外加剂或掺合料的水泥防水砂浆厚度宜为 18 ～ 20mm。

3. 卷材防水层

卷材防水层具有比较可靠的防水效果，适合用于经常处在地下水环境，且受侵蚀性介质作用或受振动作用的地下工程。卷材防水层应铺设在主体结构的迎水面，这样可以保护结构不受侵蚀性介质侵蚀，并且防止外部压力水渗入结构内部造成钢筋锈蚀，还可以克服卷材与混凝土基面之间粘结力小的缺点（图 2–20）。

防水层卷材应采用高聚物改性沥青类防水卷材和合成高分子类防水卷材。卷材及其胶粘剂必须具有良好的耐水性、耐久性、耐刺穿性、耐腐蚀性和耐霉菌性。

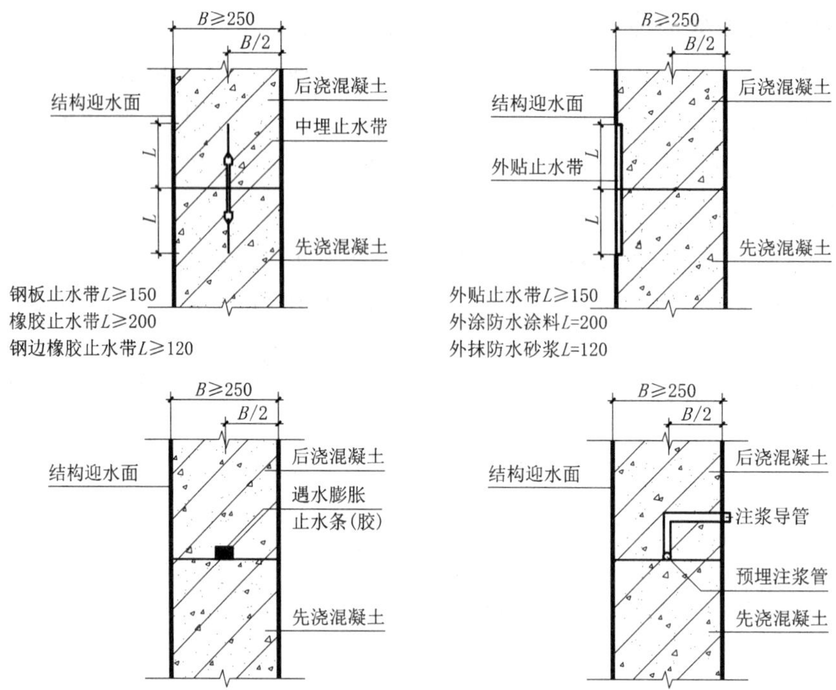

图 2–19　施工缝防水构造

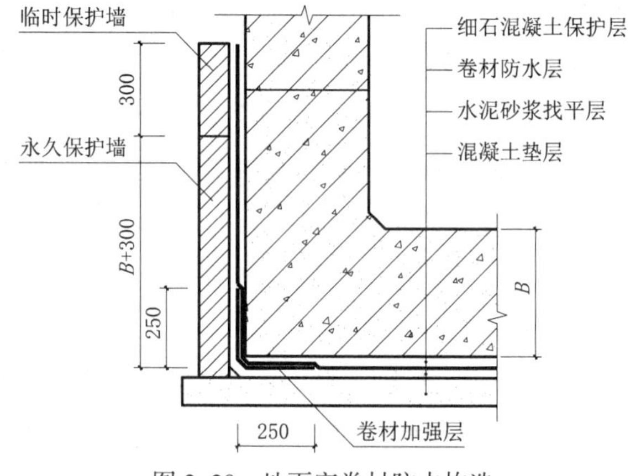

图 2–20　地下室卷材防水构造

卷材防水层应铺设在结构底板垫层至墙体防水设防高度的结构基面上。当用于单独建造的地下室时，应从结构底板垫层铺设至顶板基面，并应在外围形成封闭防水层。

4. 涂料防水层

用于地下室的防水涂料既有无机类涂料，也有有机类涂料。无机防水涂料可选用掺外加剂、掺合料的水泥基防水涂料、水泥基渗透结晶型防水涂料，有机防水涂料可选用反应型、水乳型、聚合物水泥防水涂料。

无机防水涂料凝固快，与基面有较强的粘结力，适合用在地下室主体结构的背水面。具有一定厚度的有机防水涂料抗渗性较好，能够在基面上形成无接缝的完整防水膜，适合用在主体结构的迎水面。

根据地下室工程的实际情况，防水涂料的施工一般可采用外防外涂和外防内涂两种做法（图 2–21）。

在涂料防水层施工完成后，其他后续工序如回填、底板及侧墙绑扎钢筋、浇筑混

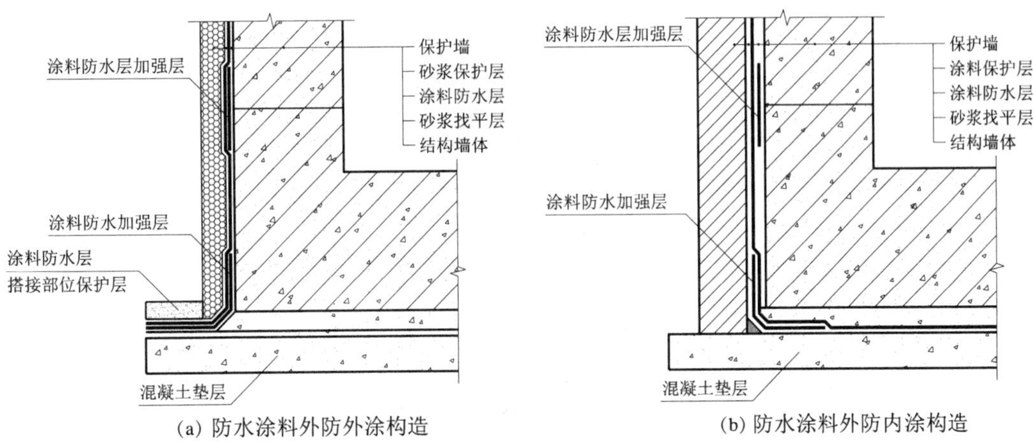

(a) 防水涂料外防外涂构造　　(b) 防水涂料外防内涂构造

图 2–21　地下室涂料防水构造

凝土等均可能损伤已做好的涂料防水层，尤其是有机防水涂料防水层。所以有机防水涂料施工完成后应及时做保护层，针对不同部位保护层做法也不同：底板、顶板处应采用 20mm 厚 1∶2.5 水泥砂浆层和 40 ～ 50mm 厚细石混凝土保护层，防水层与保护层之间宜设置隔离层；侧墙背水面保护层应采用 20mm 厚 1∶2.5 水泥砂浆；侧墙迎水面保护层宜选用软质保护材料或 20mm 厚 1∶2.5 水泥砂浆。

5. 膨润土防水材料防水层

膨润土发挥止水作用依靠的是材料的粘结性和膨胀性，膨润土与淡水反应会膨胀为自身重量的 5 倍、自身体积的 13 倍左右。当用于 pH 值为 4 ～ 10 的地下环境，并且当地下水不是淡水而是污水时，膨润土可能难以发挥防水功能，这时就应使用防污膨润土。

膨润土防水材料防水层包括膨润土防水毯、膨润土防水板及其配套材料。主要防水材料有三种，即针刺法钠基膨润土防水毯、针刺覆膜法钠基膨润土防水毯、胶粘法钠基膨润土防水毯（也称为防水板）。

膨润土防水材料防水层一般采用机械固定法固定在主体结构的迎水面，并且防水层两侧应具有一定的夹持力（图 2–22）。

除了上述几种防水层作法以外，在对抗渗性能要求较高、采用特定施工方法或者具有特定环境需要的地下工程中，还可以使用金属防水层和塑料防水板防水层。

2.3.3　降排水措施

在制订地下工程防水方案时，还可根据工程所处的环境地质条件，适当考虑降排水措施。降排水措施根据所采取的排水设施及部位不同而分为室外降排水和室内排水。

室外降排水是通过位于建筑物四周的永久性降排水设施将地下室以外的地下水位标高降到地下室底板以下，使有压水变为无压水，减小其渗透压力，以消除或缓解地下水对建筑物的危害，改善地下室的防水效果。有自流排水条件时应采用自流排水法，

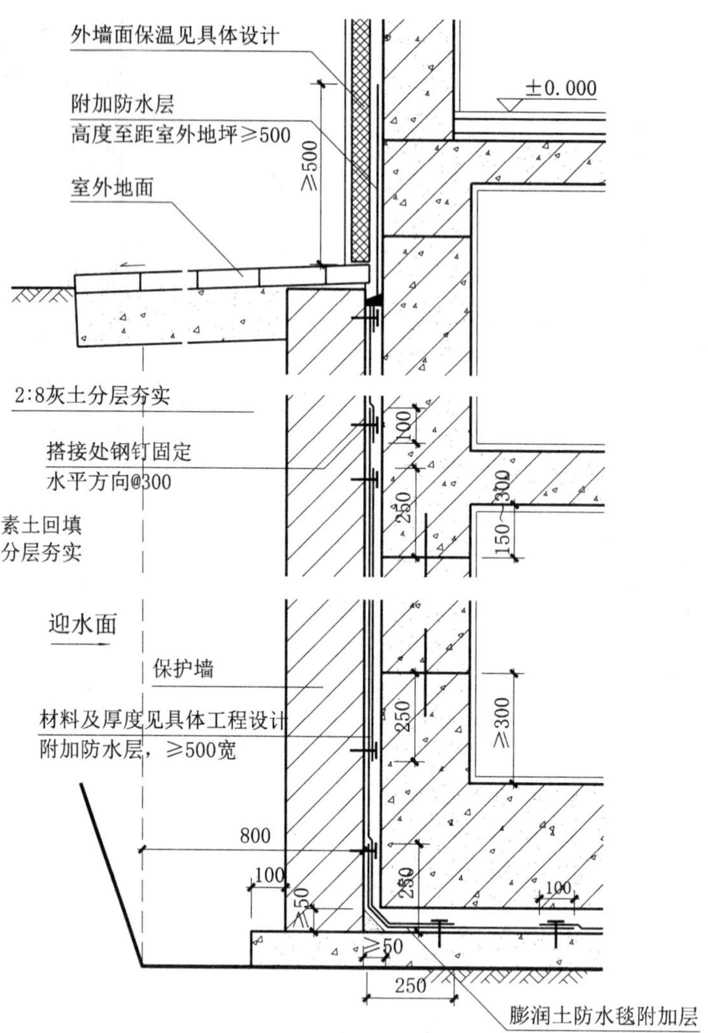

图 2-22　地下室膨润土防水材料防水构造

无自流排水条件时可采用渗排水、盲沟排水、盲管排水、塑料排水板排水或机械抽水等排水方法（图 2-23）。

室内排水主要针对渗入地下室内部的水，使用集水沟等自流排水系统将水引导至集水井，再用水泵排除（图 2-24）。

2.3.4　地下室窗井

为了改善采光和通风条件，优化地下室空间使用状况，地下室外墙一侧经常会设置窗井。可以在每个开窗部位单独设一个，也可以将几个窗井合并连成一体。合理设置地下室窗井，或结合基地环境

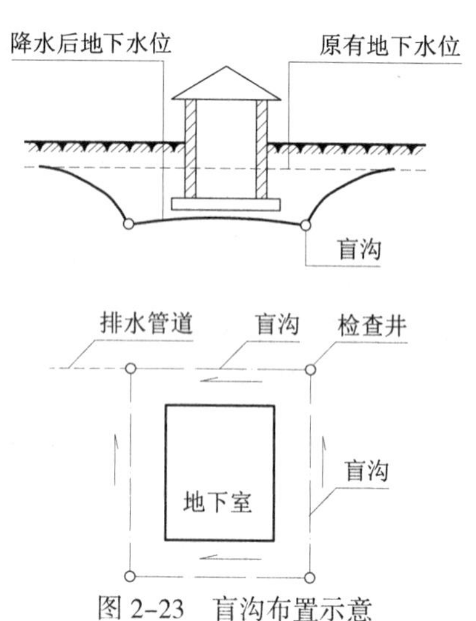

图 2-23　盲沟布置示意

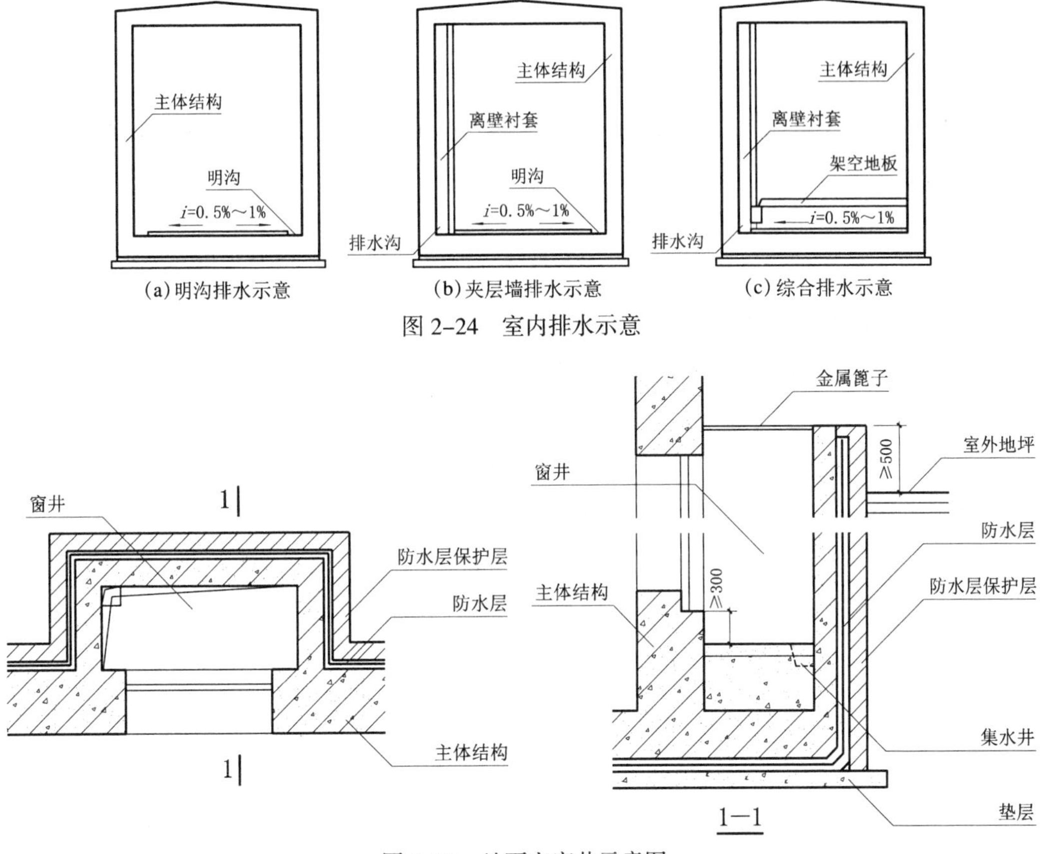

图 2–24　室内排水示意

图 2–25　地下室窗井示意图

利用地下室外部空间设置地下庭院，可以取得地下空间地面化效果，这样也会节省地下室空间照明和通风换气的费用，是一种建筑节能设计手段。

地下室窗井主要由底板和侧墙构成，底板一般为现浇钢筋混凝土，侧墙可用砖砌或钢筋混凝土浇筑。窗井底部在最高地下水位以上时，宜与主体结构断开；窗井或其一部分在最高地下水位以下时，窗井应与主体结构连成整体，防水层也应连成整体，并应在窗井内设置集水井。无论地下水位高低，窗台下部的墙体和底板均应做防水层。

窗井墙体顶部应高出室外地面不小于 500mm，窗井外地面应做成散水坡，与窗井墙之间使用防水密封材料嵌填。窗井内的底板应比窗下缘低 300mm。为方便排水，采光井底板应做出 1% ～ 3% 的坡度，并通过排水口将水及时排入室外地下排水管网。

另外，窗井上部需要根据具体使用情况选择铺设顶盖，以保证其安全，顶盖主要有金属篦子顶盖、钢筋混凝土顶盖、聚碳酸酯板顶盖、安全玻璃顶盖和压型钢板顶盖等。

本章引用的规范性文件

《窗井、设备吊装口、排水沟、集水坑》07J306

《全国民用建筑工程设计技术措施—结构（地基与基础）》2009JSCS-2-2

《地下建筑防水构造》10J301

《木结构设计标准》GB 50005—2017

《建筑地基基础设计规范》GB 50007—2011

《地下工程防水技术规范》GB 50108—2008

《建筑地基基础术语标准》GB/T 50941—2014

《高层建筑混凝土结构技术规程》JGJ 3—2010

《高层建筑筏形与箱形基础技术规范》JGJ 6—2011

《地下建筑防水构造》西南 18J302

第 3 章　墙　体

墙体对于建筑物的重要性体现在多个方面，有些墙体主要起围护作用，有些墙体需要承担竖向荷载以及风力、地震荷载等。墙体还被用作分隔内部空间的主要手段，设备管线有时也在中间穿过。

3.1　概　述

3.1.1　墙体类型

1. 根据所处位置分类

按照在建筑物中所处位置不同，墙体分为内墙和外墙。沿建筑物四周与外界直接接触的墙统称外墙，外墙属于外围护体系，它界定室内外空间，并起着挡风、阻雨、保温、隔热、隔声等作用。凡是位于建筑物内部的墙统称内墙，主要用来分隔室内空间，同时也起一定的隔声、防火等作用。此外，沿建筑物长轴方向布置的墙称纵墙（按平面位置又有外纵墙和内纵墙之分），沿建筑物短轴方向布置的墙称横墙，横向外墙一般称山墙。墙体上有门窗时，窗与窗或门与窗之间（水平方向上）的墙习惯上称窗间墙，而窗洞下部的墙习惯上称窗下墙或窗肚墙、窗槛墙（图 3–1）。

2. 根据受力情况分类

直接承受上部楼板层或屋顶所传来荷载的墙称承重墙，它同时还要承受风荷载、地震荷载；凡不承受上部荷载的墙称非承重墙。

非承重墙也称自承重墙，包括各类隔墙、填充墙、幕墙，以及女儿墙、阳台栏板、围墙等。非承重墙不承受其他构件传来的荷载，只承受墙体自重、风荷载以及地震作用，当采用砌块或其他具有一定密度的材料时，其自身重量及稳定性就变成必须专门解决的问题，直接落地者可按需单独增设基础。其中不承受外来荷载，仅起分隔空间作用的墙称隔墙；骨架结构体系建筑中填充于柱、梁等承重构件之间的墙称填充墙；悬挂于建筑物外部骨架之外或楼板间的轻质外墙称幕墙，作为建筑物外围护体系，它承受风荷载和地震荷载。

3. 根据施工方式分类

墙体按照构造和施工方式的不同，有砌筑式、版筑式和装配式三种主要类型。

（1）砌筑式墙体

砌筑式墙体包括以砂浆等胶结材料组砌而成的砖墙、石墙、砌块墙等，一般采用

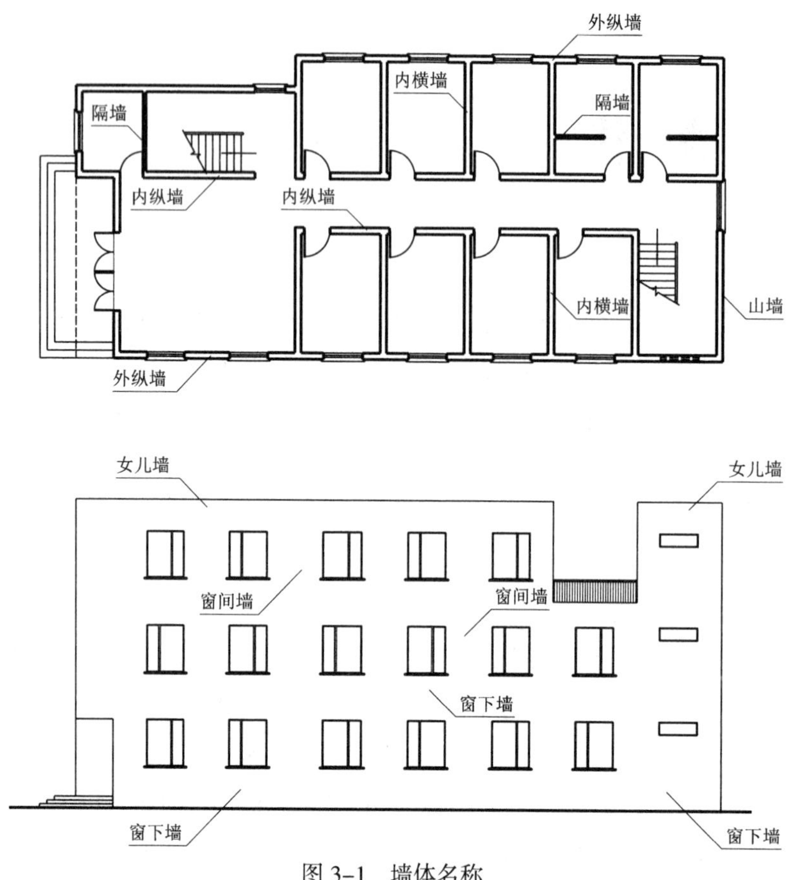

图 3–1　墙体名称

不留空隙的实砌作法，而民间传统砖墙中还存在历史悠久的空斗墙作法。

这类墙体中常用的砖是传统墙体材料，但实心黏土砖的制作生产具有毁坏农田、浪费能源和污染环境的缺陷，已被限制使用，取而代之的是黏土多孔砖、灰砂砖、炉渣砖、蒸压粉煤灰砖、陶粒混凝土多孔砖和混凝土多孔砖等墙体材料。

砌块也是黏土砖的良好替代品，目前使用较多的有混凝土空心小砌块、加气混凝土砌块、陶粒混凝土砌块等。

（2）版筑式墙体

版筑式墙体是施工时直接在墙体部位固定模板，然后在模板内夯筑或浇筑材料捣实而成的墙体，如夯土墙、滑模及大模板等混凝土现浇墙体。

（3）装配式墙体

装配式墙体是将构件先在专业工厂预制生产，再运送到施工现场进行安装的墙体，它包括各种单一材料的墙板、多种材料组合而成的复合墙板等，例如钢筋混凝土（夹心）墙板、加气混凝土墙板等。采用玻璃、金属、石材和人造板材的幕墙，也经常由厂家制成墙板单元，再现场安装。

以上三种主要墙体类型涵盖了建筑物的承重墙和大部分非承重墙。建筑物中还有一类轻质内隔墙，有更具体详细的类型区分，后续将专设章节介绍。

3.1.2　墙体材料革新

以实心黏土砖为主体的墙体材料，长期以来一直在国内占据主导地位，但是黏土砖在生产过程中浪费大量的土地和能源并且污染环境。随着城乡建设发展对建材产品需求的增加，资源环境的约束作用日益凸显，保护耕地、节约能源、提高资源利用效率、走可持续发展道路逐渐成为人们的共识，黏土砖的使用因此也越来越受到限制。在过去相当长时期内，国家和地方有关部门陆续制定了诸多推进墙体材料革新的政策法规，根据国家发展改革委 2011 年编制的《“十二五”墙体材料革新指导意见》，这项工作发展到今天，已经进行到深入推进“城市限粘（黏）、县城禁实”的阶段。

墙体材料革新的基本原则包含技术性、政策性和经济性三大要素，据此可以将墙体材料分为淘汰型、过渡型、发展型三类。技术不成熟、政策不允许、造价昂贵的产品属于淘汰型产品；符合三大要素部分要求的产品，如一些地区仍在使用的黏土空心砖、混凝土普通砖等，属于过渡型产品；符合或基本符合三大要素的墙体材料则为发展型产品，设计中应积极采用。

现阶段的新型墙体材料正向轻质化、高强化、复合化发展，节能保温、高强防火、利废环保的多功能复合一体化材料的生产应用是推进重点。在“限粘（黏）禁实”的同时，需要考虑综合利用各类工业固体废物，大力发展以煤矸石、粉煤灰、脱硫石膏等为主要原料的新型墙体材料产品。另外，不同地区也可以根据当地资源特点因地制宜，就地取材。例如，在大宗固体废弃物产生和堆存量大的地区优先发展高档次、高掺量的利废新型墙体材料产品；在人均耕地面积小、沙石资源比较丰富的地区优先发展混凝土制品；在自然资源匮乏、黏土资源比较丰富的地区适当发展空心化、多功能的黏土砌块制品；等等。

3.1.3　墙体设计要求

根据墙体所处的位置和功能的不同，设计应分别满足以下要求。

1. 满足强度和稳定性要求

材料性能、墙体厚度以及连接的可靠性是保证墙体强度和稳定性的关键因素。为保证墙体结构合理，设计时应根据受力情况选择强度等级恰当的主材与连接材料，并确定合适的墙体厚度。另外，墙体高度、长度以及纵横向墙体的平面间距也会影响到墙体稳定性。还可以使用结构、构造方法对墙体稳定性进行加强，例如增设墙垛、构造柱、圈梁以及墙内加筋等。

2. 满足热工与节能要求

建筑设计应当在体型系数、传热系数等节能指标的指导下，针对不同气候条件，采取合理的设计手段与构造技术解决外墙的保温与隔热问题，使室内环境温度在外界环境气温变化的情况下保持相对稳定，减少使用者对空调和采暖设备的依赖。

3. 满足防火要求

墙体材料以及墙身厚度，都必须符合国家《建筑设计防火规范》中相应燃烧性能和耐火极限的规定。建筑设计中还应当合理划分防火区域、在关键部位设置防火墙，防止火灾蔓延。

4. 满足隔声要求

为了保证室内具有安静的使用环境，让人们的工作和生活免受噪声干扰，无论外墙还是内墙都必须具有足够的隔声能力，满足相关建筑隔声标准的要求。

5. 满足防水防潮要求

建筑物中的卫生间、厨房、浴室以及某些实验室等有水房间，在使用过程中会出现地面、墙面与水接触的情形，故必须进行防水、防潮处理。另外，墙体设计还应当考虑雨水对外墙以及地表水、土中水对底层墙体的渗透带来的不利影响，必要时也需采取防水、防潮措施。

3.2 砌体墙构造

砌体墙是用砂浆等胶结材料将砖石等块体材料组砌而成的墙体，也称为块材墙。墙体所用块材生产制造比较简单，施工也不需要大型设备，但是现场人工工作量大，湿作业较多，施工速度较慢。

3.2.1 墙体块材

1. 块材种类

目前砌体墙常用块材包括三大类。

（1）砖砌体

又分为烧结类和非烧结类两种。

烧结类砖：主要包括烧结页岩砖、烧结煤矸石砖、烧结粉煤灰砖、烧结黏土砖等，又分为烧结普通砖和烧结多孔砖两种。烧结普通砖即经过焙烧而成的实心砖；烧结多孔砖孔洞率不大于 35%，孔洞尺寸小数量多，其力学性能同烧结普通砖。

非烧结类砖：包括蒸压硅酸盐砖（蒸压灰砂砖、蒸压粉煤灰砖、蒸压磷渣硅酸盐砖）以及混凝土砖。

（2）砌块砌体

指使用混凝土砌块、蒸压加气混凝土砌块、复合保温砌块等块材的无筋和配筋砌体。

常见的混凝土小型空心砌块简称为小砌块，包括普通混凝土和轻集料（火山渣、浮石、陶粒等）混凝土两类；蒸压加气混凝土砌块生产原材料为砂、水泥、石灰、粉煤灰等硅、钙材料，以铝粉为发泡剂，经高温高压养护制成，可用于填充墙和低层建筑的承重墙，但不能用于有化学侵蚀的环境以及经常处于 80℃以上的部位；复合保温砌块由混凝土内、外层和带有燕尾槽的保温层制成，集承重、保温和围护作用于一体，可用于框架填充墙或多层建筑的承重墙。

其他种类的砌块还有泡沫混凝土砌块、陶粒发泡混凝土砌块、建筑碎料小型空心砌块、植物纤维工业灰渣混凝土砌块、石膏砌块、烧结空心砌块及烧结保温砌块等。

除了预先将孔洞用强度等级不低于 Cb20 或 C20 的混凝土灌实的小型空心砌块以外，其余砌块材料一般都不能用于建筑防潮层以下。

（3）石砌体

包括各种料石和毛石的砌体，其密度不宜低于 2200kg/m^3。《墙体材料应用统一技术规范》GB 50574—2010 特别规定，墙体不应采用非蒸压硅酸盐砖（砌块）及非蒸压加气混凝土制品。因为此类制品的最终水化生成物与蒸压制品相差较大，且缺少必要的养护工艺，将会给墙体应用带来隐患。

2. 材料规格

（1）块材尺寸

标准砖的尺寸为 240mm × 115mm × 53mm（长 × 宽 × 厚）。考虑到墙体砌筑时还需用到砌筑砂浆，若将 10mm 左右的灰缝宽度一同估算在内，长（+ 灰缝）：宽（+ 灰缝）：厚（+ 灰缝）就形成了 4 : 2 : 1 的比例关系，方便砌筑时相互组合（图 3-2）。砌筑工程中所谓一皮砖的厚度即为单块砖厚度再加灰缝宽度，按 60mm 估算。

目前标准砖中的黏土实心砖已基本限制使用，但 240mm × 115mm × 53mm 仍然是砖砌体的主要规格。例如同为烧结类砖的烧结页岩砖、烧结煤矸石砖、烧结粉煤灰砖等，还有非烧结材料制成的混凝土普通砖、蒸压灰砂砖等也都采用这个外观尺寸。

烧结多孔砖、承重混凝土多孔砖、蒸压粉煤灰多孔砖等多孔类砖砌体常见的主规格尺寸为 240mm × 115mm × 90mm（P 型）及 190mm × 190mm × 90mm（M 型）等。

普通混凝土小型砌块、自保温混凝土复合砌块、轻集料混凝土小型空心砌块、建筑碎料小型空心砌块、植物纤维工业灰渣混凝土砌块等小型砌块砌体经常使用 390mm × 190mm × 190mm 作为主规格。

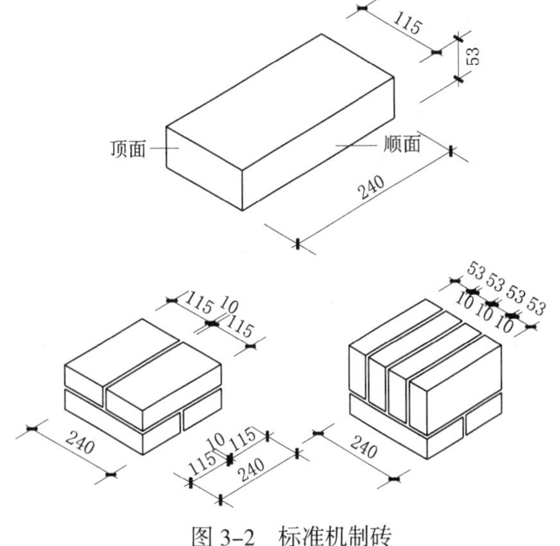

图 3-2　标准机制砖

蒸压加气混凝土砌块长度为 600mm，块高度常用规格为 250mm、200mm 和 300mm，厚度有 100 ～ 300mm 多种尺寸选择。由于加气砌块能够切割，施工中若需要其他规格，可在现场加工成需要尺寸。长度规格为 600mm 的砌块还有泡沫混凝土砌块、陶粒加气混凝土砌块、石膏砌块等。

每一种墙体块材都具有包括主规格、辅规格和各种功能块材在内的系统的规格系列，实际使用时必须了解产品的具体尺寸标准，按需选用（表 3–1、表 3–2）。特定情况下，供需双方还可通过协商，确定常规系列以外的块材规格。

表 3–1　常用承重块体材料及主要规格尺寸

名称	烧结 普通砖	烧结 多孔砖	蒸压 灰砂砖	单排孔砌块	毛料石	毛石
外形图						
主要规格（mm）	240 × 115 × 53	240 × 115 × 90 190 × 190 × 90	240 × 115 × 53	390 × 190 × 90	高度不小于 200 凹入深度不大于 25	中部厚度 不小于 200

表 3–2　常用自承重块体材料及主要规格尺寸

名称	实心石膏砌块	空心石膏砌块	蒸压加气 混凝土砌块	混凝土多孔砖	烧结空心砖
外形图					
主要规格（mm）	600/660 × 500 × 60 ～ 200	600/660 × 500 × 60 ～ 200	600 × 200/250/300 × 50 ～ 300	240 × 115 × 90 190 × 190 × 90	190 × 190 × 190 190 × 190 × 90

注：表 3–1、表 3–2 选自《建筑结构构造资料集》（第 2 版）下册。

（2）强度等级

砌体墙的抗压强度主要由砌筑块材的强度决定。块材按抗压强度平均值分为不同等级。

烧结普通砖、烧结多孔砖和烧结多孔砌块分为五个强度等级：MU30、MU25、MU20、MU15、MU10。MU30 表示抗压强度平均值≥ 30MPa，以此类推。其他烧结类材料中，烧结空心砖和空心砌块分为 MU10、MU7.5、MU5、MU3.5 四级，烧结保温砖和保温砌块分为 MU15、MU10、MU7.5、MU5、MU3.5 五级。

蒸压灰砂砖分为 MU25、MU20、MU15、MU10 四级，蒸压粉煤灰多孔砖、承重混凝土多孔砖均分为 MU25、MU20、MU15 三级。

混凝土实心砖、实心砌块分为 MU40、MU35、MU30、MU25、MU20、MU15、

MU10 七级，混凝土空心砌块分为 MU25、MU20、MU15、MU10、MU7.5、MU5 六级，轻集料混凝土小型空心砌块分为 MU10、MU7.5、MU5、MU3.5、MU2.5 五级，自保温混凝土复合砌块分为 MU15、MU10、MU7.5、MU5、MU3.5 五级，陶粒发泡混凝土砌块分为 MU7.5、MU5、MU3.5、MU2.5 四级，石膏砌块、建筑碎料小型空心砌块、植物纤维工业灰渣混凝土砌块、格构式自保温混凝土砌块均分为 MU10、MU7.5、MU5、MU3.5 四级。

蒸压加气混凝土砌块分为 A10、A7.5、A5、A3.5、A2.5、A2、A1 七级（A 后的数字为抗压强度平均值，单位：MPa），泡沫混凝土砌块分为 A7.5、A5、A3.5、A2.5、A2、A1 六级。

石材则分为 MU100、MU80、MU60、MU50、MU40、MU30、MU20 七个强度等级。

墙体块材在各种不同使用情况下，均须满足规范规定的最低强度等级要求（表 3–3）。还应注意防潮层以下必须采用实心砖或预先将孔灌实的多孔砖、空心砌块，砌筑承重砌体时不得使用水平孔块材。

表 3–3　块体材料的最低强度等级

块体材料用途及类型		最低强度等级	备注
承重墙	烧结普通砖、烧结多孔砖	MU10	用于外墙及潮湿环境的内墙时，强度应提高一个等级
	蒸压普通砖、混凝土砖	MU15	
	普通、轻集料混凝土小型空心砌块	MU7.5	以粉煤灰做掺合料时，粉煤灰的品质、取代水泥最大限量和掺量应符合国家现行标准《用于水泥和混凝土中的粉煤灰》GB/T 1596—2017 和《粉煤灰混凝土应用技术规范》GB/T 50146—2014 的有关规定
	蒸压加气混凝土砌块	A5.0	
自承重墙	轻集料混凝土小型空心砌块	MU3.5	用于外墙及潮湿环境的内墙时，强度等级不应低于 MU5.0。全烧结陶粒保温砌块用于内墙，其强度等级不应低于 MU2.5，密度不应大于 800kg/m^3
	蒸压加气混凝土砌块	A2.5	用于外墙时，强度等级不应低于 A3.5
	烧结空心砖和空心砌块 石膏砌块	MU3.5	用于外墙及潮湿环境的内墙时，强度等级不应低于 MU5.0

注：本表根据《墙体材料应用统一技术规范》GB 50574—2010 整理。

3.2.2　砌筑砂浆

块体材料必须通过胶接材料的粘结形成整体，才能砌筑成墙。胶接材料与块体材料的良好配合可以保证砌体具有足够强度，并使其传力均匀。砌体墙所使用的胶结材料主要是砂浆，其常见组成成分包括水泥、细骨料、掺合料、外加剂和水等。其中，水泥宜使用砌筑水泥或通用硅酸盐水泥，并宜优先使用砌筑水泥；细骨料提倡使用人工砂，有条件的可以使用再生细骨料，并且允许使用天然砂。目前建筑物中常见的砂浆分为普通建筑砂浆和专用砂浆两个系列。

1. 普通建筑砂浆

按生产方式可分为现场拌制砂浆和预拌砂浆，预拌砂浆又分为湿拌砂浆和干混砂浆两种。还可按其用途分为砌筑砂浆、抹灰砂浆、地面砂浆和防水砂浆，其中常用的砌筑砂浆种类有水泥砂浆、混合砂浆和石灰砂浆。

（1）水泥砂浆

由水泥、砂加水拌和而成，属于水硬性材料，强度高，较适合砌筑于潮湿环境下和承受较大外力的砌体。

（2）混合砂浆

又称水泥混合砂浆，由水泥、石灰膏、砂加水拌和而成。具有一定强度，和易性和保水性较好，常用于砌筑地面以上的砌体。

（3）石灰砂浆

由石灰膏、砂加水拌和而成，属于气硬性材料，强度不高，多用来砌筑次要或临时性建筑中地面以上的砌体。

现场拌制砂浆强度等级有 M15、M10、M7.5、M5、M2.5（M 后的数字为抗压强度平均值，单位：MPa）五级，其中 M2.5 不能用作砌筑砂浆。预拌砂浆则分为 M30、M25、M20、M15、M10、M7.5、M5 七个强度等级。

2. 专用砂浆

由水泥、砂、水以及根据需要掺入的掺和料和外加剂等成分，按照一定比例机械拌和而成，专门用于砌筑相应的块材墙体。根据适用块材的种类，专用砂浆可分为蒸压加气混凝土专用砂浆（强度等级符号为 Ma）、混凝土小型空心砌块和混凝土砖专用砂浆（强度等级符号为 Mb）、蒸压硅酸盐砖专用砂浆（强度等级符号为 Ms）以及石膏基专用抹灰砂浆四种。

随着传统烧结黏土砖被限制使用，新型墙体材料大量出现。它们具有与烧结黏土砖不同的特性，有些新型材料为砌筑工程带来了新问题，例如蒸压加气混凝土制品吸水速度快，会严重影响砂浆水化凝结，降低灰缝粘结强度；混凝土小型空心砌块的铺浆面开有不小于 40% 的孔洞，铺浆面非常有限，若使用普通砂浆砌筑，墙体的整体刚度与抗震性能得不到保障；蒸压硅酸盐砖生产时使用钢模，产品表面光滑，吸水率较小，不利于砖与砖的粘结。故对于这些新型墙体材料，宜采用与之相适应的、可改善砌筑质量和提高砌体力学性能的专用砂浆。

3. 砌筑砂浆使用规定

（1）砌筑砂浆强度等级不应低于 M5（Ma5、Mb5、Ms5）；

（2）砂浆的强度等级不应大于块体的强度等级；对非灌孔砌块砌体，砂浆的强度等级不宜大于 Mb10；对灌孔砌块砌体，砂浆的强度等级宜为 Mbl0 ～ Mb15。

（3）室内地坪以下及潮湿环境应使用水泥砂浆、预拌砂浆或专用砌筑砂浆，普通砖砌体砌筑砂浆强度等级不应低于 M10，混凝土小型空心砌块（砖）砌筑砂浆强度等级不应低于 Mb10，蒸压普通砖砌筑砂浆不应低于 M10、Ms10。

3.2.3　墙体砌筑

墙体砌筑质量由砌体的砌筑方式、灰缝砂浆饱满度、砂浆层的铺砌厚度及均匀程度等决定。砌筑方式主要指块材在砌体中的排列形式，也叫作组砌。其关键就是错缝搭接，避免上下通缝（其中混凝土小型空心砌块允许存在不超过 2 皮小砌块的竖向通缝），因为荷载作用下通缝会导致墙体的强度和稳定性显著降低（图 3–3）。

墙体砌筑还应做到砂浆饱满，灰缝横平竖直，厚薄均匀。这样不仅有利于砌体传力，对于清水墙也可满足表面美观的要求。砖砌体以及小砌块砌体的灰缝宽度应为 8 ～ 12mm；蒸压加气混凝土砌块砌体灰缝宽度不应超过 15mm，当蒸压加气混凝土砌块采用薄层砂浆砌筑法砌筑时，灰缝宽度宜为 3 ～ 4mm；毛石砌体的表面灰缝厚度不宜大于 40mm，细料石砌体灰缝不宜大于 5mm，粗料石和毛料石砌体灰缝不宜大于 20mm。施工时设置皮数杆，以控制包括砌筑皮数、灰缝厚度在内的竖向尺寸以及各构件标高（图 3–4）。

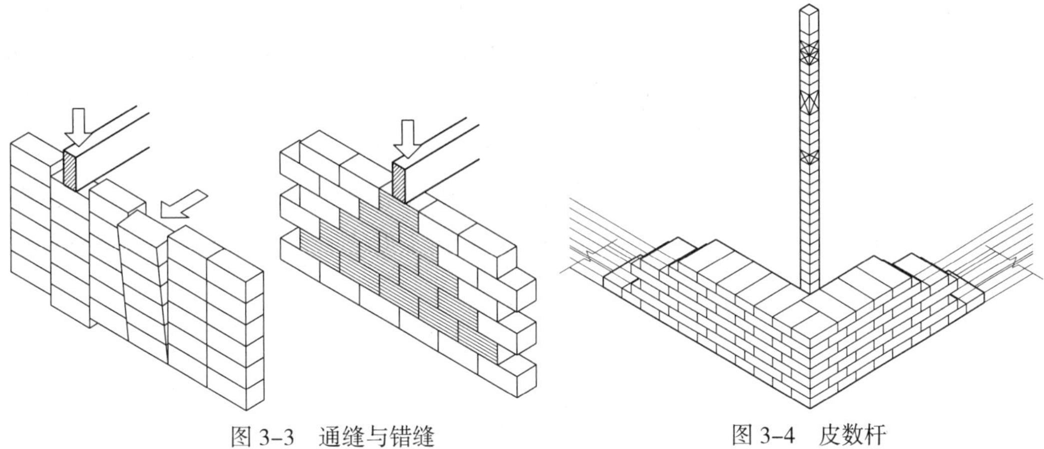

图 3–3　通缝与错缝　　　　图 3–4　皮数杆

墙体块材根据不同尺寸排列可以形成多种组砌方式。以标准砖为例，砌筑时习惯上将砖的侧边叫作“顺”，顶端叫作“丁”，砖材排列变化并且与灰缝搭配，就组成了一砖墙、半砖墙、一砖半墙等各种不同厚度的墙体（表 3–4）。组砌方式目前多采用一顺一丁、梅花丁、三顺一丁等（图 3–5）。

表 3–4　墙体厚度与实际尺寸

墙厚名称	习惯称呼	实际尺寸（mm）	墙厚名称	习惯称呼	实际尺寸（mm）
半砖墙	12 墙	115	一砖半墙	37 墙	365
3/4 砖墙	18 墙	178	二砖墙	49 墙	490
一砖墙	24 墙	240	二砖半墙	62 墙	615

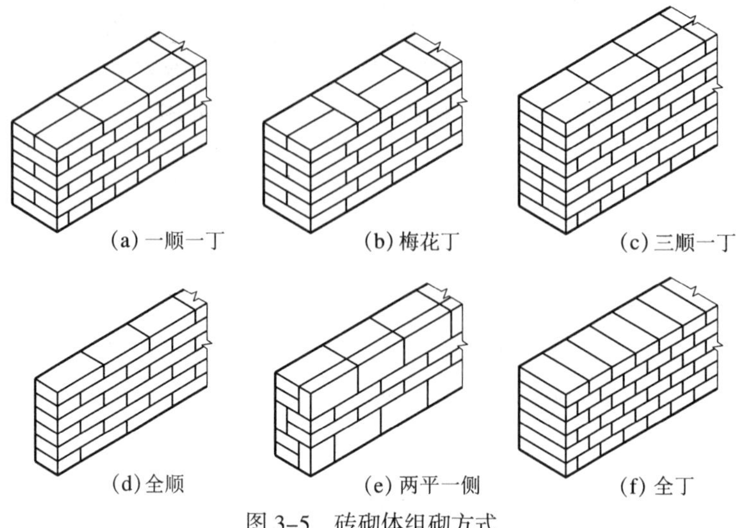

图 3-5　砖砌体组砌方式

相比于砖材，砌块材料规格更多、尺寸更大，为保证搭接错缝以及砌体的整体性，砌筑前应按设计及标准要求绘制排块图、节点组砌图。小砌块砌筑形式应每皮顺砌，上下对孔，搭砌长度不应小于 90mm，对于单排孔小砌块的搭接长度应为块体长度的 1/2，多排孔小砌块的搭接长度不宜小于砌块长度的 1/3，个别部位无法满足搭砌要求时，应在水平灰缝中设 ϕ4 钢筋网片，网片两端与该位置的竖缝距离不得小于 400mm；蒸压加气混凝土砌块搭接长度不宜小于砌块长度的 1/3，且不应小于 150mm，不能满足时在水平灰缝中应设置 2ϕ6 钢筋或 ϕ4 钢筋网片加强，从错缝部位起每侧搭接长度不宜小 700mm（图 3-6）。砌块墙还可以采用专门的配块解决局部不齐或搭砌问题，也可采用与砌块材料强度等级相同的预制混凝土块，但不得使用黏土砖或其他墙体材料填砌（图 3-7）。

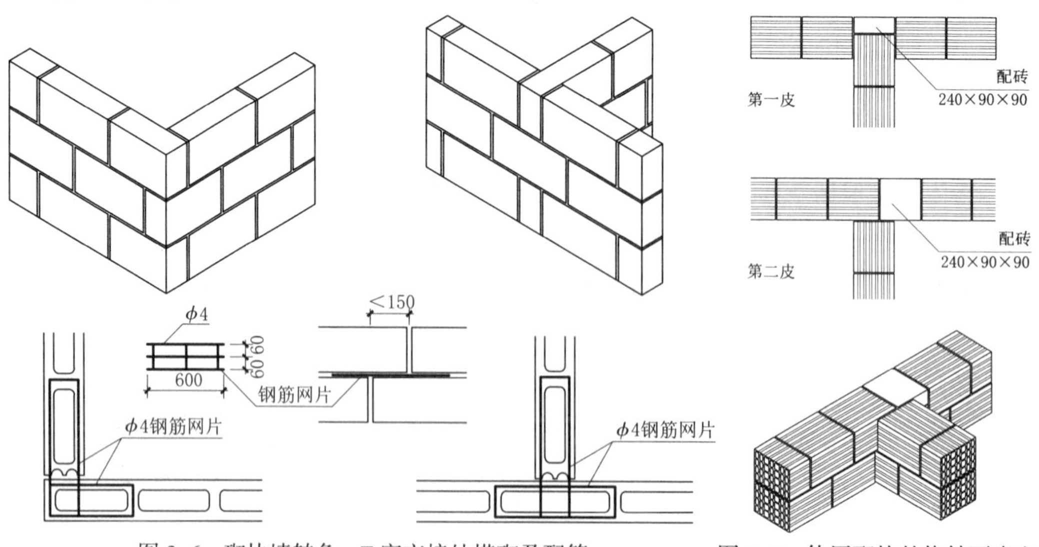

图 3-6　砌块墙转角、T 字交接处搭砌及配筋

图 3-7　使用配块的烧结页岩空心砌块墙

3.2.4　砌体结构

砌体结构由块体和砂浆砌筑而成，以墙和柱作为建筑物主要受力构件，属于典型的墙体结构承重体系。砌体结构是砖砌体、砌块砌体、石砌体和配筋砌体结构的统称。由于竖向承重墙体使用砌体块材，而它支承的楼板和屋盖使用的是钢筋混凝土、木材、钢材等其他材料，因此也被称作混合结构。

砌体块材以受压为基本力学特征，但在地震发生时，地震波会迫使墙体受剪、受弯，而砌筑砂浆又是砌体墙中的薄弱环节，这样就容易造成墙体开裂甚至结构倒塌。所以抗震规范规定了砌体结构房屋的层数和总高度限值（表 3–5）。同时，多层砌体承重房屋的层高不应超过 3.6m，底部框架—抗震墙砌体房屋的底部层高不应超过 4.5m，当底层采用以构造柱、圈梁形成约束作用的约束砌体抗震墙时，层高不应超过 4.2m。有特殊设施、涉及国家公共安全以及地震时可能发生严重次生灾害需要进行特殊设防的甲类设防建筑不宜采用砌体结构。

表 3–5　房屋的层数和总高度限值

<table>
<tr><th colspan="2" rowspan="4">房屋类别</th><th rowspan="4">最小抗震墙厚度（mm）</th><th colspan="12">烈度和设计基本地震加速度</th></tr>
<tr><th colspan="2">6</th><th colspan="4">7</th><th colspan="4">8</th><th colspan="2">9</th></tr>
<tr><th colspan="2">0.05g</th><th colspan="2">0.10g</th><th colspan="2">0.15g</th><th colspan="2">0.20g</th><th colspan="2">0.30g</th><th colspan="2">0.40g</th></tr>
<tr><th>高度（m）</th><th>层数</th><th>高度（m）</th><th>层数</th><th>高度（m）</th><th>层数</th><th>高度（m）</th><th>层数</th><th>高度（m）</th><th>层数</th><th>高度（m）</th><th>层数</th></tr>
<tr><td rowspan="4">多层砌体房屋</td><td>普通砖</td><td>240</td><td>21</td><td>7</td><td>21</td><td>7</td><td>21</td><td>7</td><td>18</td><td>6</td><td>15</td><td>5</td><td>12</td><td>4</td></tr>
<tr><td>P 型多孔砖</td><td>240</td><td>21</td><td>7</td><td>21</td><td>7</td><td>18</td><td>6</td><td>18</td><td>6</td><td>15</td><td>5</td><td>9</td><td>3</td></tr>
<tr><td>M 型多孔砖</td><td>190</td><td>21</td><td>7</td><td>18</td><td>6</td><td>15</td><td>5</td><td>15</td><td>5</td><td>12</td><td>4</td><td>—</td><td>—</td></tr>
<tr><td>小砌块</td><td>190</td><td>21</td><td>7</td><td>21</td><td>7</td><td>18</td><td>6</td><td>18</td><td>6</td><td>15</td><td>5</td><td>9</td><td>3</td></tr>
<tr><td rowspan="3">底部框架—抗震墙房屋</td><td>普通砖 P 型多孔砖</td><td>240</td><td>22</td><td>7</td><td>22</td><td>7</td><td>19</td><td>6</td><td>16</td><td>5</td><td>—</td><td>—</td><td>—</td><td>—</td></tr>
<tr><td>M 型多孔砖</td><td>190</td><td>22</td><td>7</td><td>19</td><td>6</td><td>16</td><td>5</td><td>13</td><td>4</td><td>—</td><td>—</td><td>—</td><td>—</td></tr>
<tr><td>小砌块</td><td>190</td><td>22</td><td>7</td><td>22</td><td>7</td><td>19</td><td>6</td><td>16</td><td>5</td><td>—</td><td>—</td><td>—</td><td>—</td></tr>
</table>

注：1. 本表选自《建筑抗震设计规范》GB 50011—2010（2016 年版）。

2. 房屋的总高度指室外地面到主要屋面板板顶或檐口的高度，半地下室从地下室室内地面算起，全地下室和嵌固条件好的半地下室应允许从室外地面算起；对带阁楼的坡屋面应算到山尖墙的 1/2 高度处。

3. 当室内外高差大于 0.6m 时，房屋总高度应允许比表中的数据适当增加，但增加量应少于 1.0m。

4. 本表小砌块砌体房屋不包括配筋混凝土小型空心砌块砌体房屋。

砌体结构的承重墙体布置一般有横墙承重、纵墙承重以及纵横墙混合承重三种基本类型，当建筑需要大空间时局部还可以加入框架结构（图 3–8）。无论哪种承重方式，承重墙上都不能开过多洞口。采用横墙承重时，结构整体性好，横向刚度大，有利于抵抗风力、地震力和调整地基不均匀沉降，并且纵墙可以具有较大的开窗面积，获得

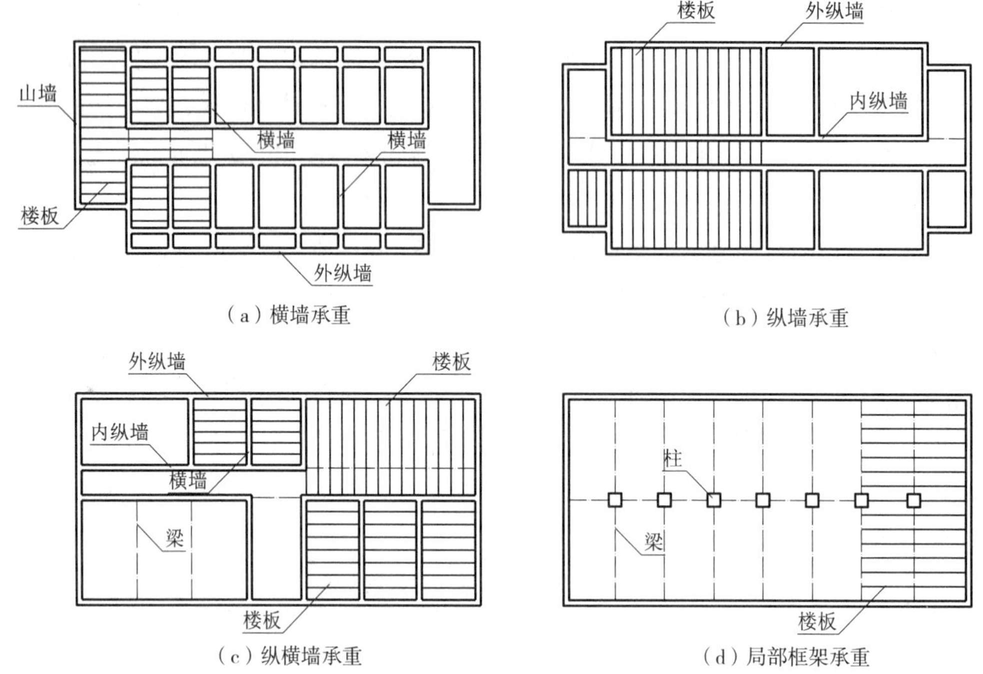

图 3-8　砌体结构承重体系

较好的采光效果，缺点是空间组合不够灵活；采用纵墙承重时，横墙数量可以减少，室内空间相对开放，但其整体刚度不如横墙承重体系；纵横墙混合承重则平衡了空间组合与整体刚度的关系，可用于房间类型多、平面复杂的建筑。

多层砌体房屋宜采用横墙承重或纵横墙混合承重的结构体系，且建筑平面内横墙布置宜均匀、对称，沿平面内宜对齐，沿竖向应上下连续。

起承重作用的砌体构件其截面尚应满足基本尺寸要求：承重砌体墙厚度不应小于 190mm；承重独立砖柱截面尺寸不得小于 240mm × 370mm，应尽量避免使用 370mm × 370mm 截面，不得采用柱芯填砌半块砖的包心砌法；当柱截面超过 490mm × 490mm 时，宜采用组合砖柱、配筋砌块柱或钢筋混凝土柱；承重独立砌块柱截面尺寸不宜小于 390mm × 390mm，并应全部用灌孔混凝土灌实；毛石砌体墙厚不宜小于 350mm，当有振动荷载或抗震设防要求时，墙、柱不宜采用毛石砌体。

3.2.5　砌体墙细部构造

1. 抗震与加固措施

砌体墙本身是脆性材料，在地震力作用下容易遭到破坏，所以需要增加约束条件，利用圈梁、构造柱、组合柱等来对墙身分割、包围，使砌体不产生损坏或即使出现裂缝也不致崩塌和散落，保证在遭遇地震时不丧失其承载能力。这些手段同样适用于增强墙体稳定性，消除基础不均匀沉降和较大振动荷载等问题带来的不利影响。

（1）圈梁

圈梁又称腰箍，是沿外墙四周及部分内墙的水平方向设置的连续闭合的梁。圈梁配合楼板和构造柱的作用可提高建筑物的空间刚度及整体性，增强墙体的稳定性，减少由于地基不均匀沉降而引起的墙身开裂。在抗震设防地区，它是提高建筑物整体抗震能力的必要手段（图 3-9）。

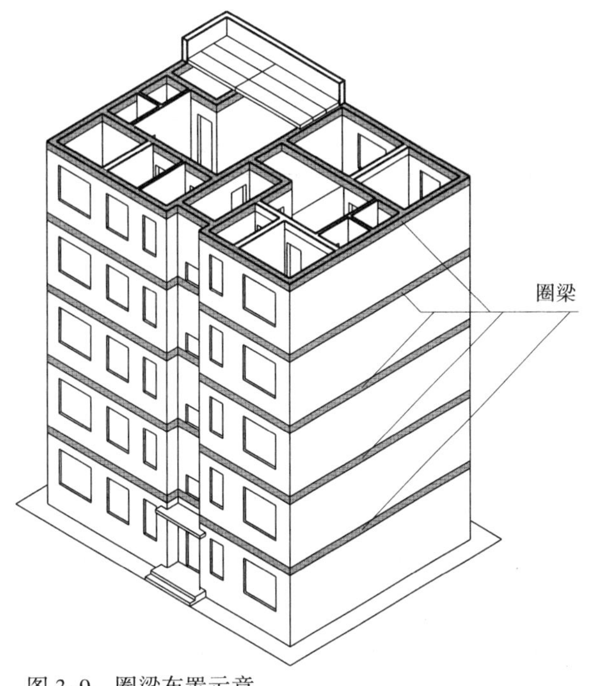

图 3-9 圈梁布置示意

圈梁宜与楼屋盖设在同一标高处或紧靠板底。建筑铺设预制楼板时，沿内墙布置的圈梁一般应设在板底；而沿外墙设置的圈梁断面宜为L形，以防止地震时楼板晃动移出墙外。

圈梁一般采用钢筋混凝土材料且必须现浇。除了整体现浇的方式外，也可以放置预制U型砌块构件取代模板，然后在凹槽内配筋再浇筑细石混凝土（图 3-10）。

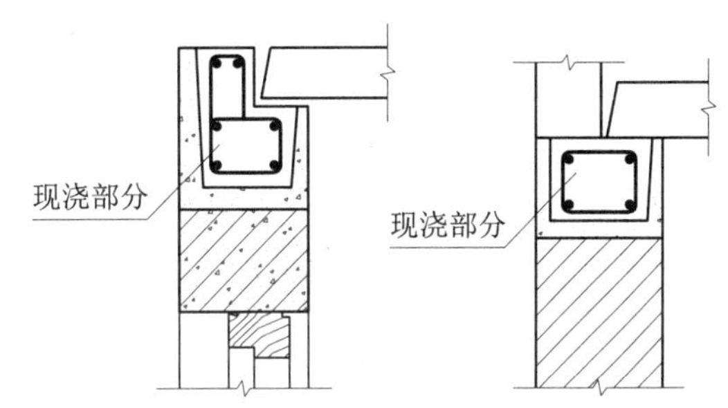

图 3-10 圈梁构造

圈梁的宽度宜与墙厚相同，当墙厚不小于240mm时，其宽度不宜小于墙厚的2/3；圈梁高度不应小于120mm。由于地基为软弱黏性土、液化土、新近填土或严重不均匀土而增设的基础圈梁，截面高度不应小于180mm。不同于作为独立受弯构件的结构梁，圈梁大多数情况下作为墙体的一部分，与墙体共同承重（图 3-11），故只需按构造配筋。具体来说，在6、7度设防时纵筋不应小于4ϕ10，箍筋间距不应大于250mm；在8度设防时纵筋不应小于4ϕ12，箍筋间距不应大于200mm；在9度设防时纵筋不应小于4ϕ14，箍筋间距不应大于150mm。另有一类钢筋砖圈梁，通过在灰缝内加设钢筋形成，抗震能力较差，仅用于非抗震设防建筑。

表 3-6 列出了多层砖砌体房屋圈梁设置部位和间距，若在规定间距内无横墙，应利用梁或板缝中配筋来替代圈梁，且应与墙中的构造柱可靠连接。多层小砌块房屋的现浇钢筋混凝土圈梁的设置也以上表为准，圈梁宽度不应小于190mm，配筋不应少于4ϕ12，箍筋间距不应大于200mm。非抗震设防区房屋应在每隔两层的楼盖处以及屋盖处设置圈梁。

钢筋混凝土圈梁最好连续设在同一水平面上，并形成封闭状。当圈梁被门窗洞口

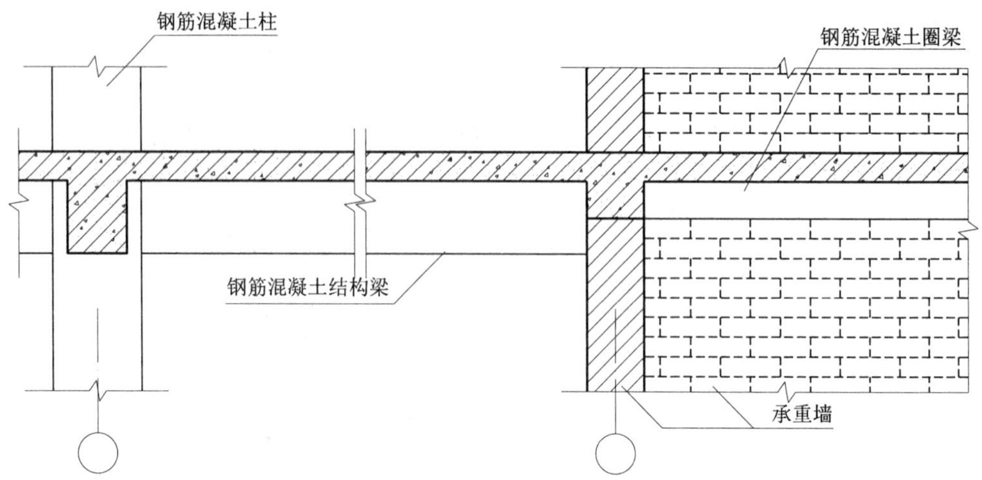

图 3–11　局部框架承重体系中的结构梁与圈梁

截断时，应在洞口上部增设相同截面的附加圈梁。附加圈梁与圈梁的搭接长度不应小于其中到中垂直距离的 2 倍，且不得小于 1m。还可以通过与构造柱等构件的连接使得各段圈梁的钢筋连通（图 3–12）。

表 3–6　多层砖砌体房屋现浇钢筋混凝土圈梁设置要求

墙类	烈　度		
	6、7	8	9
外墙和内纵墙	屋盖处及每层楼盖处	屋盖处及每层楼盖处	屋盖处及每层楼盖处
内横墙	屋盖处及每层楼盖处 屋盖处间距不应大于 4.5m 楼盖处间距不应大于 7.2m 构造柱对应部位	屋盖处及每层楼盖处 各层所有横墙，且间距不应大于 4.5m 构造柱对应部位	屋盖处及每层楼盖处 各层所有横墙

注：本表选自《建筑抗震设计规范》GB 50011—2010（2016 年版）。

（2）构造柱

构造柱一般设在建筑物容易发生变形的部位，例如外墙四周转角、内外墙交接处、楼梯间、电梯间、较长墙体的中部以及较大洞口的两侧（表 3–7）。构造柱必须与圈梁及周边墙体紧密连结，形成一个封闭的空间骨架，从而增强建筑物的刚度，提高墙体的抗弯、抗剪能力。

除了表中列出的情况外，在女儿墙以及高厚比较大或承受风荷载较大的墙体中设置间距不大于 4m 的构造柱，也能够对墙体产生有效约束。

构造柱的截面宽度宜为墙厚，且不应小于 180mm，例如在墙厚 240mm 时截面最小尺寸为 180mm × 240mm。边柱、角柱的截面宜适当加大。构造柱中纵向钢筋宜采用 4ϕ12，箍筋间距不宜大于 250mm，且在柱上下端应适当加密；烈度为 6、7 度时超过六层、

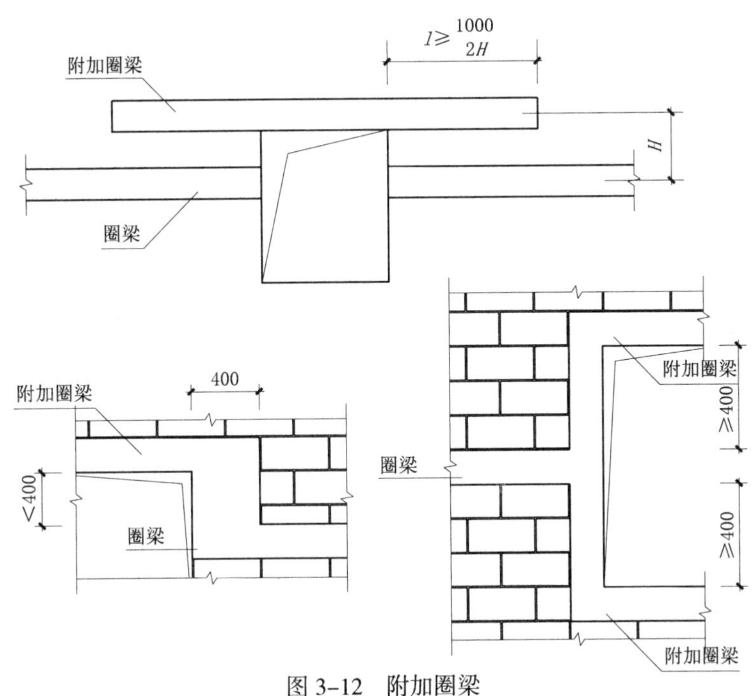

图 3–12　附加圈梁

8 度时超过五层和 9 度时，构造柱纵向钢筋宜采用 4ϕ14，箍筋间距不应大于 200mm；房屋四角的构造柱应适当加大截面及配筋，见图 3–13（a）。

表 3–7　多层砖砌体房屋构造柱设置要求

烈度和房屋层数				设置部位	
6 度	7 度	8 度	9 度		
四、五	三、四	二、三	/	楼、电梯间四角、楼梯斜梯段上下端对应的墙体处；外墙四角和对应转角；错层部位横墙与外纵墙交接处；较大洞口两侧	隔 12m 或单元横墙与外纵墙交接处；楼梯间对应的另一侧内横墙与外纵墙交接处
六	五	四	二		隔开间横墙（轴线）与外墙交接处；山墙与内纵墙交接处
七	≥六	≥五	≥三		内墙（轴线）与外墙交接处；同横墙的局部较小墙垛处；内纵墙与横墙（轴线）交接处

注：1. 本表选自《建筑抗震设计规范》GB 50011—2010（2016 年版）。

2. 较大洞口，内墙指不小于 2.1m 的洞口；外墙在内外墙交接处已设置构造柱时应允许适当放宽，但洞侧墙体应加强。

对于小砌块房屋，除了可以使用截面尺寸不小于 190mm × 190mm 的钢筋混凝土构造柱以外，还可以利用砌块孔洞，上下对齐，在孔洞中插入钢筋，然后以标号不低于 Cb20 的混凝土分层灌实，形成芯柱，代替构造柱，见图 3–13（b）。小砌块房屋芯柱截面不宜小于 120mm × 120mm，竖向插筋应贯通墙身且与圈梁连接。插筋不应小于 1ϕ12，设防烈度 6、7 度时超过五层、8 度时超过四层以及 9 度时，插筋不应小于 1ϕ14。

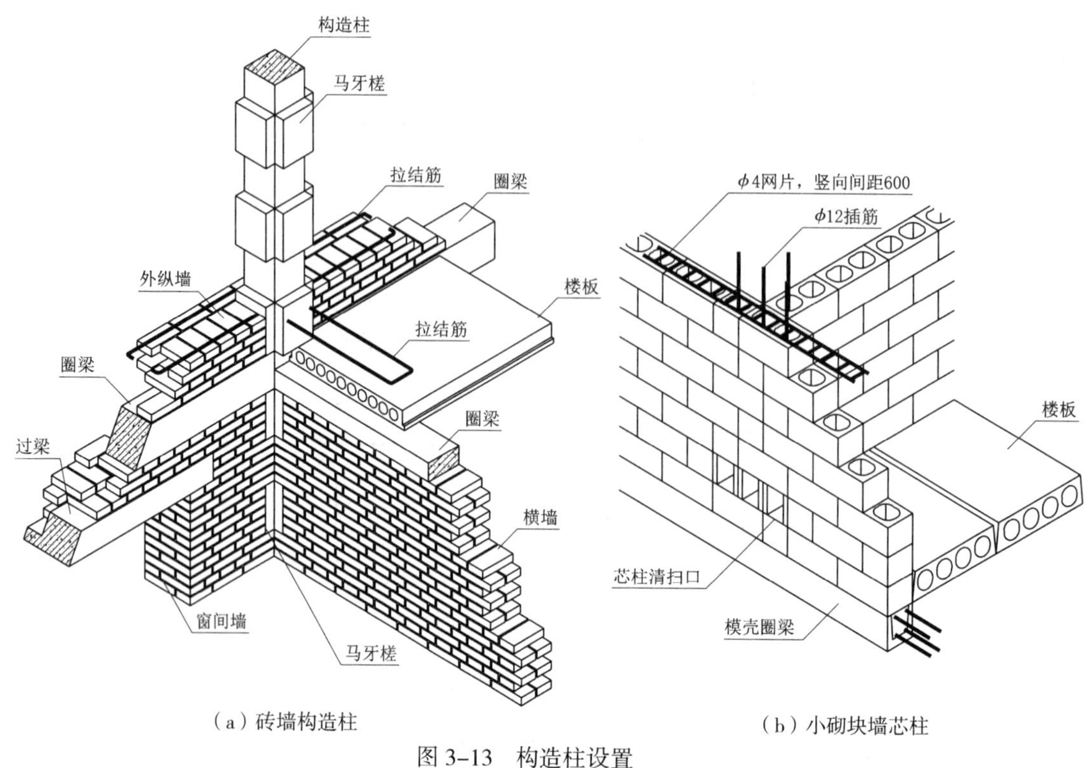

（a）砖墙构造柱　　（b）小砌块墙芯柱

图 3-13　构造柱设置

表 3-8　多层小砌块房屋芯柱设置要求

烈度及房屋层数				设置部位	设置数量
6 度	7 度	8 度	9 度		
四、五	三、四	二、三	/	外墙转角，楼、电梯间四角、楼梯斜梯段上下端对应的墙体处 大房间内外墙交接处 错层部位横墙与外纵墙交接处 隔 12m 或单元横墙与外纵墙交接处	外墙转角，灌实 3 个孔 内外墙交接处，灌实 4 个孔 楼梯斜梯段上下端对应的墙体处，灌实 2 个孔
六	五	四	/	同上 隔开间横墙（轴线）与外纵墙交接处	
七	六	五	二	同上 各内墙（轴线）与外纵墙交接处 内纵墙与横墙（轴线）交接处和洞口两侧	外墙转角，灌实 5 个孔 内外墙交接处，灌实 4 个孔 内墙交接处，灌实 2 个孔 洞口两侧各灌实 1 个孔
/	七	≥六	≥三	同上 横墙内芯柱间距不大于 2m	外墙转角，灌实 7 个孔 内外墙交接处，灌实 5 个孔 内墙交接处，灌实 4～5 个孔 洞口两侧各灌实 1 个孔

注：1. 本表选自《建筑抗震设计规范》GB50011—2010（2016 年版）。

2. 外墙转角、内外墙交接处、楼电梯间四角等部位，应允许采用钢筋混凝土构造柱替代部分芯柱。

构造柱与墙体连接处应砌成马牙槎。对于砖砌体房屋，应沿墙高每隔500mm设2ϕ6水平钢筋跟ϕ4分布短筋平面内点焊组成的拉结网片或ϕ4点焊钢筋网片，每边伸入墙内不宜小于1m。设防烈度6、7度时底部1/3楼层、8度时底部1/2楼层、9度时全部楼层，上述拉结钢筋网片应沿墙体水平通长设置。对于小砌块房屋，在墙体交接处以及芯柱和钢筋混凝土构造柱与墙体连接处，应沿墙高每隔600mm设置ϕ4点焊拉结钢筋网片，并应沿墙体水平通长设置。设防烈度6、7度时底部1/3楼层、8度时底部1/2楼层、9度时全部楼层，上述拉结钢筋网片沿墙高间距不大于400mm。

构造柱不单独承重，故可不单独设置基础，但应伸入室外地面以下500mm，或与埋深小于500mm的基础圈梁相连。

构造柱施工时先放置构造柱的钢筋骨架，包括拉结钢筋，然后开始砌墙。墙体砌成马牙槎的形式，从下部开始先退后进，再以墙体作为模板的一部分逐段浇筑构造柱柱身。

（3）壁柱和门垛

当窗间墙上出现集中荷载，而墙体厚度有限不足以承受其荷载，或当墙体的长度和高度超过一定限度以致影响墙体稳定性时，可以考虑在墙体的适当部位加设壁柱。壁柱要求突出墙面并一直到顶，以此提高墙体刚度。壁柱截面应满足独立柱的要求，突出墙面的尺寸一般为120mm×370mm，240mm×370mm，240mm×490mm等（图3–14）。

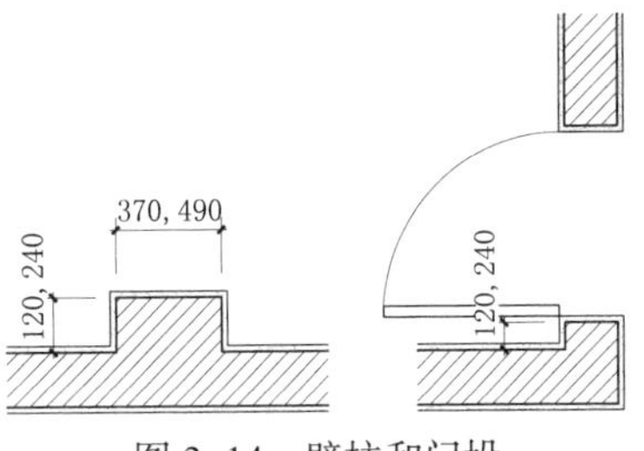

图3–14 壁柱和门垛

此外，在砖砌墙体中开设门洞时，为便于门框安装和保证墙体的稳定性，一般应在墙体转折处或丁字交界处设置门垛。门垛突出墙面的尺寸与块材尺寸规格相对应，一般为60～240mm。

（4）非承重墙的连接加固

非承重砌体墙宜优先采用轻质块体材料，并应设置拉结筋、水平系梁、圈梁、构造柱等与主体结构可靠拉结以保证其稳定性，还应采取合理措施减少对主体结构的不利影响。

在多层砌体结构中，后砌的非承重隔墙应沿墙高每隔500～600mm配置2ϕ6拉结钢筋与承重墙或柱拉结（图3–15），每边伸入墙内不应少于500mm；8、9度设防时，长度大于5m的后砌隔墙，墙顶尚应与楼板或梁拉结，独立墙肢端部及大门洞边宜设钢筋混凝土构造柱。

钢筋混凝土框架结构中，填充墙应沿框架柱全高每隔500～600mm设2ϕ6拉筋，拉筋伸入墙内的长度，6、7度设防时宜沿墙全长贯通，8、9度设防时应全长贯通。墙体长度大于5m时，墙顶与梁宜有拉结；长度超过8m或层高2倍时，宜设置钢筋混凝土

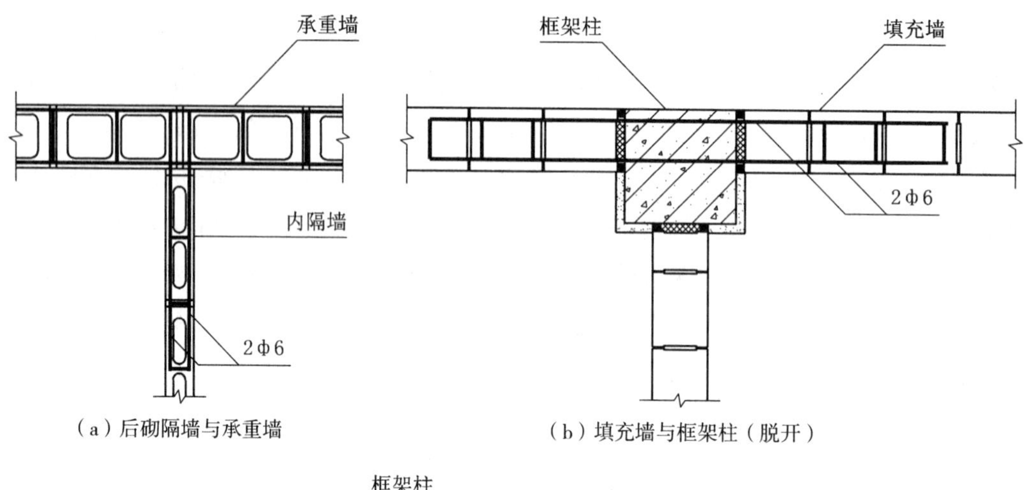

（a）后砌隔墙与承重墙　　（b）填充墙与框架柱（脱开）

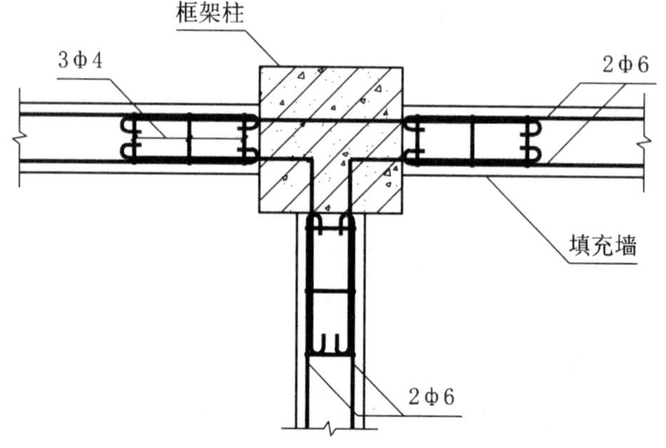

（c）填充墙与框架柱（不脱开）

图 3-15　非承重墙与承重结构的连接

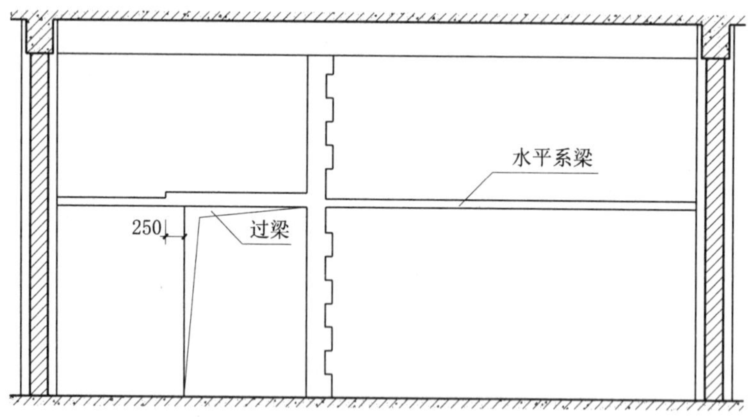

图 3-16　有洞口的填充墙立面

土构造柱；墙体高度超过 4m 时，墙体半高宜设置与柱连接且沿墙全长贯通的钢筋混凝土水平系梁，系梁截面高度不小于 60mm（图 3-16）。

另外，填充墙墙厚不应小于 90mm，墙肢端部应设构造柱，有抗震设防要求时宜采用填充墙与框架脱开的方法。填充墙与框架柱、框架梁之间宜留出不小于 20mm 的间隙，以避免地震时填充墙对框架梁、柱的顶推导致混凝土框架损坏，其缝隙可采用聚苯乙烯泡沫塑料板条或聚氨酯发泡材料充填，并用硅酮胶或其他弹性密封材料封缝；填充墙内构造柱顶部与框架梁、板之间亦应留出不小于 15mm 的缝隙，用硅酮胶或其他弹性密封材料封缝；填充墙两端宜卡入设在梁、柱、板上的卡口铁件内，墙侧卡口板的竖向间距不宜大于 500mm，墙顶卡口板的水平间距不宜大于 1500mm。如果采用填充墙与框架不脱开的方法，墙体顶面与上部结构接触处宜用一皮砖或配砖斜砌楔紧（图 3–17）。

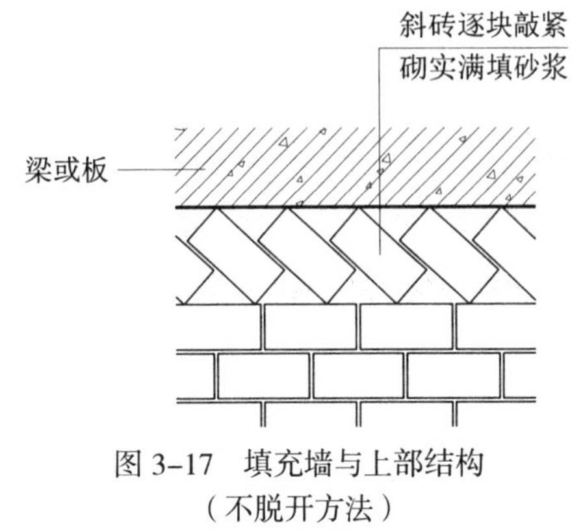

图 3–17　填充墙与上部结构（不脱开方法）

2. 洞口处理

（1）过梁

墙体上需要开设门窗时，为了支撑门窗洞口上部砌体传来的荷载（图 3–18），并将这些荷载传递至两侧的窗间墙，在宽度大于 300mm 的洞口上部，应设置过梁。当门窗过梁位置与圈梁接近时，圈梁可以取代过梁。

过梁有不同形式，其中砖砌过梁是较为传统的做法。当过梁跨度不超过 1.2m 时，可采用砖砌平拱过梁；不大于 1.5m 时，可采用钢筋砖过梁。砖砌过梁截面计算高度内的砂浆不宜低于 M5（Mb5、Ms5），砖砌平拱用竖砖砌筑部分的高度不应小于 240mm，钢筋砖过梁底面砂浆层处的钢筋直径不应小于 5mm，间距不宜大于 120mm，伸入支座砌体内的长度不宜小于 240mm，砂浆层的厚度不宜小于 30mm（图 3–19）。

在有抗震设防要求以及存在较大振动荷载或可能产生不均匀沉降的建筑中，应当采用钢筋混凝土过梁。钢筋混凝土过梁的跨度一般不受限制，过梁的宽度同墙厚，高度应与砖的皮数相适应。过梁的支承长度，在烈度为 6 ～ 8 度设防时不应小于

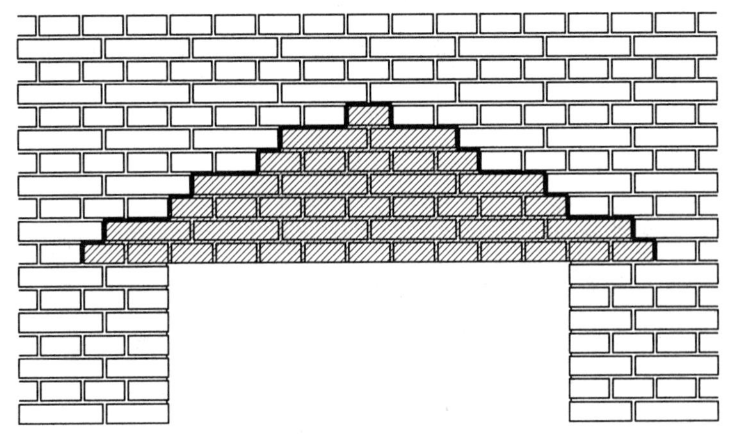

图 3–18　洞口上部荷载状况

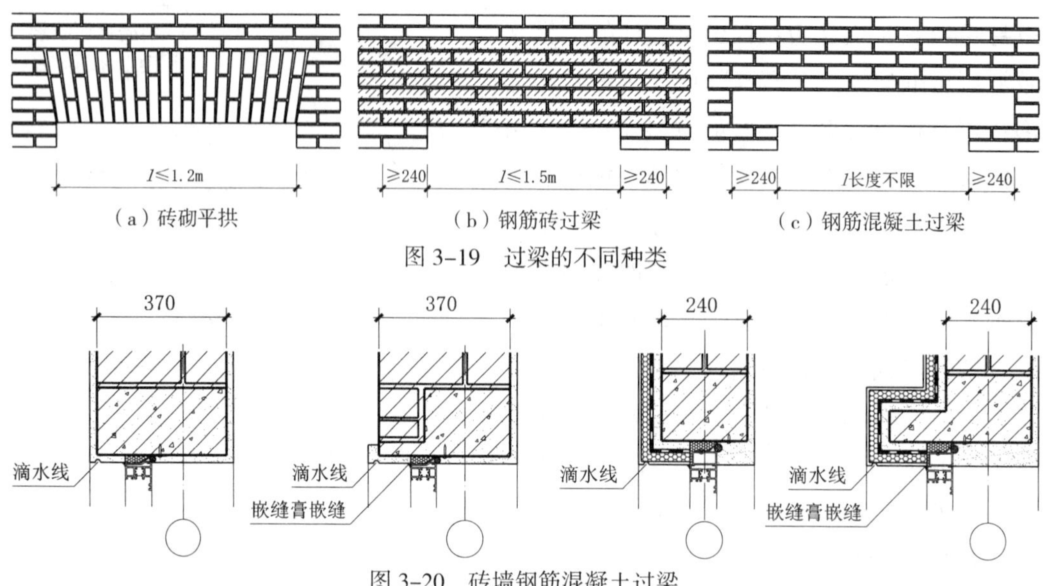

图 3-19　过梁的不同种类

图 3-20　砖墙钢筋混凝土过梁

240mm，9 度时不应小于 360mm。考虑到钢筋混凝土过梁容易产生热桥问题，有时将过梁的断面做成 L 型（图 3-20）。小砌块墙体还可以采用 U 形砌块或其他特殊系梁砌块，按设计配置钢筋，空心处再以 Cb20 混凝土灌实，形成过梁。

门窗洞口上楣的外口应做滴水线，引导上部雨水沿着所设置的滴水槽口聚集下落。这一细部构造同样也适用于挑出墙面的挑檐、阳台和雨篷板等底板面的处理。

（2）窗台

窗台位于墙体洞口下方，为避免雨水聚集侵入墙身或沿缝隙向室内渗透，窗台须向外形成不小于 5% 的坡度，以利排走雨水。

窗台有不悬挑和悬挑两种断面形式。对于外挑窗台，可以用 1/4 砖出挑的方法，也可以采用预制窗台构件或现浇混凝土，出挑窗台的底部同样需要设置滴水线（图 3-21）。

而内窗台一般为水平的，可以结合室内装修做成石材、木材、面砖或涂料饰面。

出于安全考虑，公共建筑临空外窗的窗台高度低于 0.8m 时，应设置由地面起算不低于 0.8m 的防护设施；居住建筑临空外窗的窗台高度低于 0.9m 时，应设置由地面起算不低于 0.9m 的防护设施。

3. 墙脚构造

（1）勒脚

勒脚是指建筑物外墙接近地面的部位，其高度并无严格规定，通常为室内地坪与室外地面的高差部分，有的建筑将勒脚高度提高到底层室内踢脚线或窗台的高度，甚至更高。勒脚的作用是防止墙体受到外界的碰撞和地面雨、雪及地下潮气的侵蚀，提高建筑物的耐久性。勒脚还是建筑立面设计需要关注的细部，材料及做法可依据造型要求统一考虑，必要时可采取变换材料、加大墙厚等手法进行处理。硅酸盐、加气混

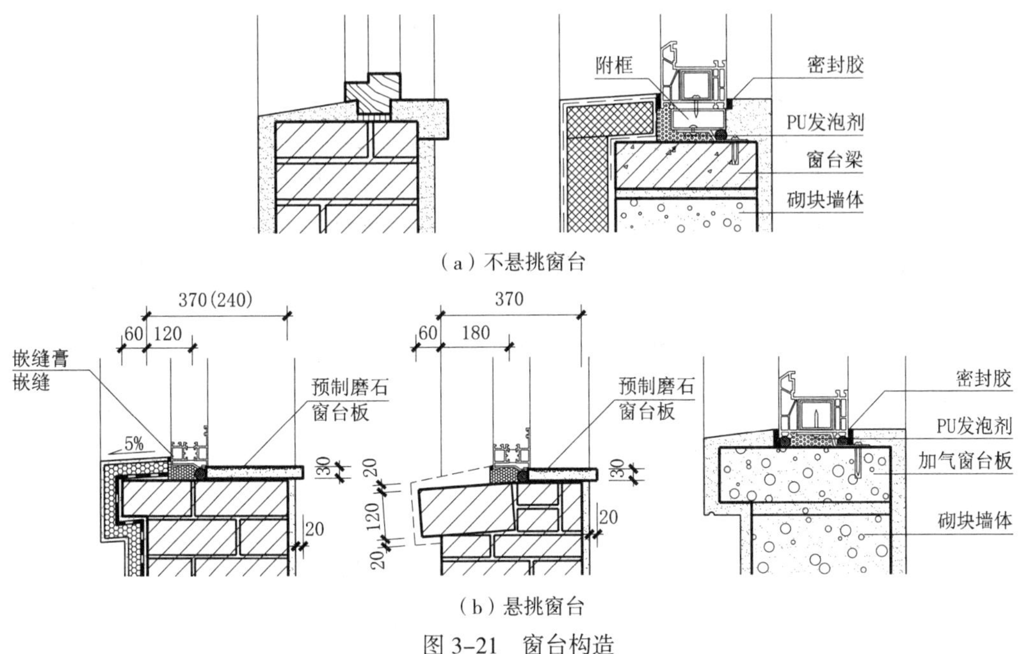

图 3-21 窗台构造

凝土等吸水性较大的砌块材料不宜用在勒脚部位。

（2）墙身防潮

在砌体墙勒脚部位，室外雨水及地下土壤中的水分所形成的潮气会因毛细作用而沿墙身不断上升。墙身受潮后墙面抹灰会粉化、脱落，表面生霉，影响人体健康，寒冷地区到了冬季还会造成冻融破坏。因此建筑规范要求砌筑墙体应在室外地面以上、位于室内地面垫层处设置连续的水平防潮层，不可中断，但若此处已设置连续的基础圈梁则可不另设防潮层。水平防潮层宜设在底层室内地面 -0.060m 标高处，同时还需要考虑与地坪构造中的混凝土层位置相对应（图 3-22、图 3-23）。

水平防潮层常用做法有三种（图 3-24）。

卷材防潮层：在防潮层部位做 20mm 厚水泥砂浆找平层，上铺卷材即可。卷材具有一定的韧性、延伸性和良好的防潮性能，但它降低了上下砌体之间的粘结力，即降低了墙体的整体性，故不能用于抗震设防地区的建筑物。并且对于卷材中的传统油毡材料而言，由于其寿命周期有限，仅可用于使用年限较短的临时性建筑。

防水砂浆防潮层：即在防潮层位置抹一层 20 ～ 30mm 厚（1∶2）～（1∶3）水泥砂浆内掺 3% ～ 5% 的防水剂配制成的防水砂浆，或者用此防水砂浆砌筑 4 ～ 6 皮实心砖。防水砂浆防潮层做法简单，但由于砂浆开裂会影响防潮效果，故不适用于地基容易产生变形的建筑中。

细石混凝土防潮层：配筋细石混凝土防潮层具有较好的抗裂性能，且能与砌体结合为一体，可用于整体刚度要求较高的建筑中。细石混凝土层一般取 60mm 厚，内配

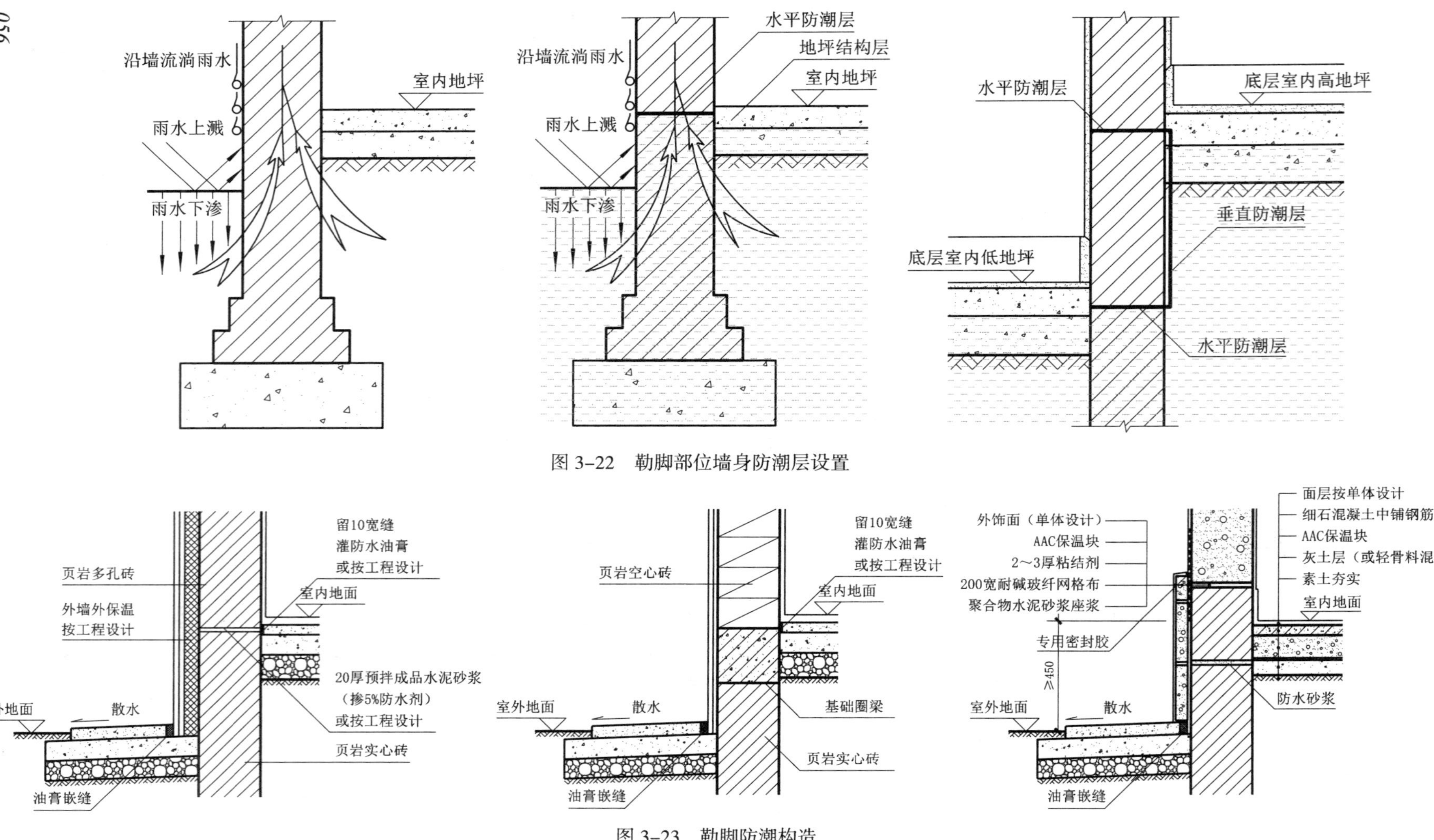

图 3-22　勒脚部位墙身防潮层设置

图 3-23　勒脚防潮构造

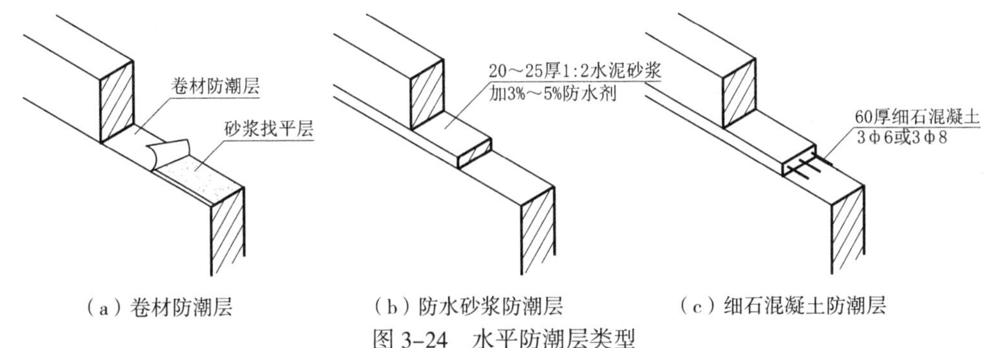

（a）卷材防潮层　（b）防水砂浆防潮层　（c）细石混凝土防潮层

图 3-24　水平防潮层类型

3ϕ6 或 3ϕ8 钢筋。

当建筑底层室内地面出现不同标高，或室内地面低于室外地面时，不仅要求按地面高差的不同在墙体相应位置分别设置上下两道水平防潮层，而且对有高差部分的这段墙体也应在迎水面采取垂直防潮措施（图 3-22），以避免潮气侵入较低一侧房间。具体做法是在较高一侧房间填土前，于两道水平防潮层之间的垂直墙面上，做 20 ～ 25mm 厚 1：2 的防水砂浆，或者用 15mm 厚 1：3 的水泥砂浆找平后，再涂防水涂膜 2 ～ 3 道或贴高分子防水卷材一道。

（3）散水与明沟

为避免建筑外墙根部积水，保护墙基不受雨水侵蚀，《建筑地面设计规范》GB 50037—2013 明确规定沿建筑外墙周边地面应设置散水、排水明沟或散水带明沟。散水是具有一定宽度向外倾斜的坡面，明沟是汇集并排放雨水的沟渠。

散水坡度宜为 3% ～ 5%，宽度宜为 600 ～ 1000mm。当采用无组织排水时，散水的宽度可按檐口线放出 200 ～ 300mm。面层材料有多种选择，比如水泥砂浆、块石、石板、卵石等，垫层材料一般可采用混凝土、碎石、灰土或三合土等（图 3-25）。当散水采用混凝土时，宜按 20 ～ 30m 间距设置伸缩缝。

明沟的作用是将汇集于雨水管内的屋面雨水有组织地引入地下排水集井(集水口)，再流入下水道，从而起到保护墙基的作用。明沟底宽一般不小于 300mm，沟底应有 0.5% 左右纵坡。通常可用混凝土浇筑或采用砖砌，外抹水泥砂浆。也可以选用预制混凝土成品明沟，成品明沟底宽可以小于 300mm。有时明沟上还会加盖金属、混凝土排水箅子（图 3-26）。

由于建筑物在使用过程中可能发生沉降，为避免面层被拉裂，散水、明沟与外墙交接处宜设缝，缝宽为 20 ～ 30mm，缝内应填柔性密封材料。

设计中选择散水还是明沟，可综合考虑所在地区的实际情况及建筑需求而定。散水更适合少雨干燥地区和无组织排水建筑，明沟更适合雨水较多地区和有组织排水建筑。在湿陷性黄土地区应采用现浇混凝土散水，且散水外缘不宜设置雨水明沟。

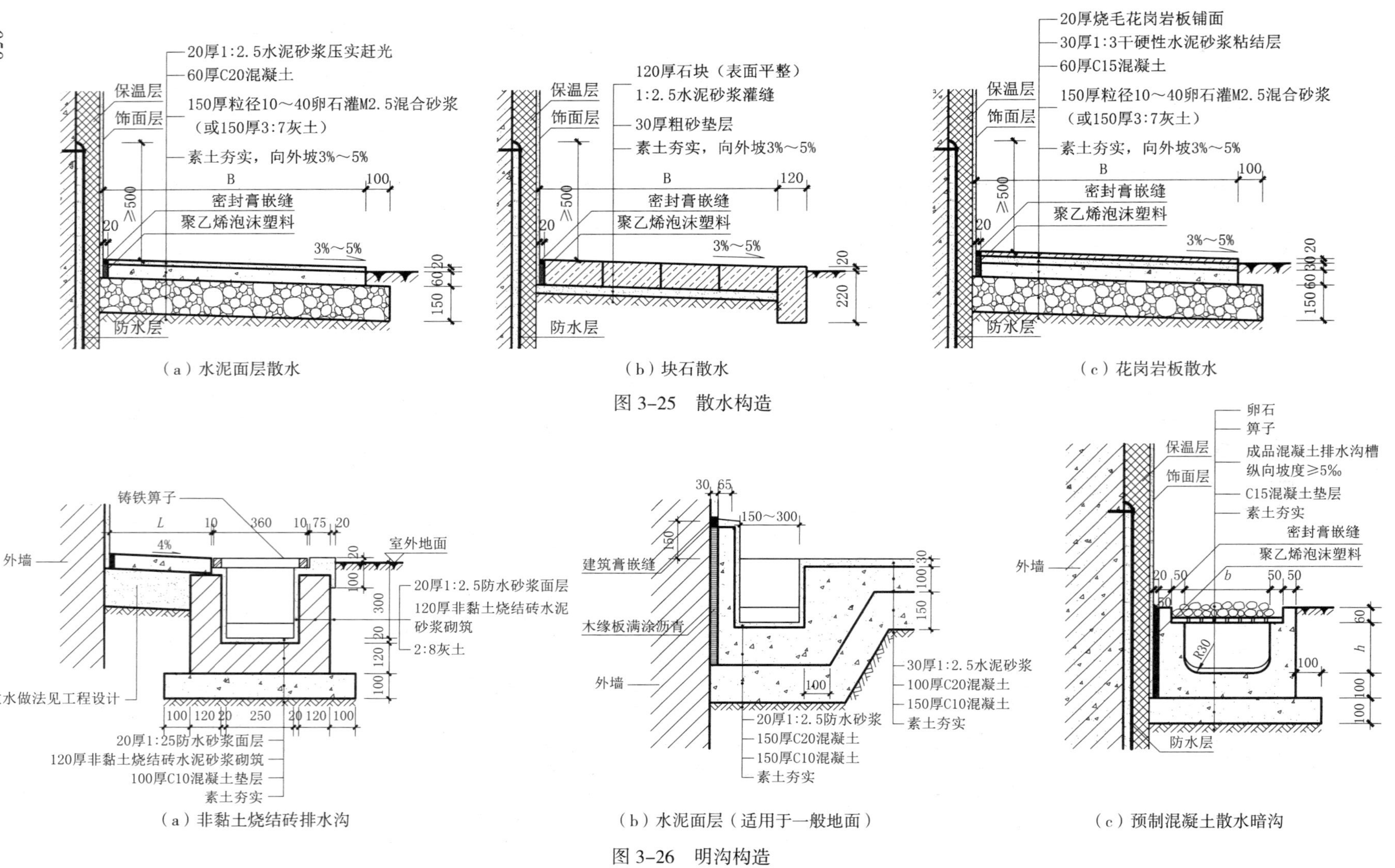

（a）水泥面层散水　（b）块石散水　（c）花岗岩板散水

图 3-25　散水构造

（a）非黏土烧结砖排水沟　（b）水泥面层（适用于一般地面）　（c）预制混凝土散水暗沟

图 3-26　明沟构造

3.3　隔墙与隔断

3.3.1　基本类型

隔墙是分隔建筑室内空间的非承重墙体。它不承受任何外来荷载，不能作为承重构件使用，其本身重量由下部的楼板或梁来承担。为了减小构件荷载，增加有效使用空间，隔墙应尽量做到自重轻、厚度薄。并且为了满足建筑的各种不同需求，隔墙还需要具备隔声、防火、防水和防潮等性能特点。常见的隔墙可分为砌筑隔墙、骨架隔墙和板材隔墙三种，其中后两种具有典型的轻质隔墙特点。

隔断与隔墙相似，都是分隔室内空间的常用手段，有时两者的区别并非泾渭分明。隔断通常更为通透灵活，一般作为装修构件，在建筑内部起到界定空间或遮挡视线的作用。

3.3.2　隔墙构造

1. 砌筑隔墙

砌筑隔墙以普通砖、多孔砖、混凝土空心砌块、加气混凝土砌块、石膏砌块等块体材料砌筑而成（图 3–27）。墙体厚度为满足结构要求不应小于 90mm，在通常使用条件下一般不宜小于 120mm。与承重砌体墙相比，隔墙重量轻、厚度薄，如何保证足够的稳定性是构造处理的重点，关键就是要加强隔墙与周边的墙、柱、楼板的联系。3.2.5 中的“非承重墙的连接加固”已对具体措施做了专门描述。

砌筑隔墙所用块材重量仍然比较大，其下部构件是否能够承受隔墙自重是一个必须考虑的问题。如果楼板原先是按照板面均布荷载设计的，在跨中不允许有较大的集

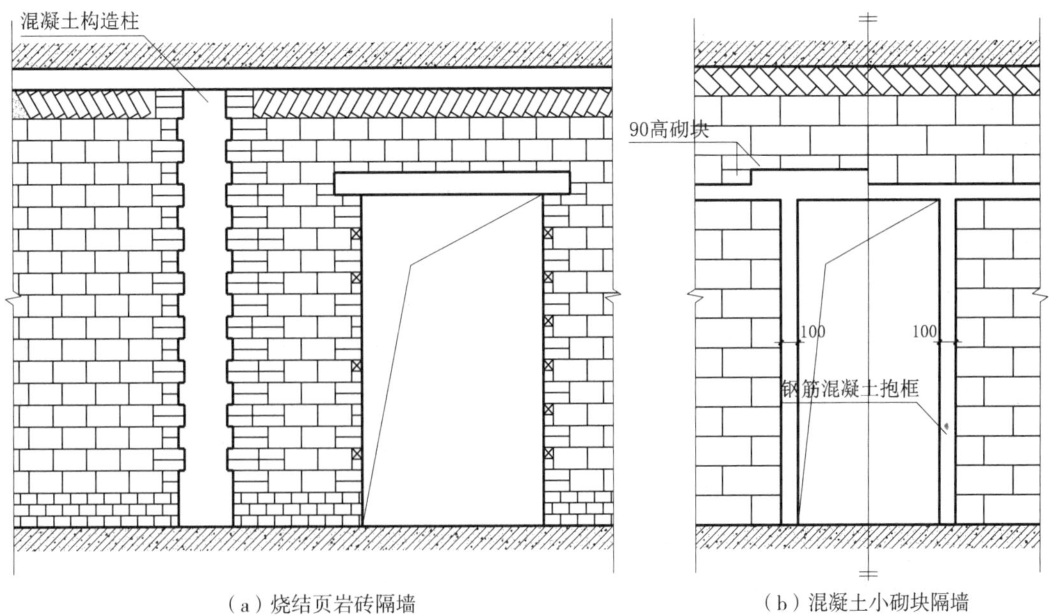

（a）烧结页岩砖隔墙　　（b）混凝土小砌块隔墙

图 3–27　砌筑隔墙立面

中荷载，那么就不能够在楼板上任意添加自重较大的后砌隔墙。

另外，厨房、浴室、卫生间等有水房间的隔墙不适合使用吸水率大的加气混凝土砌块、石膏砌块等材料，轻骨料混凝土小型空心砌块用于此类隔墙时其底部第一皮应使用混凝土填实孔洞的普通小砌块或实心小砌块三皮砌筑。

2. 骨架隔墙

骨架隔墙由骨架和面板两部分组成。这里的骨架是指隔墙龙骨，又称墙筋，施工时先立墙筋再在两侧安装面板，因而骨架隔墙又叫作立筋隔墙。

隔墙龙骨作为受力骨架固定于建筑主体结构上，中间可以根据隔声、保温要求增加相应的填充材料，或安装一些设备管线等。龙骨常见的有轻钢龙骨系列、其他金属龙骨以及木龙骨，墙面板常见的有纸面石膏板、纤维石膏板、人造木板、防火板、金属板、水泥纤维板、硅酸钙板以及塑料板等。

目前大量应用的轻钢龙骨纸面石膏板隔墙就是典型的骨架隔墙（图 3-28）。

轻钢龙骨采用冷弯工艺生产的薄壁型钢制成，强度高、自重轻，易于加工，拆装也比较方便。轻钢龙骨按断面形状分为 C 型（竖龙骨）、CH 型（竖龙骨）、U 型（横龙骨和通贯龙骨）三大类，标准隔墙系列中竖龙骨断面一般为 48.5mm × 50mm、73.5mm × 50mm、98.5mm × 50mm、148.5mm × 50mm，横龙骨断面一般为 50mm × 40mm、75mm × 40mm、100mm × 40mm、150mm × 40mm，通贯龙骨断面为 38mm × 12mm，钢板厚度通常为 0.6 ～ 1.2mm。龙骨和楼板、墙或柱等构件连接时，可以用膨胀螺栓或射钉来固定。

纸面石膏板是以建筑石膏为主要原料，掺入适量纤维增强材料和外加剂等，再在外表面粘贴护面纸的建筑板材。它的长度为 1500mm、1800mm、2100mm、2400mm、2440mm、2700mm、3000mm、3300mm、3600mm、3660mm，宽度为 600mm、900mm、1200mm、1220mm，厚度有 9.5mm、12.0mm、15.0mm、18.0mm、21.0mm、25.0mm 几种。所有纸面石膏板隔墙均不得用于高于 45℃的持续高温环境，当龙骨两侧均为单层石膏板时，板厚应大于 12mm。竖龙骨的间距宜与石膏板的宽度相匹配，一般为 300mm、400mm、600mm，龙骨两侧的石膏板必须竖向错缝安装，同侧内外两层石膏板也必须竖向错缝安装。

采用同样的轻钢龙骨布置方式，两侧固定纤维增强水泥平板、硅酸钙板，中间现浇聚苯颗粒混凝土、泡沫混凝土或其他轻质材料制成的复合墙体，称为轻钢骨架轻混凝土隔墙。这种隔墙吊挂能力强，隔声性能、防火性能都比较好，而与相同厚度的砌筑隔墙相比，质量仅为其 1/5 ～ 1/2。

骨架隔墙中传统的木龙骨隔墙常采用灰板条、胶合板、纤维板等作为面板。它自重轻，构造简单，但不适合于消防要求较高的场所。和轻钢龙骨一样，木龙骨按不同位置和方向分为上槛、下槛、立筋、斜撑及横档等构件，上、下槛及立筋断面通常为

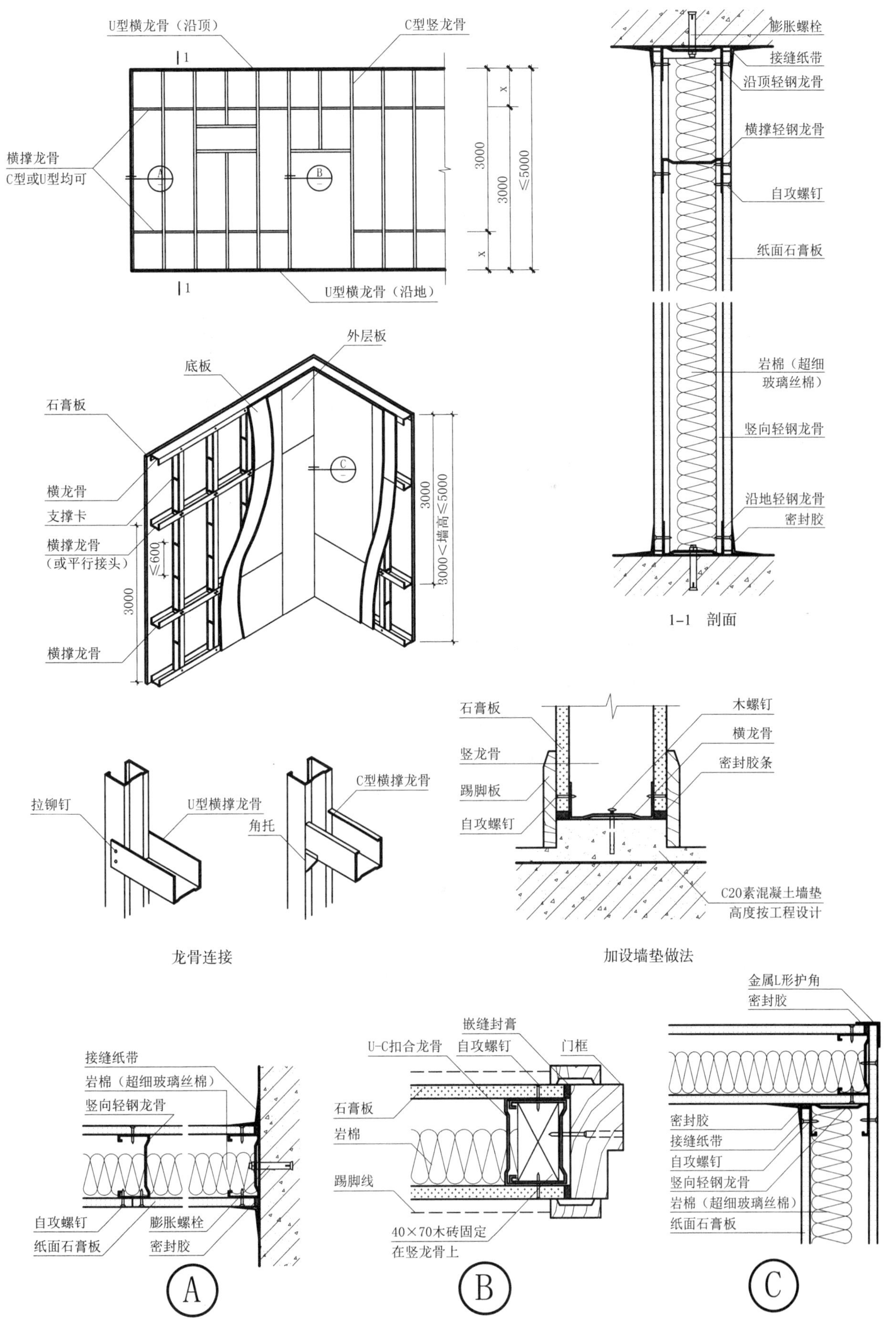

图 3-28　轻钢龙骨纸面石膏板隔墙

50mm×（70～100）mm，立筋之间沿高度方向每隔1500mm左右设斜撑或横档一道，断面与立筋相同或略小于立筋。木龙骨间距由饰面材料规格而定，通常取400mm、450mm、500mm及600mm。

骨架隔墙用于有特殊要求的场合时，需采取针对性构造措施。如果有防火要求，立筋宜选用轻钢龙骨或石膏龙骨，隔墙面板材料也应采用防火石膏板、纤维水泥板等；防火要求比较高时可采用双层防火石膏板，并在龙骨内用岩棉或玻璃纤维等防火材料填实，以达到规范规定的耐火极限要求。对于有防水、防潮要求的隔墙，如分隔客房与卫生间的轻质隔墙，可在卫生间现浇楼板周边先浇筑一段180～200mm高的细石混凝土条形墙垫，然后再在其上立轻钢龙骨，靠卫生间一侧的墙面可绑扎钢筋、固定钢板网后再做水泥砂浆粉刷，粘贴墙面砖；也可采用防水石膏板，直接在面板上粘贴墙面砖；在隔墙的另一侧，则可按常规作法固定石膏板，面饰涂料或墙纸（布）等。如果需要提高隔墙的隔声能力，可以在骨架的空隙间填入吸声材料，还可以将纵筋错开布置，使得吸声材料能够阻断两层面板与龙骨之间直接传声的通道。

3. 板材隔墙

板材隔墙由各类预制板材直接安装于建筑主体结构上而成，不需设置骨架，隔墙板材自承重，施工安装简单方便。目前采用的大多为条板，包括空心条板、实心条板和复合条板三种形式，常用材料包括轻集料混凝土条板、玻纤增强水泥条板、玻纤增强石膏条板、硅镁加气水泥条板、粉煤灰泡沫水泥条板、植物纤维复合条板、聚苯颗粒水泥夹芯复合条板、纸蜂窝夹芯复合条板等（图3–29）。

单层条板隔墙用作分户墙时，其厚度不应小于120mm；用作户内分室隔墙时，其厚度不宜小于90mm。双层条板隔墙选用条板的厚度不宜小于60mm，中间可留10～50mm宽空气层或填入吸声、保温材料。

板材的安装固定，上端与结构构件的连接主要靠各种粘结剂或粘结砂浆。下端与楼地面结合处宜预留安装空隙，然后打入木楔将条板向上挤压，顶紧梁、板底部。空隙宽度在40mm及以下时宜填入1∶3水泥砂浆，40mm以上时宜填入干硬性细石混凝土，

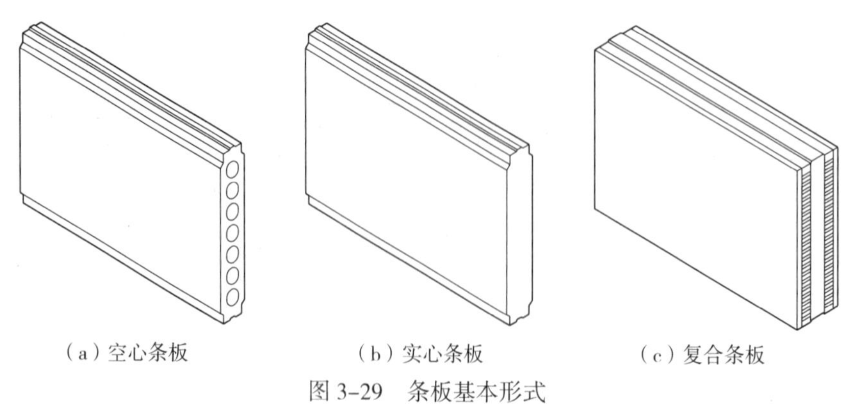

（a）空心条板　（b）实心条板　（c）复合条板

图3–29　条板基本形式

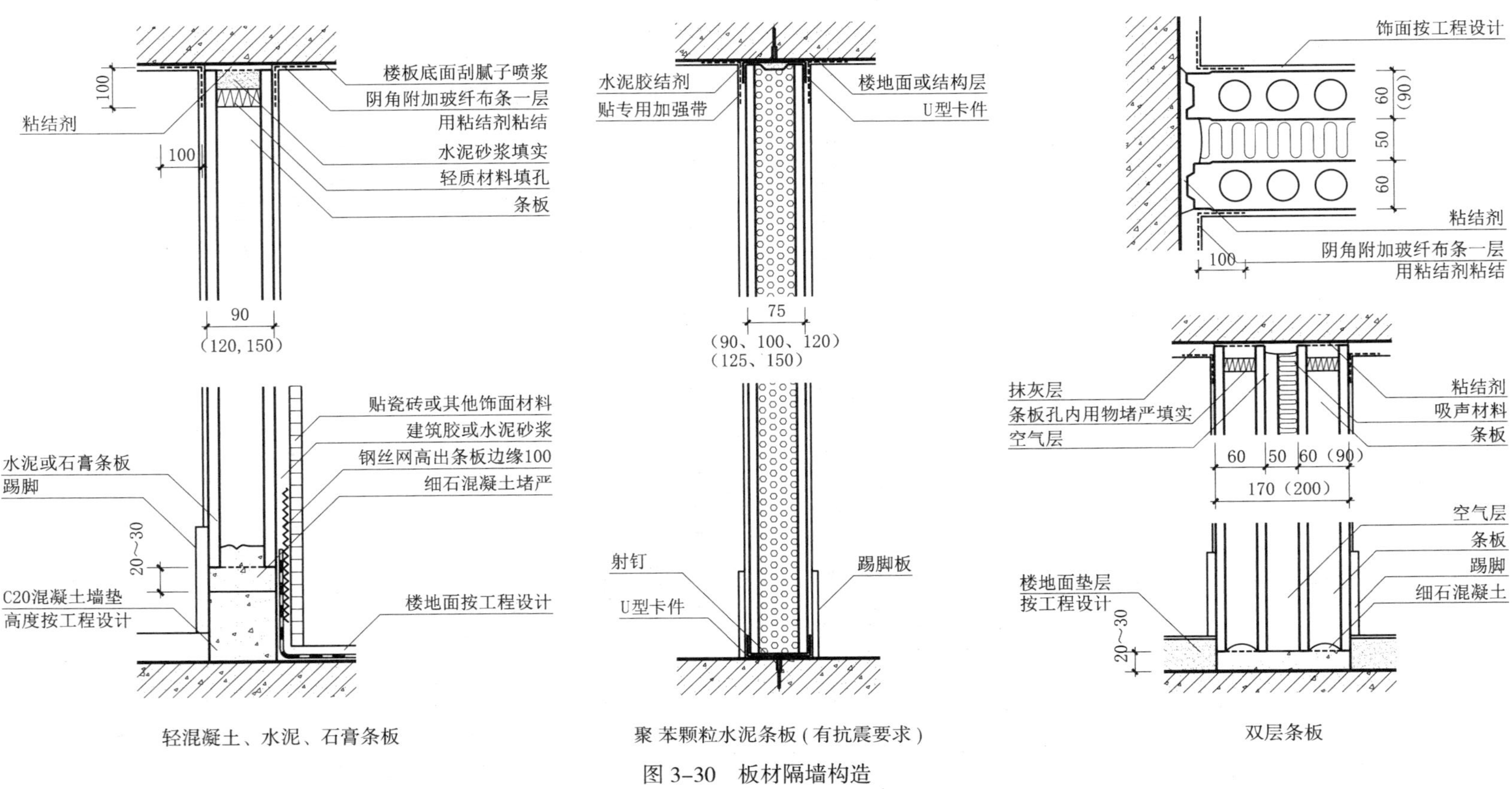

轻混凝土、水泥、石膏条板

聚苯颗粒水泥条板（有抗震要求）

双层条板

图 3-30 板材隔墙构造

撤除木楔后的遗留空隙应采用相同强度等级的砂浆或细石混凝土填塞、捣实。

有抗震要求的建筑物，板材隔墙与顶板、结构梁、主体墙和柱之间的连接应采用钢卡，并应使用胀管螺丝、射钉固定。

板材隔墙用于卫生间等潮湿环境时，下端应做高度不小于100mm的C20细石混凝土条形墙垫，并应作泛水处理。防潮墙垫宜采用细石混凝土现浇，不宜采用预制墙垫（图3–30）。

3.3.3 隔断构造

隔断是一类更为灵活的分隔构件，用材广泛，形式多样，常见的有屏风式隔断、镂空式隔断、玻璃隔断、移动式隔断、家具式隔断及绿化植物、水幕式隔断等（图3–31）。

1. 屏风式隔断

屏风式隔断能够分隔空间，遮挡视线，形成大空间中的小空间。它平面布局灵活，可以满足不同的使用功能要求。它的上部经常与顶棚保持一定距离，常用于办公室、餐厅、医院门诊室及厕所、浴室等房间当中。

隔断高度可以根据实际需要确定，比如办公场所使用不高于1500mm的隔断，可以使人在站立时视线不受阻碍；而使用高度在1800mm以上的隔断则可以形成视线封闭的工作环境。

屏风式隔断在构造上大多是固定式的，也有一部分是活动式的。固定式可以采用与骨架隔墙相似的构造，在骨架两侧铺钉面板或镶嵌玻璃形成，也可以选择预制板式隔断成品，利用预埋铁件与周围墙体和地面固定。活动式屏风隔断通过底部带滚动轮的金属支架，满足自由移动的需求。

2. 镂空式隔断

某些建筑空间需要限制人们的行动路线，同时又希望不阻断视线连通与空气流动，这时就可以使用镂空式隔断，而且还可以将它设计成各种花格图案。常用材料包括金属、木材及混凝土预制构件等。

3. 玻璃隔断

玻璃类材料透光性好，用于隔断可以形成明快通透的视觉效果。如果使用刻花玻璃、磨砂玻璃、彩色玻璃或彩色镀膜玻璃等材料，还能够获得较强的装饰感。普通玻璃隔断一般通过木材或金属骨架与周围墙体和地面固定，再把玻璃嵌入其中即可。

玻璃砖隔断也是一种常见的玻璃隔断，它以白水泥砂浆及玻璃胶按对缝方式砌筑而成。为了提高强度和稳定性，玻璃砖隔断中应埋设拉结筋，并且拉结筋与周围主体结构要有可靠连接。

U型玻璃因其截面形状而得名，它比普通平板玻璃机械强度高，构件能自立，用作隔断可省去大量金属骨架材料。为了满足保温、隔热和隔声等要求，可采用双

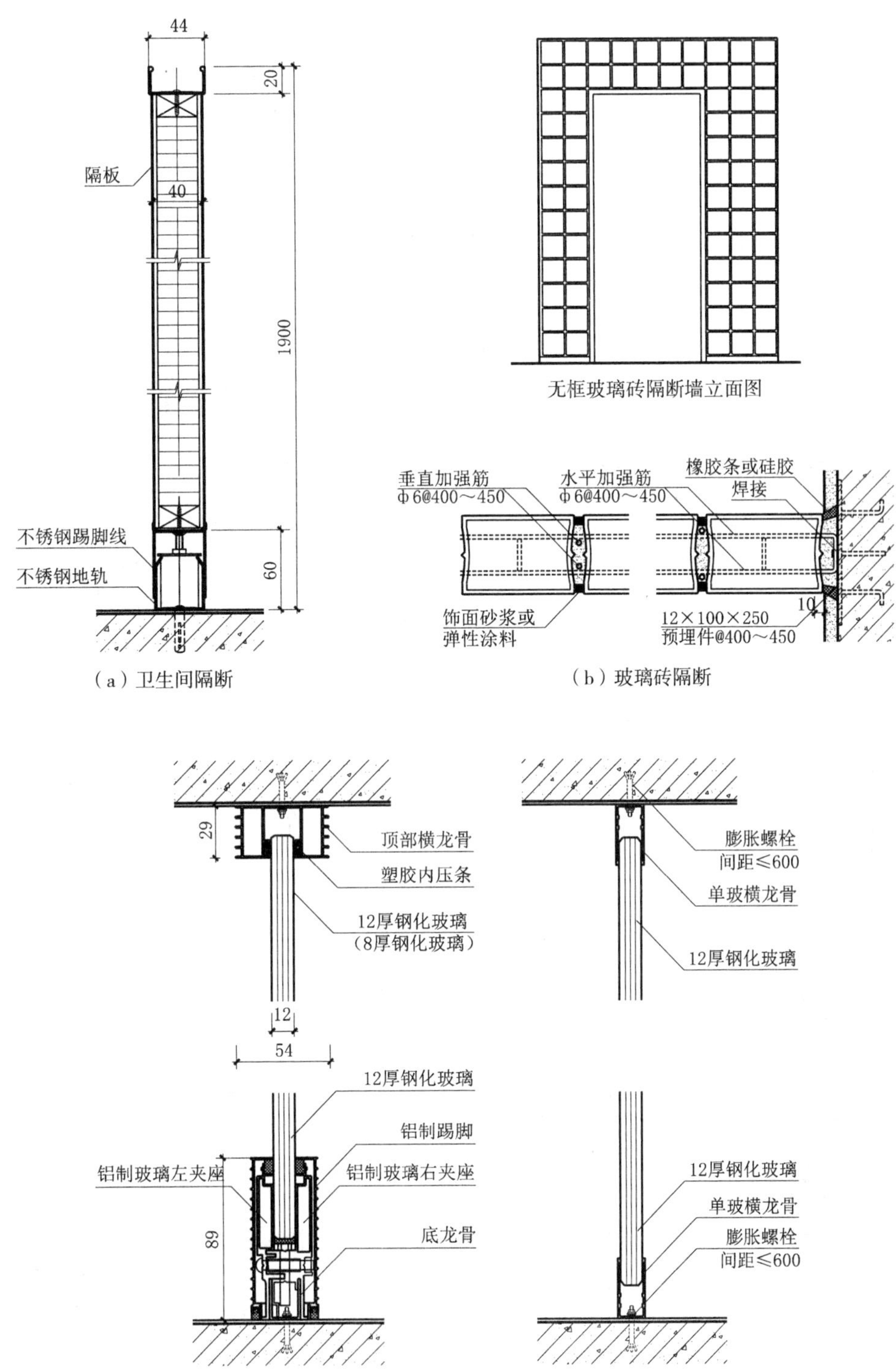

（a）卫生间隔断

（b）玻璃砖隔断

（c）单层玻璃隔断

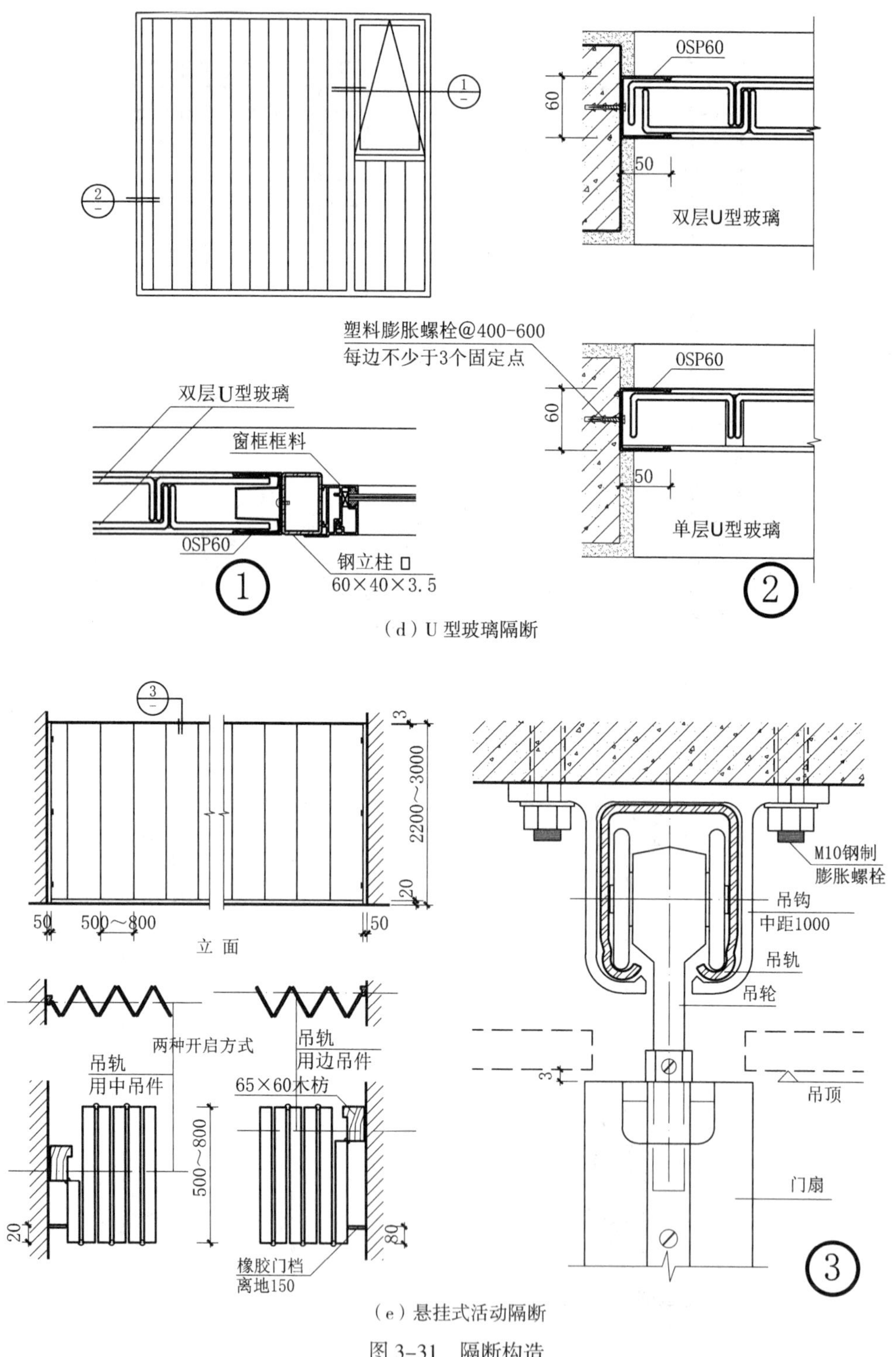
OSP60
60
50
双层U型玻璃
塑料膨胀螺栓@400-600
每边不少于3个固定点
OSP60
60
50
单层U型玻璃
双层U型玻璃
窗框框料
OSP60
钢立柱 □
60×40×3.5
(d) U 型玻璃隔断
3
2200～3000
20
50
500～800
50
立 面
两种开启方式
吊轨
用边吊件
吊轨
用中吊件
65×60木枋
500～800
20
80
橡胶门档
离地150
M10钢制
膨胀螺栓
吊钩
中距1000
吊轨
吊轮
3
吊顶
门扇
(e) 悬挂式活动隔断

图 3-31　隔断构造

排 U 型玻璃拼接的方式。

4. 其他隔断

为了适应空间灵活分隔、合并的需要，可以随意闭合、开启的移动式隔断应运而生。它按构造形式可分为拼装式、滑动式、折叠式、悬挂式、卷帘式等多种形式，其移动多由上下两条轨道或单由上轨道来控制实现。

此外，还有采用家具式隔断来分隔室内空间的设计方法，这时家具也参与了建筑的空间构成，巧妙地节省了单独安装隔断的费用。

3.4　墙面装修

3.4.1　作用与分类

墙面装修是建筑细部设计的重要组成部分。它可以防止墙体直接受到风、霜、雨、雪等自然因素以及人为因素的侵袭，提高墙体防潮、抗风化、耐污染能力，增强墙体的坚固性和耐久性。有针对性的装修处理还可以改善墙体在热工、声学、光学等方面的物理性能，提高建筑室内环境的舒适性。同时，装修材料的色彩、质感、纹理、线型决定着建筑物立面效果，具有丰富和美化内外环境的作用。

墙面装修必须与主体结构连接牢固。设计时应注意选择节能、环保型建筑材料，并根据不同使用要求，采用能够防火、防潮、防水、防污染或者控制有害气体和射线的装修材料和辅料。

可以用于墙面装修的材料非常多，施工方式也各不相同，常见作法可以分为抹灰类、涂饰类、贴面类、钉挂类和裱糊类五个大类。

3.4.2　抹灰类墙面

抹灰材料由胶结材料（水泥、石灰膏等）、细骨料和水以及按性能需要添加的其他组分遵照规定比例拌合配制而成。抹灰类做法具有取材广泛、造价低廉、施工方便的优点，但湿作业量大，耐久性也较差。

抹灰工程通常分为一般抹灰和装饰抹灰两类，一般抹灰又分为普通抹灰和高级抹灰两个级别。

1. 抹灰砂浆类别

常用的抹灰砂浆有水泥砂浆、水泥粉煤灰砂浆、水泥石灰砂浆、掺塑化剂水泥砂浆、聚合物水泥砂浆、石膏抹灰砂浆。传统的石灰砂浆、膨胀珍珠岩砂浆和麻刀石灰、纸筋石灰砂浆在当前工程中已基本不再使用。

水泥砂浆强度高，耐水性好，广泛适用于地面、墙面、屋檐、门窗洞口以及防水防潮要求和强度要求高的部位。另一种使用较多的水泥石灰砂浆，又称混合砂浆，它因添加了石灰膏而获得了较好的和易性（指流动性、粘聚性和保水性等综合性质），适用于一般墙面抹灰。而聚合物抹灰砂浆、石膏抹灰砂浆粘结性能好，用于混凝土楼板板底基层抹灰时，可以有效解决抹灰层易脱落的问题，也适用于混凝土板和墙及加气混凝土砌块和板表面的抹灰。不同部位或基体适用的砂浆种类见表 3-9。

抹灰砂浆宜用中砂，砂浆强度不宜比基体材料强度高出两个及以上强度等级，强度高的水泥砂浆不应涂抹在强度低的水泥砂浆基层上。内墙抹灰砂浆的强度等级不应小于 M5.0，外墙抹灰砂浆在采暖地区强度等级不应小于 M10，非采暖地区强度等级不应小于 M7.5，蒸压加气混凝土表面抹灰砂浆强度等级宜为 Ma5.0。

表 3-9　抹灰砂浆的品种选用

使用部位或基体种类	抹灰砂浆品种
内墙	水泥抹灰砂浆、水泥石灰抹灰砂浆、水泥粉煤灰抹灰砂浆、掺塑化剂水泥抹灰砂浆、聚合物水泥抹灰砂浆、石膏抹灰砂浆
外墙、门窗洞口外侧壁	水泥抹灰砂浆、水泥粉煤灰抹灰砂浆
温（湿）度较高的车间和房屋、地下室、屋檐、勒脚等	水泥抹灰砂浆、水泥粉煤灰抹灰砂浆
混凝土板和墙	水泥抹灰砂浆、水泥石灰抹灰砂浆、聚合物水泥抹灰砂浆、石膏抹灰砂浆
混凝土顶棚、条板	聚合物水泥抹灰砂浆、石膏抹灰砂浆
加气混凝土砌块（板）	水泥石灰抹灰砂浆、水泥粉煤灰抹灰砂浆、掺塑化剂水泥抹灰砂浆、聚合物水泥抹灰砂浆、石膏抹灰砂浆

注：本表选自《抹灰砂浆技术规程》JGJ/T 220—2010。

2. 一般抹灰做法

以各类抹灰砂浆涂抹在建筑基体表面，直接做成饰面层的做法就是一般抹灰。一般抹灰宜优先选用预拌砂浆。预拌砂浆具有品质高、节能、节材、环保等优势，品种也日益增多。

抹灰过厚可能会因内外收水快慢不同而导致抹灰层空鼓、脱落，所以抹灰应分层进行。水泥砂浆每层厚度宜为 5 ～ 7mm，混合砂浆每层宜为 7 ～ 9mm，并应待前一层达到六七成干后再涂抹后一层。基体材料不同、所在部位不同，抹灰层平均总厚度要求也不同，设计与施工必须符合相应规定（表 3-10）。

表 3-10　不同基体的抹灰厚度（mm）

项目	内墙		外墙		顶棚		蒸压加气混凝土砌块	聚合物砂浆、石膏砂浆
	普通抹灰	高级抹灰	墙面	勒脚	现浇混凝土板	预制混凝土板		
厚度	≤ 18	≤ 25	≤ 20	≤ 25	≤ 5	≤ 10	≤ 15	≤ 10

注：本表选自《建筑施工手册》（第五版）第 4 册。

普通抹灰由底层和面层组成，高级抹灰则包括底层、中层和面层（图 3-32）。

底层抹灰又称刮糙，主要起到与基体粘结以及初步找平作用；中层抹灰的作用是

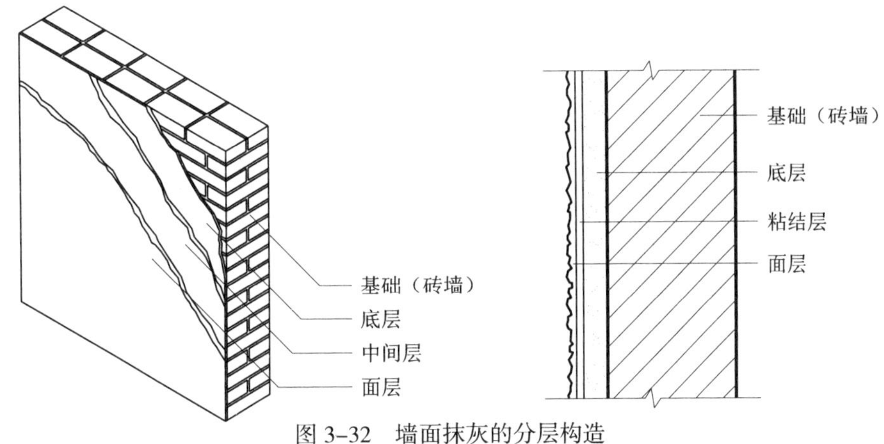

图 3-32 墙面抹灰的分层构造

进一步找平，所用材料基本与底层相同；面层抹灰是对墙面所做的最后修整，需要注意外观效果，做到表面平整、无裂痕。

一般抹灰砂浆在施工前应进行配合比设计，且应采取质量计量。比如水泥砂浆配合比常用1∶2、1∶2.5、1∶3（水泥∶砂）等，混合砂浆常用1∶1∶4、1∶1∶6（水泥∶石灰∶砂）等，石膏砂浆常用1∶3（石灰膏：砂）等。《抹灰砂浆技术规程》JGJ/T 220—2010中对于各类抹灰砂浆配合比有详细规定。

3. 装饰抹灰做法

包括灰浆类抹灰饰面和石渣类抹灰饰面两种。

（1）灰浆类

灰浆类抹灰主要通过砂浆着色或对砂浆表面进行加工，利用饰面的色彩、质感变化，形成特别的外观效果。主要优点是材料来源广泛，施工操作简便，造价比较低廉。常见的做法有拉毛灰、甩毛灰、仿面砖、拉条、喷涂、弹涂等。

拉毛灰是用铁抹子等工具，将罩面灰浆轻压后顺势拉起，形成一种凹凸质感很强的饰面层；甩毛灰是用竹丝刷等工具将灰浆甩涂在基面上，形成大小不一的云朵状毛面饰面层；仿面砖是在面层水泥砂浆中掺入颜料，再用特制铁钩和靠尺进行分格划块，做成类似贴面砖的效果；拉条是用表面刻有凹凸形状的专用工具，在面层砂浆上滚压或拉动出有立体感的条纹；喷涂是用挤压式砂浆泵或喷斗，将掺入聚合物的水泥砂浆喷涂在基面上，使饰面具有波浪、颗粒或花点等质感；弹涂是用电动弹力器，将两三种掺入胶粘剂的水泥色浆，分别弹涂到基面上，形成不同色点相互交错的独特效果。

（2）石渣类

与灰浆类抹灰相比，石渣类抹灰的质感更丰富，也不易褪色。石渣是天然的大理石、花岗石以及其他天然石材经破碎而成，俗称米石。用于墙面的常见做法有水刷石、干粘石、斩假石等（表3-11）。

表 3–11　常见墙面抹灰做法举例

抹灰名称	构造层次及施工工艺
水泥砂浆	15 厚 1：3 水泥砂浆打底 10 厚（1：2）～（1：2.5）水泥砂浆粉面
混合砂浆	12 ～ 15 厚 1：1：6 水泥、石灰膏、砂混合砂浆打底 5 ～ 10 厚 1：1：6 水泥、石灰膏、砂混合砂浆粉面
水刷石	15 厚 1：3 水泥砂浆打底 10 厚（1：1.2）～（1：1.4）水泥石渣抹面后水刷
干粘石	15 厚 1：3 水泥砂浆打底 7 ～ 8 厚 1：0.5：2 外加 5%107 胶的混合砂浆粘结层 3 ～ 5 厚彩色石渣面层（用甩或喷的方法施工）
斩假石	15 厚 1：3 水泥砂浆打底 刷素水泥浆一道 8 ～ 10 厚水泥石渣粉面 用剁斧斩去表面层水泥浆或石尖部分使其显出凿纹

水刷石又称洗石子，施工时将水泥（普通水泥、白水泥或彩色水泥）、石渣、水拌成石渣浆涂抹在基面上，水泥浆初凝后再以毛刷蘸水刷洗，或用喷枪、水壶喷水冲刷表层水泥浆，使石渣半露出来；干粘石又称甩石子，是把石渣、彩色石子等粘在水泥砂浆粘结层上，再拍平压实而成的饰面，也可以用喷射石渣代替手甩石渣；斩假石又称剁假石，施工时以水泥石渣作为面层抹灰，待凝结硬化具有一定强度时，再以斧子或凿子等工具剁斩出类似石材的纹理。

4. 细部处理

室内墙面、柱面和门洞口的阳角在进行抹灰前，应当用 M20 以上的水泥砂浆做护角。护角高度自地面开始不应小于 2m，每侧宽度宜为 50mm（图 3–33）。也可使用角钢、不锈钢、铝合金等材料或橡胶、亚克力等制作的成品墙角条。

面积较大的外墙抹灰，在昼夜温差作用下周而复始地热胀冷缩，很容易出现开裂。为避免面层产生裂纹、控制墙面抹灰质量，施工时常在抹灰层中设引条线，将面层分格（图 3–34）。

3.4.3　涂饰类墙面

建筑涂料是涂覆于建筑物表面起装饰和保护作用的一种装修饰面材料，具有造价低、施工简单、工期短、维护更新方便等特点，并且能够改变被涂覆物的颜色、花纹、光泽、质感等，提高美观效果，故在建筑室内外装修工程中得到广泛应用。

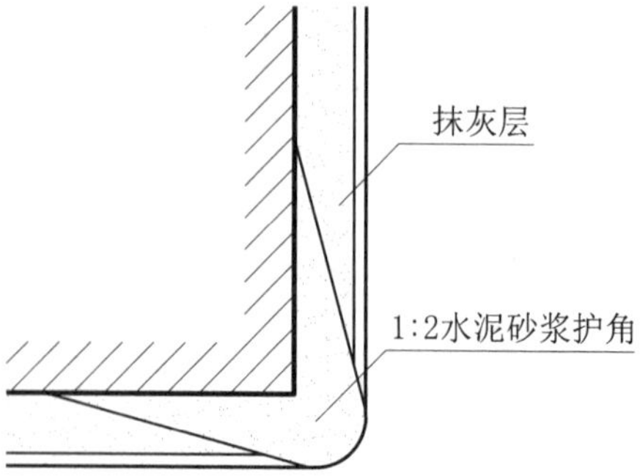

图 3–33　护角处理

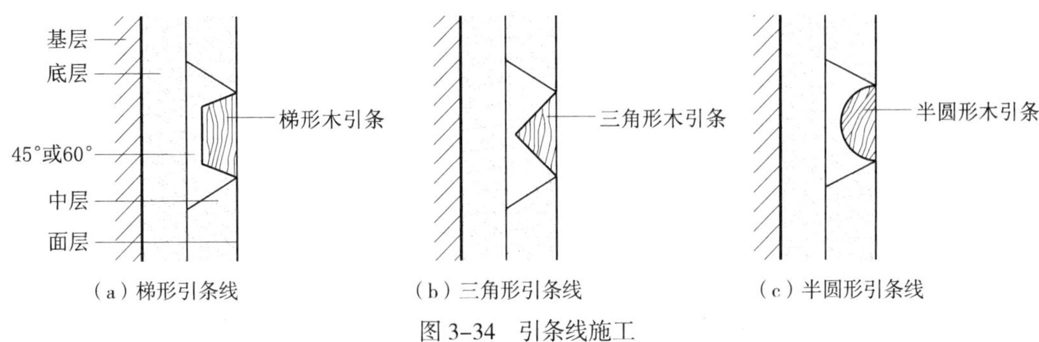

（a）梯形引条线　（b）三角形引条线　（c）半圆形引条线

图 3-34　引条线施工

建筑涂料品种繁多，根据不同的分类方法可分为各种不同类型。例如，按使用功能可分为多彩涂料、弹性涂料、抗静电涂料等，按主要成膜物质的化学成分可分为有机涂料、无机涂料及复合涂料等，其他分类方式及涂料类型见表 3-12。

表 3-12　建筑涂料的主要类型

分类依据	涂料类型
使用功能	多彩涂料、弹性涂料、抗静电涂料、耐洗涂料、耐磨涂料、耐温涂料、耐酸碱涂料、防锈涂料等
成膜物质	有机涂料、无机涂料、复合型涂料等
涂层结构	薄涂料、厚涂料、复层涂料等
涂料溶剂	水溶性涂料、乳液型涂料、溶剂型涂料、粉末型涂料等
施工方法	浸渍涂料、喷涂涂料、涂刷涂料、滚涂涂料等
装饰质感	平面涂料、砂面涂料、立体花纹涂料等

建筑设计应根据建筑物的使用功能、建筑环境以及建筑构件所处部位来选择建筑物的饰面涂料。除了都要满足抗开裂性、保色性、防霉性、环保性要求以外，外墙涂料还需要具有足够的抗粉化性、耐水性、耐沾污性、抗风化性、附着力等，内墙涂料还需要具有易清洗性、耐擦洗性、抗磨光性、抗粘连性等。此外，针对一些具有特殊功能的建筑以及建筑的特殊部位、特殊构件，还应选用相应的防火涂料、防水涂料、防霉涂料、防腐涂料、防虫害涂料、隔音涂料、耐温涂料和抗静电涂料等功能性涂料。

墙体基层直接关系到涂饰工程的最终效果。建筑涂料经常涂覆的基层主要有水泥砂浆抹灰基层、混合砂浆抹灰基层、混凝土基层、墙体保温防护层、人造板基层、装饰砂浆基层、砌块基层、旧涂层基层和旧瓷砖基层等。对基层进行处理的做法一般包括清理、涂刷抗碱封闭底漆或界面剂、用腻子找平等。基层质量应符合以下规定：

（1）牢固。不开裂，不掉粉，不起砂，不空鼓，无剥离，无石灰爆裂点，无附着力不良的旧涂层等。

（2）整洁。表面平整，立面垂直，阴阳角方正，无缺棱掉角，分格缝（线）应深浅一致且横平竖直，并且表面不能有灰尘、浮浆、油迹、锈斑、霉点、盐类析出物和青苔等。

（3）干燥。在混凝土或抹灰基层上用溶剂型腻子找平或直接涂刷溶剂型涂料时，含水率不得大于 8%；在用乳液型腻子找平或直接涂刷乳液型涂料时，含水率不得大于 10%，木材基层的含水率不得大于 12%。

按照工程分类，涂饰工程分为水性涂料涂饰、溶剂型涂料涂饰、美术涂饰三类。水性涂料包括乳液型涂料、无机涂料、水溶性涂料等，溶剂型涂料包括丙烯酸酯涂料、聚氨酯丙烯酸涂料、有机硅丙烯酸涂料、交联型氟树脂涂料等，美术涂饰包括套色涂饰、滚花涂饰、仿花纹涂饰等。

建筑涂料施涂可采用刷涂、滚涂、喷涂、弹涂等方式，并且通常分为底涂和面涂两道。底涂一般都具有一定的填充性、打磨性和遮盖力，主要用于封闭墙面的毛细孔，预防返碱、返潮，防止霉菌滋生，还可以增加面层涂料对基层的附着力。面涂一般保光性、保色性、流平性、附着力较好，具有良好的装饰和保护作用。考究的涂饰工程要施涂三道，即在底涂和面涂之间再增加一道中涂。而主要施涂于木材与金属材料表面的油漆类材料，则采用一层打底，再面涂两道。

涂饰工程施工应按基层处理、底涂层、中涂层、面涂层的顺序进行，并应注意在涂饰材料干燥后方可进行下一道工序施工，以避免发生皱皮、开裂等质量问题。

3.4.4 贴面类墙面

贴面类墙面装修是在对墙体基层进行平整处理后，再粘贴各类表层块材的做法。具有美观耐用、无毒无味、易清洁、施工方便等特点。

常见的贴面材料包括陶瓷砖、釉面陶瓷砖、陶瓷锦砖、玻璃锦砖、玻化砖以及边长小于 400mm、厚度 10mm 以下的小规格薄石板等。陶瓷类材料多数是以陶土或瓷土为原料，加入适量助溶剂，经研磨、烘干、制坯最后高温烧结而成，分为有釉和无釉两种。玻璃锦砖则由掺入其他原料的玻璃经高温熔炼发泡后压制而成。设计应根据室内、外墙面装饰的不同要求以及材料本身的特点与性能进行选择，并且在构造上做到镶贴牢固、平整密实，防止脱落和渗水。

贴面类装修构造层次由底层砂浆、粘结层砂浆（或粘结剂）和块状表层材料组成。

打底层做法及要求与抹灰类装修中的打底层相同，多采用 10 ～ 15mm 厚 1 : 3 水泥砂浆与基体粘结并初步找平。粘结层砂浆采用 8 ～ 10mm 厚 1 : 0.3 : 3 水泥石灰混合砂浆，用于外墙时也可采用 5mm 厚 1 : 1 水泥砂浆，还可以在水泥砂浆或素水泥浆中掺入 5% ～ 7% 的 107 胶，这时粘结层厚度可以减小为 2 ～ 3mm（图 3-35）。此外，也可以直接使用各类块材专门配套的成品胶粘剂。

外墙饰面砖基体找平材料宜采用预拌水泥抹灰砂浆，并应当采用水泥基粘结材料。用于二层（或高度 8m）以上外保温贴面的饰面砖单块面积不应超过 $1.5m^2$，厚度不应大于 7mm。外墙饰面砖铺贴应设置伸缩缝，缝宽宜为 20mm，间距不宜大于 6m。

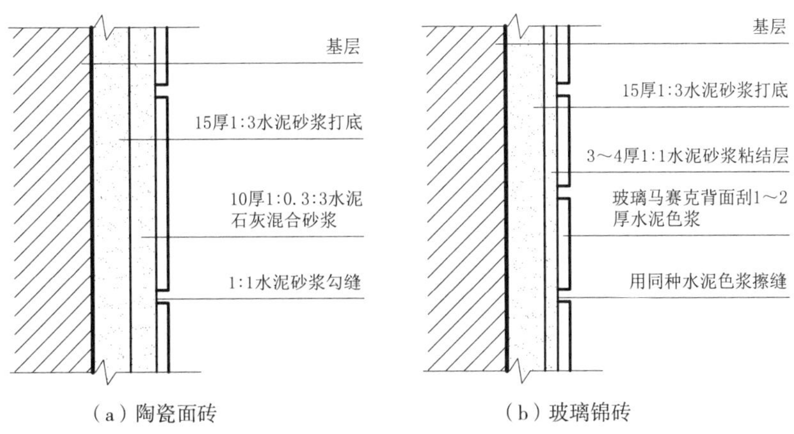

（a）陶瓷面砖　　（b）玻璃锦砖

图 3-35　贴面类墙面

贴面材料中的锦砖，又称为马赛克、纸皮砖，属于小块面砖。锦砖与其他联片饰面砖一样，由于尺寸规格小，不易单块铺贴，工厂出产的产品是将多块面砖反贴在牛皮纸上，施工铺贴以整片为单位进行。待灰浆初凝后，用软毛刷蘸水刷护纸湿透，20 ～ 30 分钟后再将护纸揭除。

3.4.5　钉挂类墙面

与贴面类材料不同，有很多饰面板材，如石板、陶板、木板、金属板、塑料板等，不能直接粘贴在墙体基层上，而要通过特定构配件及合理构造措施与之形成牢固连接，它们属于钉挂类墙面。

1. 石材饰面板

饰面用石材分为两大类，即天然石材和人造石材。

天然石材主要有花岗石（火成岩）、大理石（变质岩）、砂岩（沉积岩）、板石（也称板岩，属变质岩）。通常火成岩质地均匀强度高，耐候性好，普遍适用于室内外地面、墙面装修；变质岩具有美观的纹理，但容易出现裂纹，主要用于室内墙面、柱面等部位；沉积岩质量较轻，表面孔隙较多，不适合用于容易污染的部位。

人造石材主要有树脂人造石、水泥人造石和复合石材。树脂人造石以不饱和聚酯树脂为胶粘剂，具有天然花岗石和大理石的纹理色泽，重量轻，吸水率低，抗压强度高，耐老化，可加工性也较好；水泥人造石即预制水磨石，以各种水泥或石灰磨成细粉作为胶粘剂，砂为细骨料，碎大理石、花岗石、工业废渣等作为粗骨料，可用于室内窗台板、踢脚板等部位；复合石材一般分为表层和基层，表层厚度一般为 3 ～ 10mm，多采用名贵天然石材，基层则可以根据提高强度、降低成本、减轻重量等不同目的分别采用花岗石、瓷砖、蜂窝铝板等材料。

花岗石板和大理石板常见长宽尺寸为 600mm × 600mm、600mm × 800mm、800mm × 800mm、800mm × 1000mm，厚度一般为 20 ～ 30mm，亦可按设计加工所需尺度。由于尺度较大，质量较重，仅靠砂浆粘贴不安全，在高度不超过 6m 的情况下可以采用湿挂

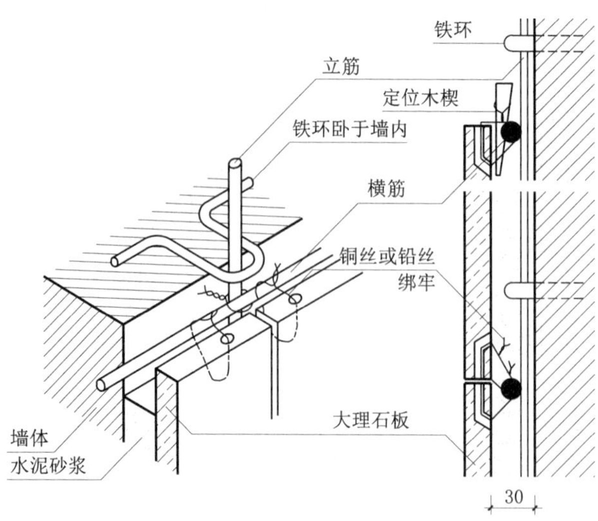

图 3-36　湿挂石材墙面构造

法铺贴，方法是预先在墙面或柱面上固定钢筋网，然后将双股铜丝或不锈钢丝、镀锌铅丝穿过石板上钻好的孔眼绑扎在钢筋网上，最后在石板与墙或柱之间，灌注 1 : 3 水泥砂浆，厚度 30mm 左右，如图 3-36 所示。

为保证石板装修质量，可采用干挂（幕墙）的构造作法，通过金属连接件来固定面板。干挂法主要有短槽式、背槽式和背栓式，即在石板侧边和背面开槽，将金属连接件一端插入上下石板的槽内，另一端与墙体结构或幕墙金属骨架相连接，或者预先在石板背面打入带螺口的背栓，用专用工具固紧，再通过背栓挂件将石材面板安装到钢骨架上。采用干挂法安装时，细面天然石材厚度不应小于 20mm，粗糙面天然石材厚度不应小于 23mm，中密度石灰石或石英砂岩板厚度不应小于 25mm，人造石材饰面板厚度不应小于 18mm。干挂构造作法不需要在石板背面灌注水泥砂浆，可利用石板与墙体基层之间的空间设置保温材料（图 3-37）。

高度不超过 8m 的石材墙面还可以采用干粘法安装（图 3-38）。干粘法施工简便高效，强度安全可靠，其钢骨架设计和施工要求基本与干挂法相同。石材面板与钢构件之间应采用环氧胶粘剂粘结，每块板上粘结点不应少于 4 个，每个粘结点的粘结面积不应小于 40mm × 40mm，在钢骨架粘结点中心应钻 6mm 孔。

2. 木材饰面板

建筑室内常见的木质护壁墙裙也是一种有代表性的钉挂类装修。面板使用天然木板或各种人造薄板，通常需要设置骨架（墙筋），然后借助钉子、螺丝或胶等装修辅料将它们固定于墙面。饰面板表面质感细腻、美观大方、装饰效果好，给人以亲切感，同时木质结构和多孔材料还对改善室内音质效果有一定作用。其缺点是防潮、防火性能较差，应采取相应构造措施进行妥善处理。

木材饰面有干挂式和钉粘式两种安装做法（图 3-39）。

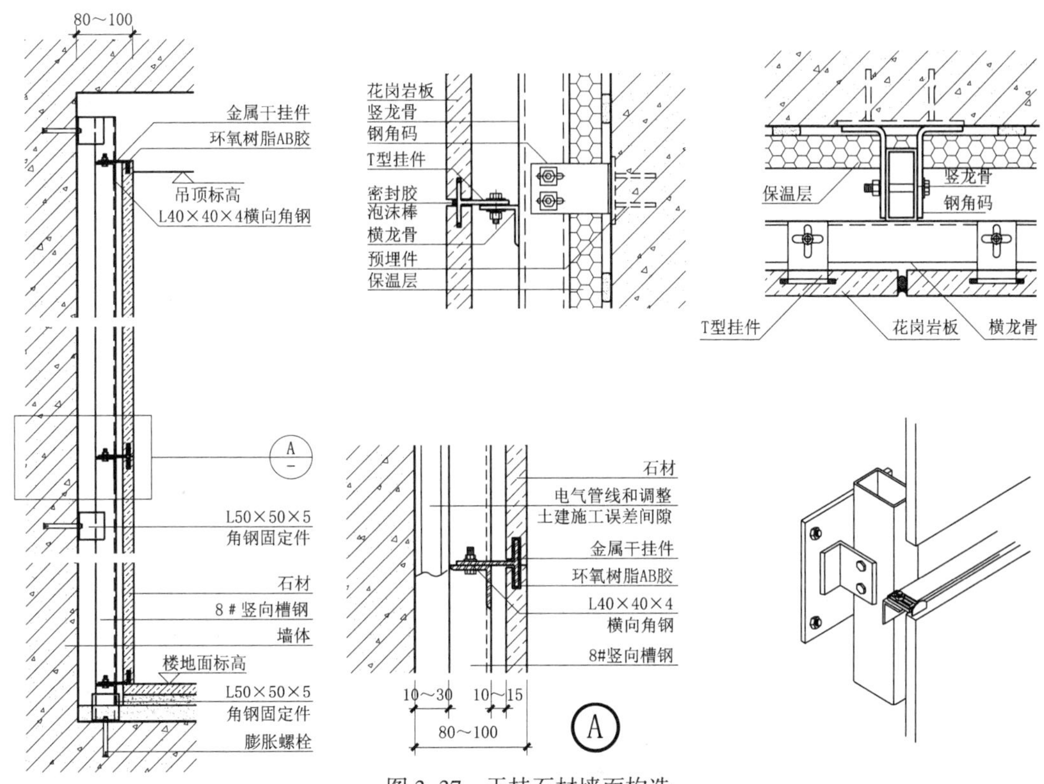

图 3-37　干挂石材墙面构造

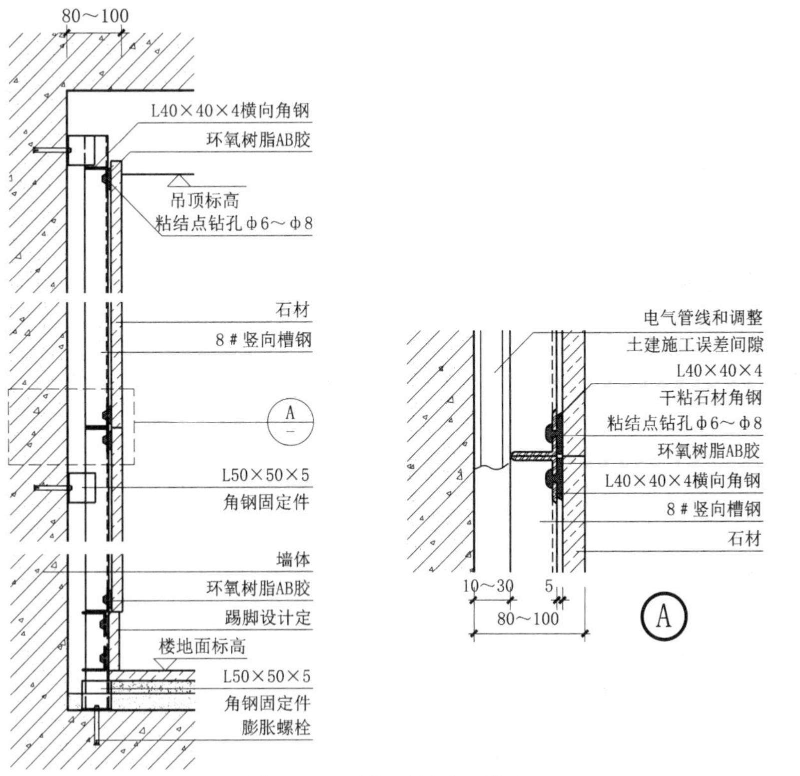

图 3-38　干粘石材墙面构造

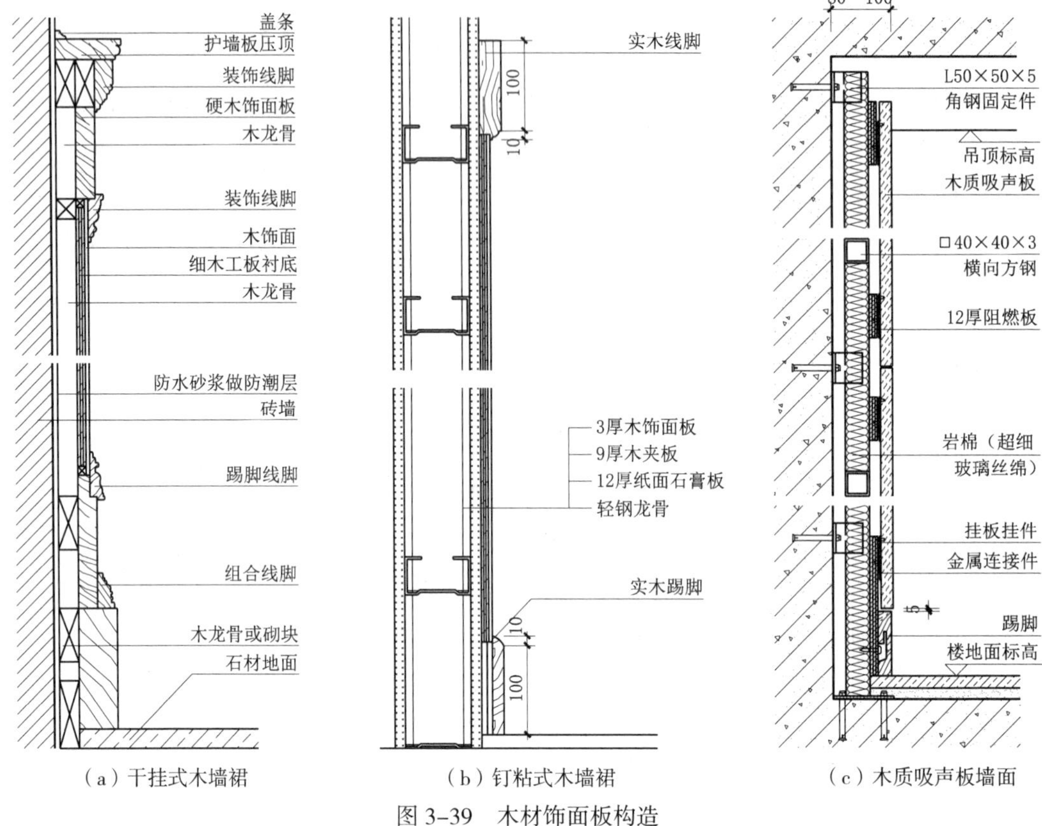

（a）干挂式木墙裙　　（b）钉粘式木墙裙　　（c）木质吸声板墙面

图 3-39　木材饰面板构造

干挂做法与石材相近，构造组成分为骨架和面板两部分。骨架可以用木墙筋，也可以用金属骨架。木墙筋截面一般为（20 ～ 40）mm×（40 ～ 50）mm，间距应与装饰面板的长度和宽度尺寸相配合。为防止墙筋与面板受潮损坏，常在立墙筋前，先在墙体基层表面或其上的 10mm 厚混合砂浆抹灰层表面涂刷热沥青两道。有防火要求的，还需在木墙筋表面涂刷防火涂料，并先安装底层防火夹板再安装面板。金属骨架由冷轧薄钢板加工成轻钢龙骨，截面尺寸与木墙筋相近，并可以使用金属挂件固定面板。装饰面板常见有硬木条板、胶合板、纤维板、装饰吸声板以及非木质的石膏板、钙塑板等。

如钉粘木饰面板，应首先检查基层墙面的平整度和垂直度，再将饰面板和分隔木线按顺序镶拼就位，涂胶粘剂钉分隔木线，最后涂胶封钉口、补漆，分隔木线钉待固化后可以拔掉。前述先设置底层夹板再安装面板的做法，如果直接粘贴面板也属于钉粘式安装。

3. 其他饰面板

广泛用于公共建筑钉挂类装修的还有陶瓷板、金属板、塑料板、玻璃板、复合板等（图 3-40），它们具有类似构造，在装修工程分类中都属于饰面板工程。

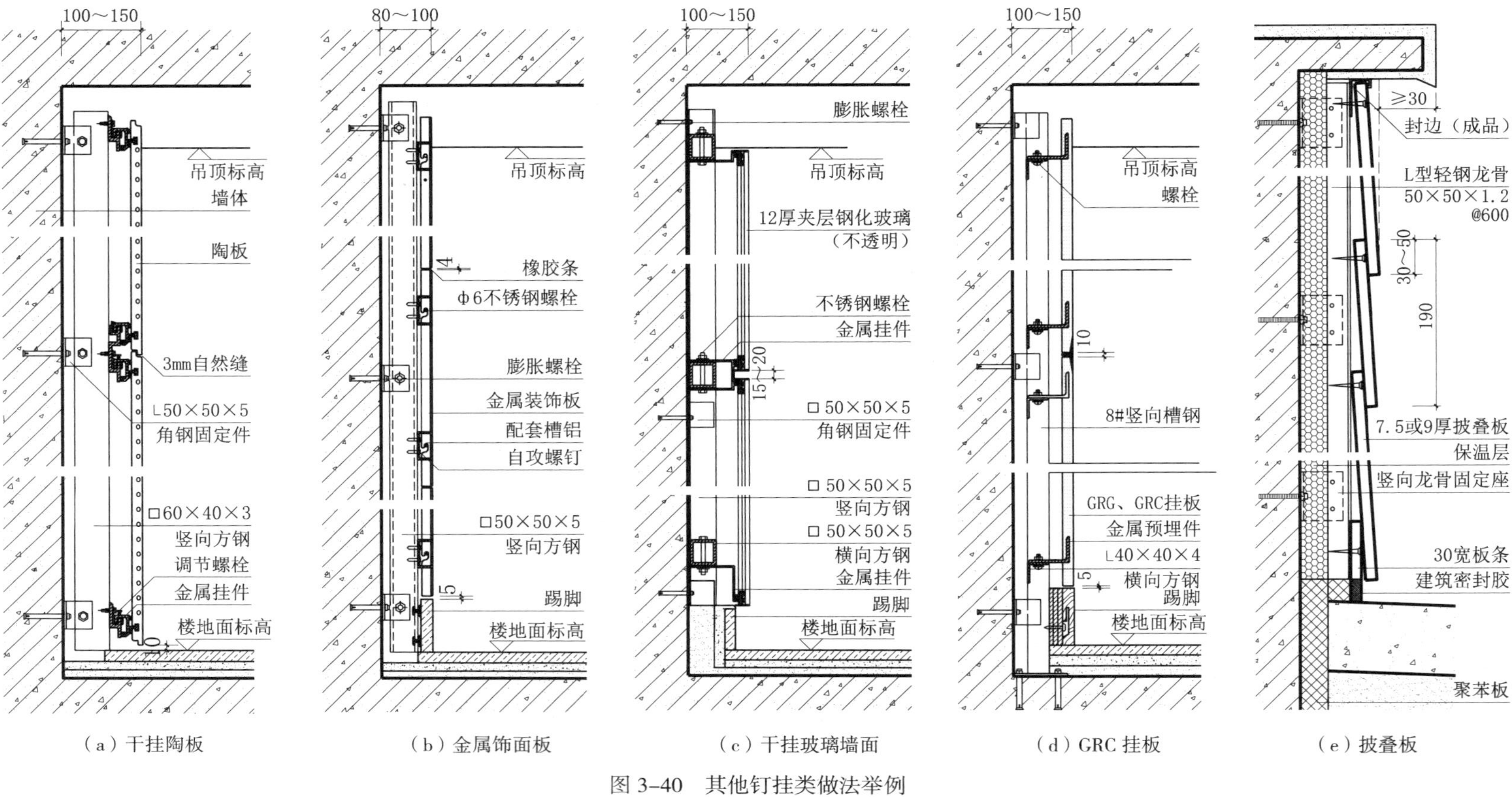

（a）干挂陶板　（b）金属饰面板　（c）干挂玻璃墙面　（d）GRC 挂板　（e）披叠板

图 3-40　其他钉挂类做法举例

3.4.6 裱糊类墙面

裱糊类墙面装修是将墙纸、墙布等装饰性卷材裱糊在墙面上的一种室内装修做法，具有品种多样、色彩丰富、轻质美观、装饰效果好、施工效率高的特点。

墙纸、墙布以纸或布为基材，上面覆有各种色彩或图案的装饰面层。

1. 墙纸、墙布的分类

（1）按材质分：塑料墙纸、织物墙纸、金属墙纸、静电植绒等；

（2）按功能分：除了都有装饰作用外，有些功能性墙纸、墙布还分别具有吸声、防火阻燃、保温、防霉、防菌、防潮、抗静电等作用；

（3）按花色分：套色印花压纹、仿锦缎、仿木材、仿石材、仿金属、仿清水砖等品种。

2. 裱糊工程施工要点

基层表面的强度和稳定性是保证铺装质量的前提，墙纸、墙布裱糊前需要对墙体基层进行必要处理，使得基层表面平整、坚实、色泽一致，没有粉化、起皮、裂缝和突出物。有防潮要求的还应进行防潮处理。施工时需注意：

（1）事先应根据墙纸、墙布的品种、花色、规格进行选配、拼花、裁切、编号，然后按编号顺序裱糊；

（2）应整幅裱糊，先垂直面后水平面，先细部后大面，先保证垂直后对花拼逢，垂直面先上后下，先长墙面后短墙面，水平面是先高后低。阴角处接缝应搭接，阳角处应包角不得有接缝；

（3）聚氯乙烯塑料墙纸裱糊前应先将墙纸用水润湿数分钟，裱糊时应在基层表面涂刷胶粘剂；复合墙纸不得浸水，裱糊前应先在墙纸背面涂刷胶粘剂，放置数分钟，裱糊时，基层表面应涂刷胶粘剂；纺织纤维墙纸不宜在水中浸泡，裱糊前宜用湿布清洁背面；带背胶的墙纸裱糊前应在水中浸泡数分钟；金属墙纸裱糊前应浸水 1 ～ 2min，阴干 5 ～ 8min 后在其背面刷胶；玻璃纤维基材墙纸、无纺墙布无须进行浸润，裱糊前应在基层表面涂胶，墙布背面不涂胶；

（4）墙纸、墙布粘贴后不得有气泡、空鼓、翘边、裂缝、皱褶，边角、接缝处要用粘接强度较高的胶粘剂粘牢、压实。

几种常见墙体基层上墙纸、墙布的裱糊做法见图 3–41。

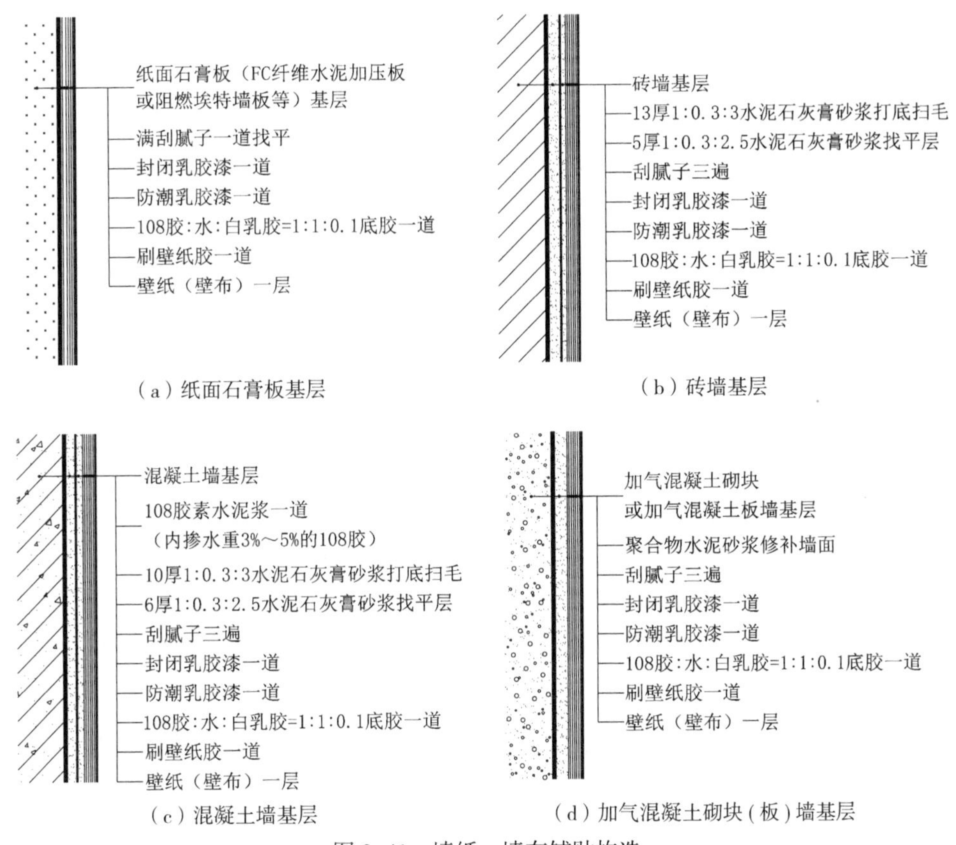

图 3-41　墙纸、墙布铺贴构造

3.5　墙体节能与防水

3.5.1　墙体保温

为了满足人们对于室内环境热舒适性的要求，建筑外围护构件需要采取保温与隔热措施，阻止热量传递，而保温构造还要防止在墙体内表面及墙身内部产生凝结水。

1. 建筑设计注意事项

（1）规划设计宜考虑将建筑物布置在避风、向阳地段，并尽量争取主要房间有较多日照。

（2）建筑物外表面积与其围合的体积之比（即体形系数）应尽可能地小，建筑体形宜规整紧凑，避免过多的凹凸变化。

（3）室温要求相近的房间宜集中布置。

（4）严寒地区和寒冷地区的建筑不应设开敞式楼梯间和开敞式外廊，严寒地区建筑出入口应设门斗或热风幕等避风设施，寒冷地区建筑出入口宜设门斗或热风幕等避风设施。

（5）控制立面开窗面积，以符合节能标准中所在地区的窗墙面积比规定。

（6）热桥部分应进行表面结露验算，并做适当的保温处理，确保热桥内表面温度高于房间空气露点温度。

2. 材料与构造

增加外墙厚度虽然可以延缓传热过程，达到保温目的，但这种方法增加构件自重，占用建筑面积，非常不经济。所以现在常用的方法是在符合强度要求的外墙结构基层构件上直接复合或者附加热工性能良好的材料，还可以采用多种材料的组合，形成能够同时解决保温和承重双重问题的构造系统。

用于墙体的保温材料主要包括板块材料、纤维材料、整体材料等类型。板块材料又分为有机保温板、无机保温板和复合板。常见的模塑聚苯板（EPS）、挤塑聚苯板（XPS）和硬泡聚氨酯板（PU）均属于有机保温板，无机保温板常见的有岩棉、发泡陶瓷保温板、泡沫玻璃保温板、泡沫混凝土保温板、无机轻集料保温板等，而复合板是指将保温层与面板合为一体的工厂预制产品。纤维材料常见的有岩棉、玻璃棉制品、矿渣棉制品等。整体材料现场作业量较大，有现浇泡沫混凝土、喷涂硬泡聚氨酯以及保温浆料等。目前在严寒及寒冷地区，保温浆料除了用于蒸压加气混凝土墙体的内保温以外（因为二者密度等级、强度、导热系数及蒸汽渗透阻基本相同），其他情况下已基本不再使用。

不同的保温材料具有不同的性质，适用部位也有差别，它们与墙体及其他部件的位置关系也是构造设计中必须考虑的问题。

3. 外墙保温形式

建筑外墙部位的保温形式，主要有外墙外保温、外墙内保温、外墙夹心保温及自保温等形式（图 3–42）。至于选择何种保温形式，应该根据建筑的类别、结构形式、所处气候分区、供暖形式、全寿命周期的经济分析以及安全评估等因素综合确定。

（1）外保温

保温材料放在低温一侧，能充分发挥保温材料的作用，保护建筑主体结构，还可以避免热桥的出现，以及减少保温材料内部产生水蒸气凝结的可能性。

外墙的饰面层应选用防水透气性材料或作透气性构造处理，浆体材料保温层设计厚度不得大于 50mm；外保温系统应进行耐候性试验。

（2）内保温

内保温对饰面、保温材料的防水、耐候性要求不高。施工不需搭脚手架，但对既有建筑进行节能改造时会影响正常使用。对于间歇采暖的建筑，外墙内保温比外保温更节能。

外墙应选用蒸汽渗透阻较小的材料，或设有排湿构造，且外饰面涂料应具有防水透气性；墙体保温材料应选用非污染、不燃、难燃且燃后不产生有害气体的材料；保温材料应做防护面层，用来悬挂重物的挂件其预埋件应固定于基层墙体内；内表面温度低于室内空气露点温度的热桥部位应采取保温措施。

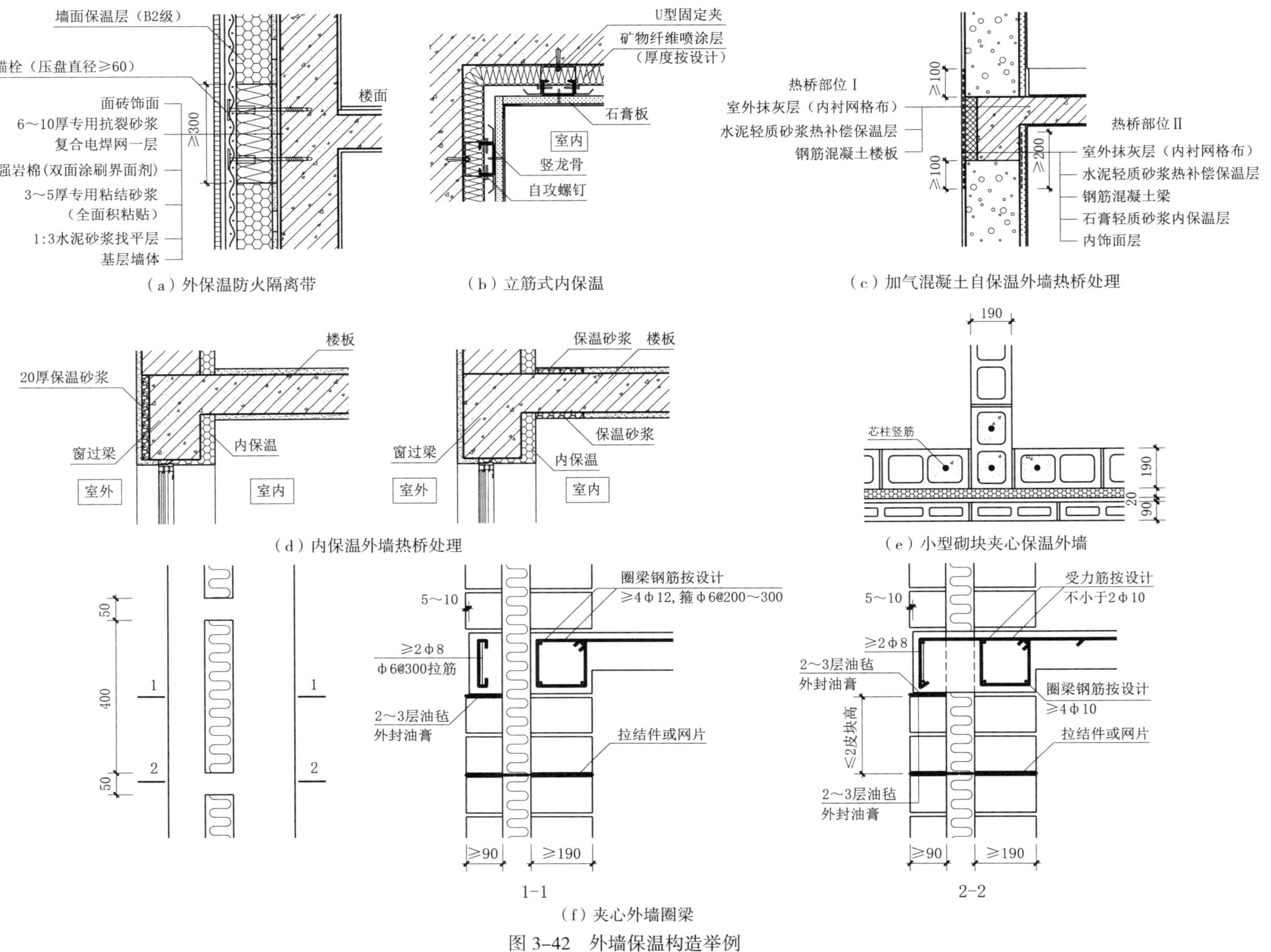

（a）外保温防火隔离带

（b）立筋式内保温

（c）加气混凝土自保温外墙热桥处理

（d）内保温外墙热桥处理

（e）小型砌块夹心保温外墙

（f）夹心外墙圈梁

图 3-42　外墙保温构造举例

（3）夹心保温

设置双层砌体墙或多道墙板，将保温材料放置在砌体墙或墙板的夹层中，保温材料外侧的那部分墙体一般称为外叶墙，内侧的称为内叶墙。也有不放入保温材料的，利用封闭夹层空间形成静止的空气间层，在里面设置具有较强反射功能的铝箔等，起到阻挡热量外流的作用。

墙体所用保温材料应为低吸水率材料，外叶墙及饰面应具有防水透气性；严寒地区和寒冷地区，保温层与外叶墙间应设置空气间层，其间距宜为 20mm，并应在楼层处采取排湿措施；多层及高层建筑的夹心墙，其外叶墙应由每层楼板托挑，外露托挑构件应采取外保温措施。

（4）自保温

墙体设计应满足结构功能的要求；外墙饰面应采用防水透气性材料；应对梁、柱等热桥部位进行保温处理。

4. 避免结露

在冬季，建筑室内温、湿度通常高于室外环境，外围护结构受到室内热湿作用，热量和水蒸气经围护结构流向室外。在此过程中，如果温度达到了露点温度，水蒸气含量达到饱和，多余的水蒸气就会从空气中析出，成为凝结水，这一现象称作结露。

结露发生在围护结构的内表面时，会使室内饰面装修材料遭到破坏，且有碍室内卫生，在某些情况下还将直接影响生产和房间使用。而结露发生在围护结构内部时，保温材料会因受潮导致保温性能显著降低，还可能使材料发生霉变。针对这种状况，特别是采用松散多孔保温材料组成多层复合构造时，常在外墙保温层靠高温一侧（即蒸汽渗入的一侧），专门设置一道隔蒸汽层。隔蒸汽材料一般可采用沥青、卷材、隔汽涂料及铝箔等防潮、防水材料。

此外，对于保温层外侧有密实保护层或保温层的蒸汽渗透系数较小的多层外墙，在内侧结构层的蒸汽渗透系数较大时，由于水蒸气无法穿透围护结构，内部可能出现湿累积问题，故还应进行屋顶、外墙的内部冷凝验算。

3.5.2 墙体防热

在我国夏热冬暖和夏热冬冷地区建筑设计必须满足夏季防热要求，寒冷 B 区建筑设计宜考虑夏季防热要求。

从外墙防热角度出发，建筑设计需要注意：

（1）建筑朝向宜采用南北向或接近南北向，建筑平面、立面和门窗布置应有利于自然通风，避免主要房间受东、西向日晒。

（2）朝南房间可利用阳台、凹廊、外廊等达到遮阳目的，东、西朝向房间可适当采用固定或活动式遮阳设施。

（3）墙体外表面宜采用浅色饰面材料，并可采用通风墙、干挂通风幕墙等。

（4）外墙设置封闭空气间层时，可在空气间层平行墙面的两个表面涂刷热反射涂料、贴热反射膜或铝箔，如采用单面热反射隔热措施，隔热层应设置在空气温度较高一侧。

（5）复合墙体构造中墙体外侧宜采用轻质材料，内侧宜采用重质材料；西向墙体可采用高蓄热材料与低热传导材料组合的复合墙体构造。

（6）合理运用墙面垂直绿化及淋水被动蒸发等技术手段。

3.5.3　墙体防水

雨雪水如果进入墙体，将对墙体产生侵蚀作用，而如果进入室内还可能影响建筑使用。它们还会降低保温材料的热工性能。

《建筑外墙防水工程技术规程》JGJ/T 235—2011 规定有下列情况之一的建筑外墙，宜进行墙面整体防水：

（1）年降水量大于等于 800mm 地区的高层建筑外墙；

（2）年降水量大于等于 600mm 且基本风压大于等于 0.50kN/m^2 地区的外墙；

（3）年降水量大于等于 400mm 且基本风压大于等于 0.40kN/m^2 地区有外保温的外墙；

（4）年降水量大于等于 500mm 且基本风压大于等于 0.35kN/m^2 地区有外保温的外墙；

（5）年降水量大于等于 600mm 且基本风压大于等于 0.30kN/m^2 地区有外保温的外墙。

另外，年降水量大于等于 400mm 地区的其他建筑外墙应采用节点构造防水措施，即在外墙门窗洞口、雨篷、阳台、变形缝、伸出外墙管道、女儿墙压顶、外墙预埋件、预制构件等部位做局部防水设防。防水层位置及材料见表 3-13。

表 3-13　外墙整体防水层设置

外墙体系	饰面材料	防水层位置	防水材料
无外保温外墙	涂料	找平层和涂料面层之间	宜采用聚合物水泥防水砂浆或普通防水砂浆
	块材	找平层和块材粘结层之间	宜采用聚合物水泥防水砂浆或普通防水砂浆
	幕墙	找平层和幕墙饰面之间	宜采用聚合物水泥防水砂浆、普通防水砂浆、聚合物水泥防水涂料、聚合物乳液防水涂料或聚氨酯防水涂料
外保温外墙	涂料或块材	保温层和墙体基层之间	可采用聚合物水泥防水砂浆或普通防水砂浆
	幕墙	找平层和幕墙饰面之间	宜采用聚合物水泥防水砂浆、普通防水砂浆、聚合物水泥防水涂料、聚合物乳液防水涂料或聚氨酯防水涂料；当外墙保温层选用矿物棉保温材料时，防水层宜采用防水透气膜

外墙防水层应设置在迎水面，不同结构材料的交接处应采用每边不少于150mm宽的耐碱玻璃纤维网布或热镀锌电焊网作抗裂增强处理。

建筑外墙防水应具有抗冻融、耐高低温、承受风荷载等性能，防水材料及配套材料应满足安全及环保的要求。

为防止雨雪水对墙体的破坏，还应注意外墙水平凹凸装饰线（如挑檐、窗楣、窗台等）应采用实心砌块或实心砖砌筑，外墙窗台、雨篷、阳台、挑檐、压顶和突出腰线等构件上面应做泛水，下面应做滴水线或凹槽，外墙勒脚部位应在室外地面以上、室内地面以下设防潮层。

墙体防水还需要综合考虑地下水、生活用水等因素，屋面上部砌体、厨房卫生间砌体与楼板交接处不宜用空心砖砌筑；墙身采用加气混凝土砌块、石膏砌块等轻质材料时，墙体基础、女儿墙及厨房卫生间墙底部应采用强度等级不小于MU10的普通实心砖砌筑，实心砖墙应高出楼（地）面不小于180mm。

本章引用的规范性文件

《多层砖房钢筋混凝土构造柱抗震节点详图》03G363

《轻钢龙骨石膏板隔墙、吊顶》07CJ03—1

《窗井、设备吊装口、排水沟、集水坑图集》07J306

《隔断 隔断墙（一）》07SJ504—1

《全国民用建筑工程设计技术措施—结构（砌体结构）》2009JSCS-2-4

《全国民用建筑工程设计技术措施—给水排水》2007JSCS-S

《全国民用建筑工程设计技术措施—建筑产品选用技术（建筑·装修）》2009JSCS-CP1

《内隔墙—轻质条板（一）》10J113—1

《外墙外保温建筑构造》10J121

《外墙内保温建筑构造》11J122

《砌体填充墙结构构造》12G614—1

《室外工程》12J003

《内装修—墙面装修》13J502—1

《烧结页岩砖、砌块墙体建筑构造》14J105

《砖墙建筑、结构构造》15J101 15G612

《吊顶和轻隔断》15ZJ521

《混凝土砖建筑技术规范》CECS 257：2009

《自承重砌体墙技术规程》CECS 281：2010

《蒸压加气混凝土砌块砌体结构技术规范》CECS 289：2011

《非烧结块材砌体专用砂浆技术规程》CECS 311：2012
《建筑装饰室内石材工程技术规程》CECS 422：2015
《轻钢骨架轻混凝土隔墙技术规程》CECS 452：2016
《蒸压灰砂砖》GB 11945—1999
《蒸压加气混凝土砌块》GB 11968—2006
《烧结多孔砖和多孔砌块》GB 13544—2011
《承重混凝土多孔砖》GB 25779—2010
《烧结保温砖和保温砌块》GB 26538—2011
《蒸压粉煤灰多孔砖规范》GB 26541—2011
《砌体结构设计规范》GB 50003—2011
《建筑抗震设计规范》GB 50011—2010（2016 年版）
《建筑地面设计规范》GB 50037—2013
《民用建筑热工设计规范》GB 50176—2016
《砌体结构工程施工质量验收规范》GB 50203—2011
《建筑装饰装修工程质量验收标准》GB 50210—2018
《住宅装饰装修工程施工规范》GB 50327—2001
《民用建筑设计统一标准》GB 50352—2019
《墙体材料应用统一技术规范》GB 50574—2010
《砌体结构加固设计规范》GB 50702—2011
《砌体结构工程施工规范》GB 50924—2014
《烧结空心砖和空心砌块》GB/T 13545—2014
《天然石材术语》GB/T 13890—2008
《轻集料混凝土小型空心砌块》GB/T 15229—2011
《墙体材料术语》GB/T 18968—2019
《混凝土实心砖》GB/T 21144—2007
《预拌砂浆》GB/T 25181—2010
《陶粒发泡混凝土砌块》GB/T 36534—2018
《工程结构设计基本术语标准》GB/T 50083—2014
《烧结普通砖》GB/T 5101—2017
《普通混凝土小型砌块》GB/T 8239—2014
《泡沫混凝土砌块》JC/T 1062—2007
《格构式自保温混凝土砌块》JC/T 2360—2016
《建筑碎料小型空心砌块》JC/T 2369—2016
《石膏砌块》JC/T 698—2010

《植物纤维工业灰渣混凝土砌块》JG/T 327—2011
《自保温混凝土复合砌块》JG/T 407—2013
《陶粒加气混凝土砌块》JG/T 504—2016
《外墙饰面砖工程施工及验收规程》JGJ 126—2015
《外墙外保温工程技术规程》JGJ 144—2004
《混凝土小型空心砌块建筑技术规程》JGJ/T 14—2011
《建筑轻质条板隔墙技术规程》JGJ/T 157—2014
《蒸压加气混凝土建筑应用技术规程》JGJ/T 17—2008
《抹灰砂浆技术规程》JGJ/T 220—2010
《建筑外墙防水工程技术规程》JGJ/T 235—2011
《外墙内保温工程技术规程》JGJ/T 261—2011
《建筑涂饰工程施工及验收规程》JGJ/T 29—2015
《自保温混凝土复合砌块墙体应用技术规程》JGJ/T 323—2014
《普通建筑砂浆技术导则》RISN—TG008—2010
《榫卯空心砌块建筑技术规程》T/CECS 477—2017

第 4 章　楼地层

楼板、地坪作为建筑物中的水平构件，需要承受人及家具、设备施加的使用荷载。楼板将其上的使用荷载连同自重一起传递到墙、梁、柱、基础，最后传递到地基，地坪上的荷载则不经过其他构件，直接传递到下部土壤。同时楼板、地坪又兼有围护和分隔建筑空间的作用，必须具有一定的隔声、防火、防水、防潮等性能。本章还将介绍阳台、雨篷的基本构造。

4.1　楼板层的设计要求与组成

4.1.1　楼板层的设计要求

楼板层又称楼盖。为了承受各种荷载，分隔上下空间，解决各种设备管线的布置与安装等问题，楼板层设计必须满足以下要求：

楼板层必须具有足够的强度和刚度。足够的强度保证楼板层能够具有足以承受使用荷载和自重的承载力，足够的刚度是指楼板的变形应在允许范围内，通常容许挠度控制在构件跨度的 1/300 ～ 1/200。

为避免上下楼层之间的相互干扰，楼板层应具备一定的隔绝空气传声和固体传声的能力。首先，需要保证楼板密实，避免出现裂缝、孔洞；其次，可以铺设地毯等弹性面层，或通过增设隔声层加强隔声效果。

楼板层必须具有一定的防火能力，满足建筑防火规范对材料燃烧性能与耐火极限的要求，保证使用者人身及财产的安全。

在卫生间、浴室、实验室等用水较多的房间，楼板层必须具有防潮、防水能力，防止水的渗漏影响建筑物的正常使用。

楼板层还需要综合考虑各种设备管线的布置。随着数字化、网络化和智能化设备、设施的不断发展和普及，越来越多的管线将借助楼板层来敷设。

4.1.2　楼板层的组成

为了适应使用功能要求，楼板层通常需要包含面层、结构层、顶棚层几个部分，有特殊要求时还会增加附加层（图 4–1）。

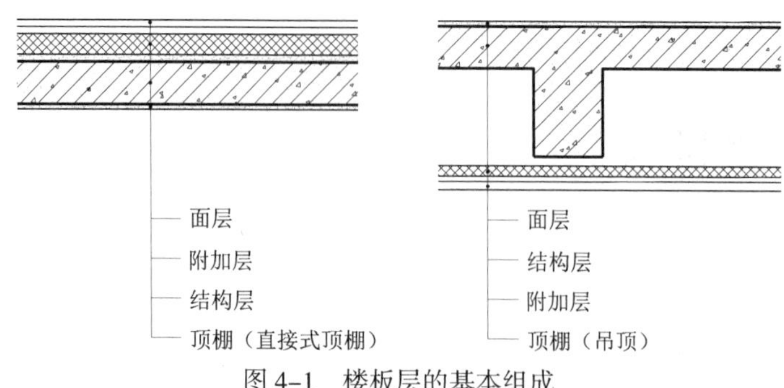

图 4-1　楼板层的基本组成

1. 楼板面层

又称楼面或地面，起到保护楼板层和室内装饰作用。

2. 楼板结构层

包括楼板和梁。其主要功能是承受楼板层上的全部静荷载与活荷载，并将这些荷载传递给墙或柱；同时它还对墙体起水平支撑作用，帮助墙体抵抗和传递由风或地震等带来的水平力，以增强建筑物的整体刚度。

3. 楼板顶棚层

楼板层的下表面部分，起到装修作用，并且可以保护楼板、安装灯具、暗藏各种设备管线。

4. 附加层

一般设置在面层和结构层之间，或结构层和顶棚层之间，是针对楼板层的防潮、防水、保温、隔热、隔声、敷设管线等需要而增设的功能层。

4.2　楼板层构造

根据所用材料不同，楼板可分为木楼板、钢筋混凝土楼板和压型钢板组合楼板等几种类型。木楼板具有构造简单、自重轻、保温性好等优点，但其耐火性和耐久性较差，使用受到限制。钢筋混凝土楼板强度高，耐火性、耐久性、可塑性均较好，是目前工业和民用建筑中最常见的楼板类型。压型钢板组合楼板以压型钢板为底模，上面浇筑混凝土，它强度高、自重相对较轻、施工速度快，适用于钢结构的大空间、高层建筑及大跨度建筑。

下面以钢筋混凝土楼板和压型钢板组合楼板为主介绍常见的楼板构造。

4.2.1　现浇整体式钢筋混凝土楼板

钢筋混凝土楼板包括现浇整体式、预制装配式和装配整体式三种。通过在施工现场安装模板、绑扎钢筋和浇灌混凝土等施工程序整体浇筑成型的楼板，就是现浇整体式楼板。

现浇整体式楼板整体刚度大，利于抗震，故多、高层建筑的混凝土楼板、屋盖宜优先选择现浇式。它还能够适应房间及构件形状不规则以及管道穿过楼板的情况。但现浇施工属于湿作业，工序繁多，模板材料消耗量大，而且混凝土需要养护，施工工期较长。

1. 混凝土楼板基本规定

由两对边支承的板是单向板，荷载只沿一个向度传递。而对于四边支承的板，《混凝土结构设计规范》GB 50010—2010（2015 年版）有下列规定：

（1）若长边与短边长度之比不小于 3.0，宜按沿短边方向受力的单向板计算，并应沿长边方向布置构造钢筋；

（2）若长边与短边长度之比大于 2.0、小于 3.0，宜按双向板计算。或仍按沿短边方向受力的单向板计算，但沿长边方向适当增大配筋量；

（3）若长边与短边长度之比不大于 2.0，应视为双向板（图 4–2）。

现浇混凝土楼板的厚度与跨度之比，单向板不小于 1/30，双向板不小于 1/40；无梁楼板有柱帽时不小于 1/35，无柱帽时不小于 1/30。现浇预应力楼板的板厚可按跨度

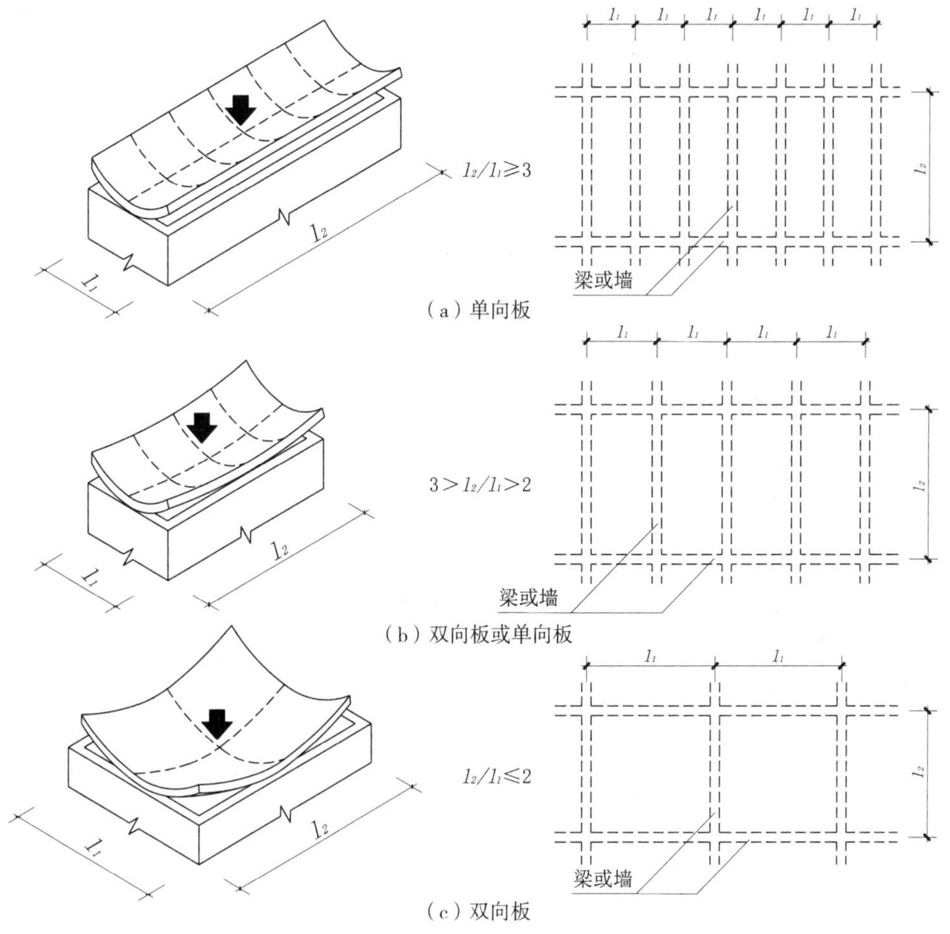

图 4–2　单向板和双向板

的 1/50 ～ 1/45 采用，且一般不小于 150mm。当板的荷载、跨度较大时板厚宜适当加大。一般情况下，普通实心单向板的跨度宜小于 3m，双向板短边的跨度宜小于 4m。各类楼板最小厚度见表 4–1。

表 4–1　现浇钢筋混凝土板最小厚度

<table>
<tr><th colspan="2">板的类别</th><th>最小厚度（mm）</th></tr>
<tr><td rowspan="4">单向板</td><td>屋面板</td><td>60</td></tr>
<tr><td>民用建筑楼板</td><td>60</td></tr>
<tr><td>工业建筑楼板</td><td>70</td></tr>
<tr><td>行车道下的楼板</td><td>80</td></tr>
<tr><td colspan="2">双向板</td><td>80</td></tr>
<tr><td rowspan="2">密肋楼盖</td><td>面板</td><td>50</td></tr>
<tr><td>肋高</td><td>250</td></tr>
<tr><td rowspan="2">悬臂板（根部）</td><td>悬臂长度不大于 500mm</td><td>60</td></tr>
<tr><td>悬臂长度 1200mm</td><td>100</td></tr>
<tr><td colspan="2">无梁楼板</td><td>150</td></tr>
<tr><td colspan="2">现浇空心楼盖</td><td>200</td></tr>
</table>

注：本表选自《混凝土结构设计规范》GB 50010—2010（2015 年版）。

现浇整体式钢筋混凝土楼板包括板式楼板、梁板式楼板、无梁楼板、空心楼板等几种类型。

2. 板式楼板

现浇板式楼板适用于跨度较小的房间，楼板直接将其上面的荷载传给周围的承重墙体，板内不设梁，因而板底平整。住宅、旅馆以及其他建筑的走道、厨房、卫生间等，都经常使用板式楼板。

3. 梁板式楼板

当房间跨度较大时，为了使结构形式更合理，可以在楼板下设梁，以便增加楼板支点，减小楼板跨度，这样的楼板就是梁板式楼板。荷载先由楼板传给梁，再由梁传给墙、柱等垂直承重构件。结构梁还可以形成主次梁的关系，即次梁将楼面荷载传递到主梁上，主梁再将来自次梁和楼板的荷载传递到垂直承重构件上（图 4–3）。

采用现浇整体式工艺施工的梁板式楼板，梁板是一体的，通常梁的顶面与楼板顶面持平，梁的高度连同板的厚度一并计算在内。有特殊要求的情况下，例如需要获得更大净高时，可以将结构梁做成反梁形式，即将梁整体上翻，梁底与板底取平，或根据需要将梁部分上翻。

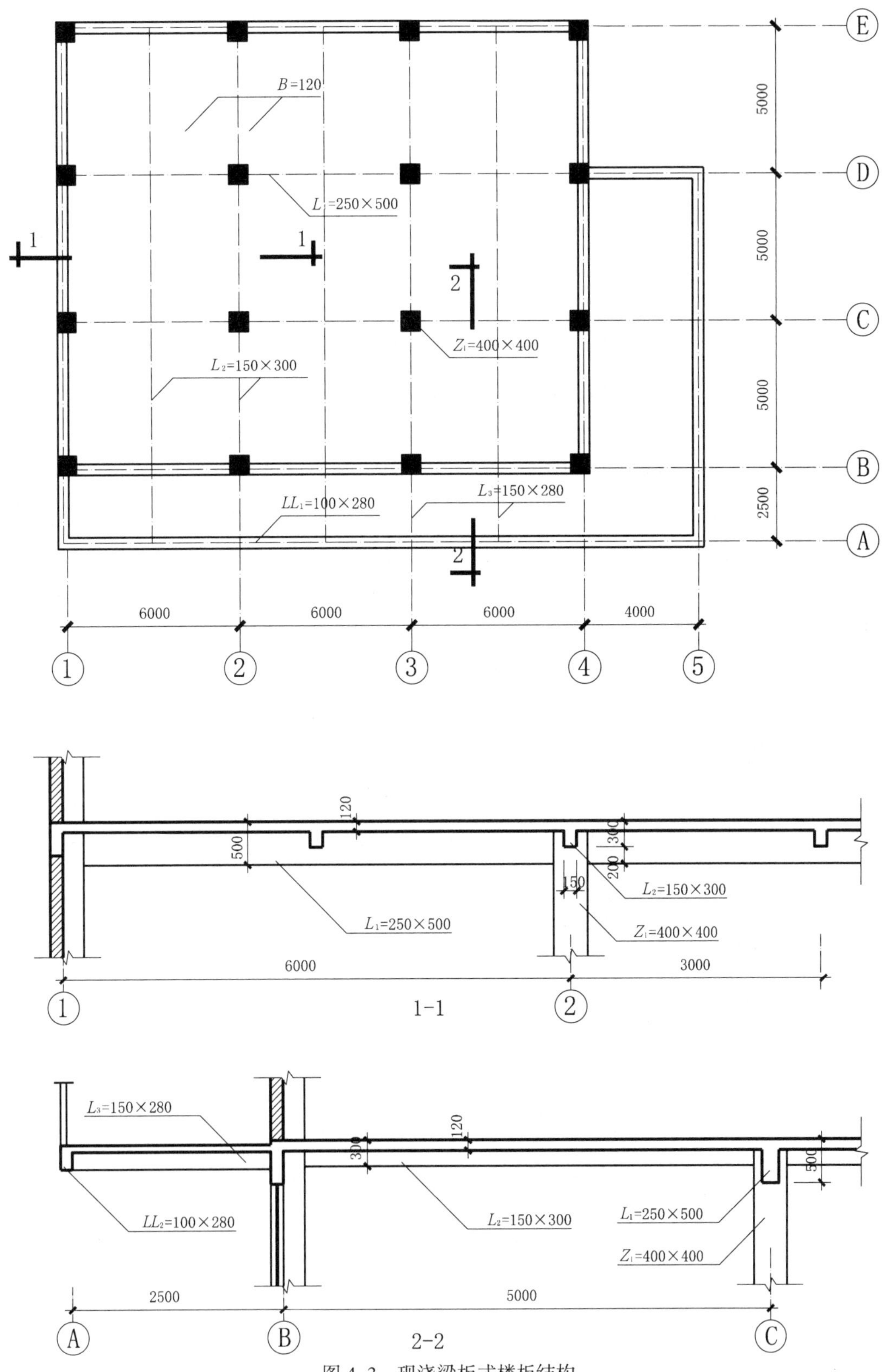

图 4-3　现浇梁板式楼板结构

主梁经济跨度一般为 5 ～ 8m，梁的截面高度为跨度的 1/12 ～ 1/8；次梁跨度即主梁间距，经济尺寸一般为 4 ～ 7m，梁的截面高度为跨度的 1/16 ～ 1/12；无论主、次梁，截面宽高比一般为 1/3 ～ 1/2，且不宜小于 1/4。另外，考虑到抗震安全，梁的净跨与截面高度之比不宜小于 4。

梁板式楼板结构布置应当注意：

（1）柱、梁、墙等承重构件有规律地布置，尽量做到上下对齐，以利于结构传力；

（2）楼板上不宜布置较大的集中荷载，当楼板上有自重较大的隔墙和设备时，板下应布置梁；

（3）梁不宜支承在门窗洞口上；

（4）一般主梁沿房间短跨方向布置，次梁则与主梁方向垂直。

现浇密肋楼板也是梁板式楼板的一种，分为单向密肋楼板和双向密肋楼板两种形式（图 4-4）。单向密肋楼板板底某一个方向的次梁平行排列成为肋状，肋宽 80 ～ 120mm，密肋梁截面高度为跨度的 1/22 ～ 1/18，板净跨一般为 500 ～ 700mm；双向密肋楼板主、次梁高度相同，区格的长边与短边之比不宜大于 1.5，肋梁宽度不宜小于 100mm，一般双向正交，肋梁截面高度可比单向肋梁适当减少。密肋楼板一般用来称呼指肋梁间距小于 1.5m 的楼板，间距较大且板底有双向肋梁者则可称为井字形楼板，它的肋梁间距为 3m 左右，肋梁截面高度可取跨度的 1/20 ～ 1/15，适用于房间形状为方形或接近方形且跨度较大时，肋梁常与墙体正交布置或 45° 斜交布置。

4. 无梁楼板

楼板不设梁，直接支承在柱子上，这就是无梁楼板。当荷载较大时，为了避免现浇钢筋混凝土楼板在柱边冲切破坏，柱子的顶部需要局部放大，形成柱帽（图 4-5）。

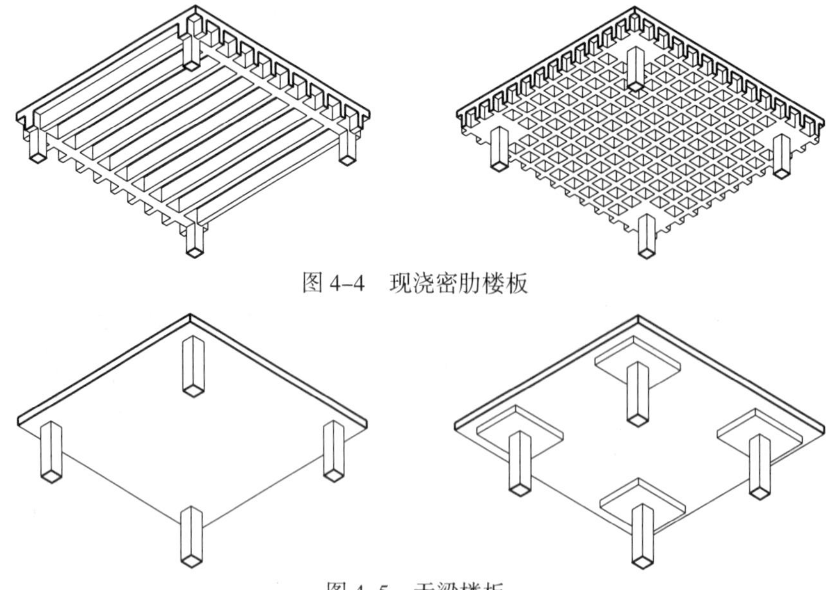

图 4-4　现浇密肋楼板

图 4-5　无梁楼板

无梁楼板的板厚不应小于 150mm，柱网通常布置成正方形或长短边之比不超过 1.5 的矩形，无柱帽时经济板跨不宜大于 7m，有柱帽时不宜大于 9m，采用预应力时不宜大于 12m。

无梁楼板与梁板式楼板比较，顶棚平整，室内净空大，采光、通风好，施工较简单，但楼板较厚，用钢量较大。无梁楼板组成的板柱体系适用于多层非抗震设计的建筑，常用于商场、展览馆、仓库、车库等空间较大的建筑物。

5. 现浇混凝土空心楼板

现浇混凝土空心楼板是在浇筑混凝土之前，先根据设计要求布置薄壁内模或轻质实心内模而形成的一种现浇板（图 4–6）。与传统的现浇实心楼板相比，现浇空心楼板在减轻结构自重、减小地震作用、隔声、节能等方面具有较明显的优势，目前已经应用于一些大跨度商场、办公楼、展览馆、多层车库等公共建筑及大开间民用住宅中。

现浇空心板的空心率，视各种情况而有所不同，一般在 25% ～ 50% 之间。空心楼板为单向板时，填充体长向应沿板受力方向布置；空心楼板为双向板时，填充体宜为平面对称形状，并宜按双向对称布置；当内模为填充管、填充棒等平面不对称形状时，其长向宜沿受力较大的方向布置。现浇空心楼板边部填充体与竖向支承构件间应设置实心区，以满足板的受剪承载力要求。

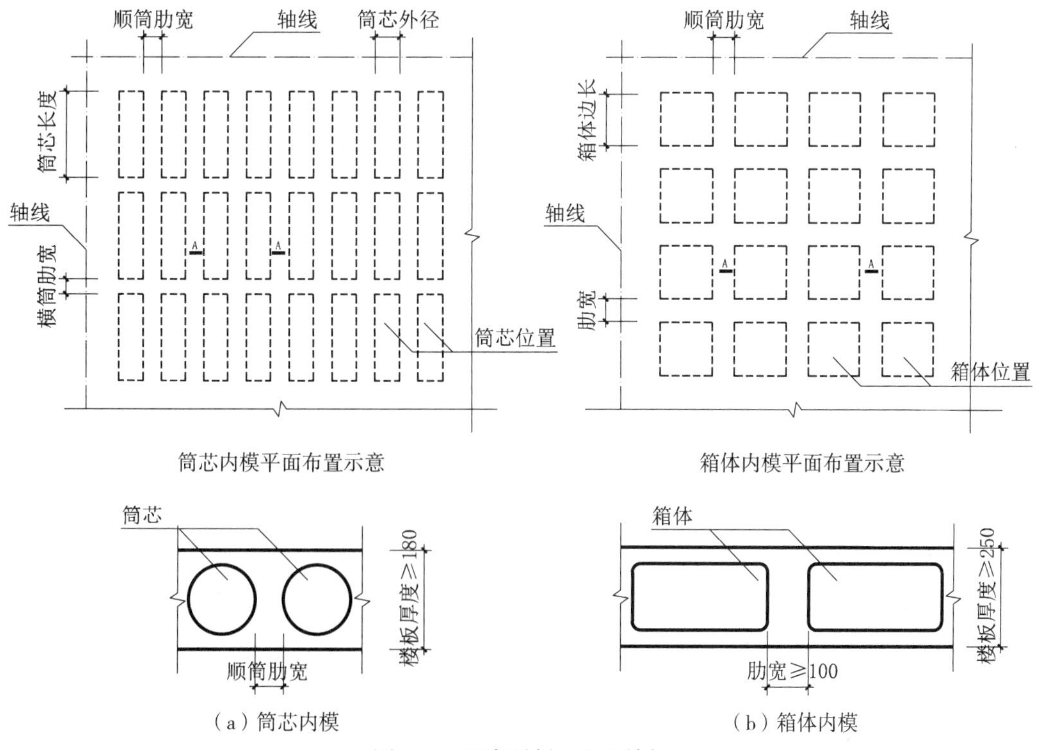

（a）筒芯内模　　（b）箱体内模

图 4–6　现浇混凝土空心楼板

按照规范规定，现浇钢筋混凝土楼板的搁置长度在砖砌体上时不小于 120mm，且不小于板的厚度，在混凝土构件上时不小于 80mm，在钢构件上时不小于 50mm。

4.2.2 预制装配式钢筋混凝土楼板

预制装配式钢筋混凝土楼板是将构件在专业工厂或施工现场预先制作成型，然后运送到指定位置按顺序进行安装。这种方法可以大大减少现场湿作业，缩短施工周期，减轻工人劳动强度，节约模板，并且有利于建筑产品的质量控制以及提高建筑工业化水平。不过预制装配式楼板比现浇式楼板整体性差，施工时对起重设备也有一定要求。

预制装配式钢筋混凝土楼板的规格应符合建筑模数制的规定。

预制装配式钢筋混凝土楼板分为预应力和非预应力两种。预应力板在制作时通过张拉受力钢筋建立预应力，由于充分发挥了钢筋的受拉性能，所以可以节省钢材和混凝土量，楼板厚度减薄，自重轻、造价低，适合大跨度楼板。

1. 实心平板

预制实心平板板面上下平整，制作简单，适用于小跨度空间，也可用作管道盖板或搁板，板跨一般在 2.4m 以内，板厚 60 ～ 100mm。预制实心平板的两端简支在墙或梁上（图 4–7）。

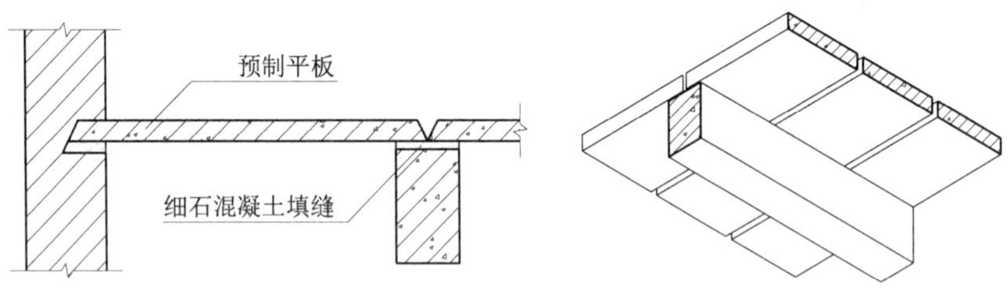

图 4–7　实心平板

表 4–2　实心平板截面尺寸（mm）

板跨	1500		1800		2100		2400	
板长	1480		1780		2080		2380	
板宽	490	590	490	590	490	590	490	590
板厚	60		70		90		100	

注：本表选自《建筑结构构造资料集》（第 2 版）下册。

2. 预制空心板

预制钢筋混凝土空心楼板是为了减轻平板的自重在板腹做纵向抽孔形成的一种楼板，抽孔截面常见为圆形、椭圆形和矩形等。矩形孔空心板最经济但抽孔困难，圆形孔空心板制作较为方便，所以被广泛使用（图 4–8）。

预制空心板按照规格分为中型板和大型板两种，中型预制空心板板跨在 3.9m 以

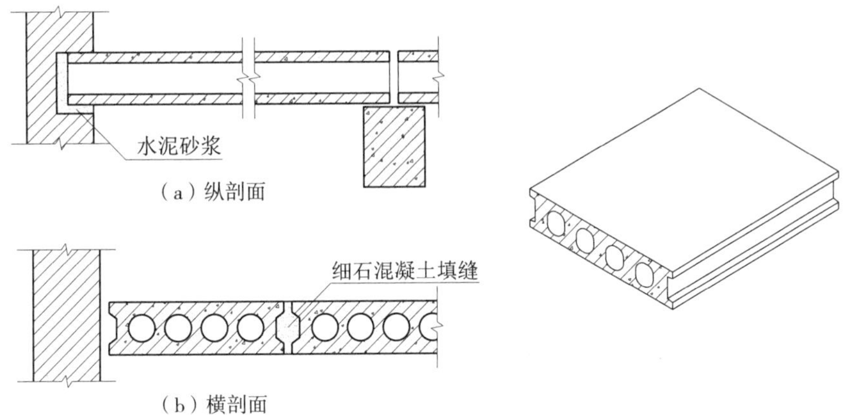

图 4–8　预制空心板

下，预应力板可做到 4.5m，板宽 500 ～ 1500mm（常用 600 ～ 1200mm），板厚常为 120mm、180mm。大型预制空心板适用板跨 4000 ～ 7500mm，板宽 1200 ～ 1500mm，也有为半间房间或整间房间的深度，板厚常为 180mm、240mm。

空心板安装时，支承端的两端孔内常以专制的填块、碎砖块或砂浆块填塞，深度不宜少于 60mm，以避免灌缝时混凝土进入孔内及保证在支座处不致被压坏。

3. 槽形板

预制钢筋混凝土槽形板是一种梁板合一的构件，即在实心板的两侧设有纵肋，形成小梁。预制槽形板的板跨为 3 ～ 7.2m，板宽 600 ～ 1200mm，板厚 30 ～ 35mm，肋高 150 ～ 300mm。为提高槽形板的刚度和便于搁置，常将板的两端以端肋封闭。当板跨达 6m 时，应在板的中间每隔 500 ～ 700mm 增设横肋一道。

预制槽形楼板可以肋向下正置，也可肋向上倒置（图 4–9）。正置时由于板底不平，往往需要做吊顶处理。倒置则可保证板底平整，但仍需做面板，还可以结合楼板的隔声或保温需要，在槽内填充轻质多孔材料。

4. 预制钢筋混凝土楼板细部构造

（1）楼板结构布置

预制楼板的结构布置有墙支承和梁支承两种形式。前者一般适用于宿舍、住宅等小开间横墙承重的混合结构建筑中，由于横墙间距较密，预制楼板可以直接搁置在墙上。在楼板与墙体之间以及楼板与楼板之间，需要用拉结钢筋予以锚固（图 4–10）。

开间、跨度较大的房间经常需要设置结构梁，这时预制楼板就要两端或一端搁置在梁上。梁的断面形式有多种，除了常规的矩形梁以外，还有 T 形梁、花篮梁、十字梁等。采用花篮梁和十字梁可以在梁高不变的情况下有效提高室内净空高度，此时预制楼板的长度与轴线尺寸不一致，应减去梁的宽度（图 4–11）。

预制钢筋混凝土楼板与其支承构件间宜设置厚度不大于 30mm 坐浆或垫片。楼板

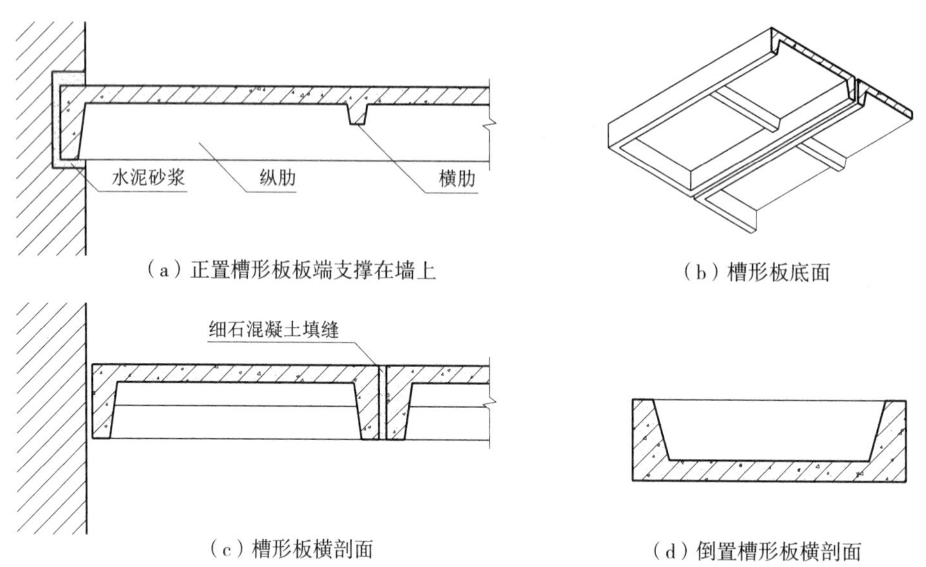

（a）正置槽形板板端支撑在墙上

（b）槽形板底面

（c）槽形板横剖面

（d）倒置槽形板横剖面

图 4-9　预制钢筋混凝土槽形板

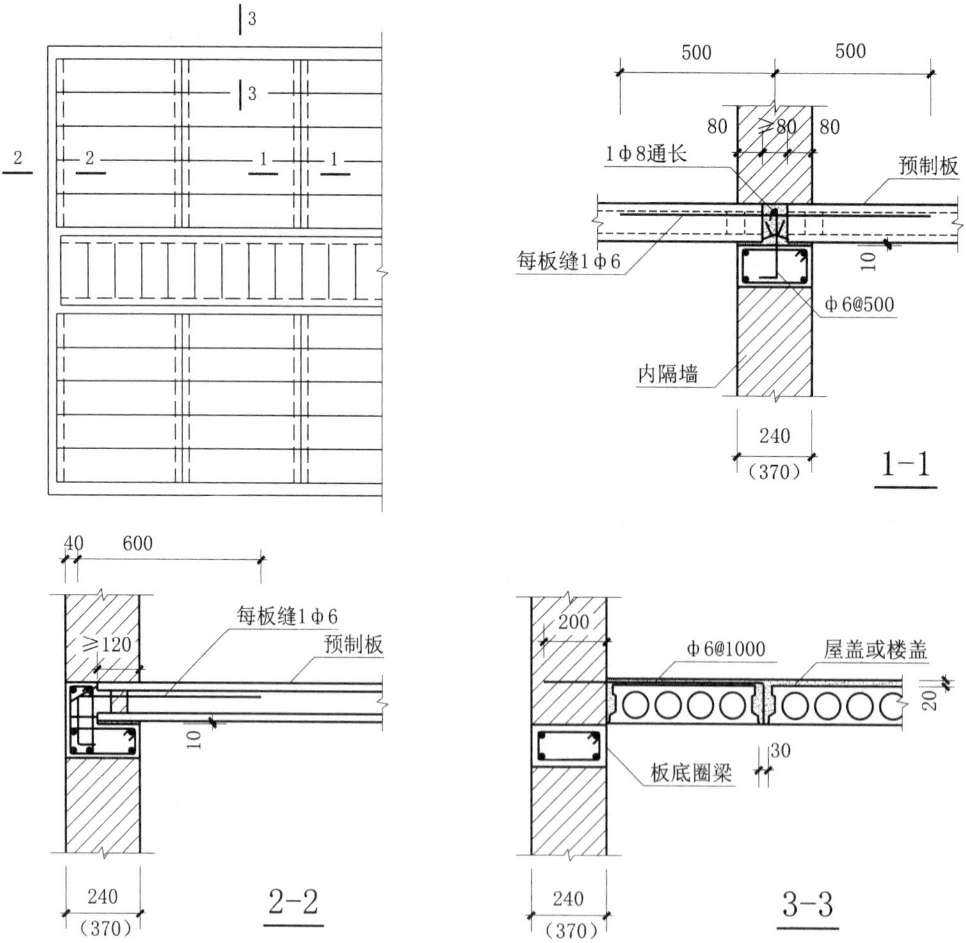

图 4-10　预制楼板在墙上的搁置

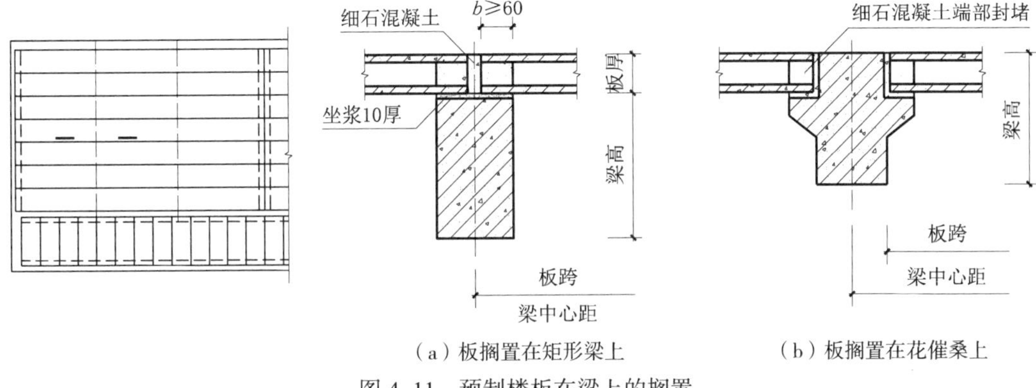

（a）板搁置在矩形梁上　　（b）板搁置在花催桑上

图 4-11　预制楼板在梁上的搁置

在圈梁等混凝土构件上的支承长度不应小于 80mm，且板端伸出的钢筋应与圈梁可靠连接，同时浇筑；当圈梁未设在楼板的同一标高时，楼板在外墙上的支承长度不应小于 120mm，在内墙上的支承长度不应小于 100mm；楼板在钢构件上的支承长度不应小于 50mm。与现浇板对接时，预制板端钢筋应伸入现浇板中进行连接，然后再浇筑现浇板。

（2）排板与板缝处理

在进行结构排板布置时，应尽量减少预制楼板的规格类型，一般优先选用宽板作为主要板型，将窄板作调剂用。板的长边不得伸入墙内，即避免出现三边支承的情况，因为预制楼板是按支座在两个端头的单向受力状态设计的，三边支承会造成纵向裂缝。

预制楼板板侧拼缝宽度在 40mm 以下时，可直接用细石混凝土浇筑；大于 40mm 时，应在板缝中加钢筋，再浇筑细石混凝土；板缝大于 60mm 时可以将缝留在靠墙处，以挑砖的方式填补；板缝大于 120mm 时可以采用局部现浇板带处理，并利用此处解决立管穿越问题（图 4-12）；而板缝如果超过 200mm，应当考虑重新选择预制楼板规格或采用调缝板。

（3）隔墙与楼板的关系

常见的骨架隔墙等轻质隔墙可以直接设置在楼板上，但自重较大的隔墙应避免将荷载集中在一块板上，通常需要设梁支承隔墙，或者将隔墙支承在槽形板纵肋上，如

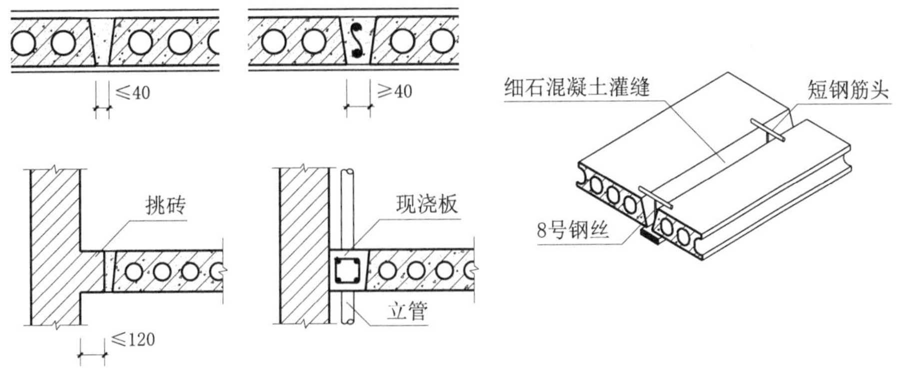

图 4-12　板缝处理

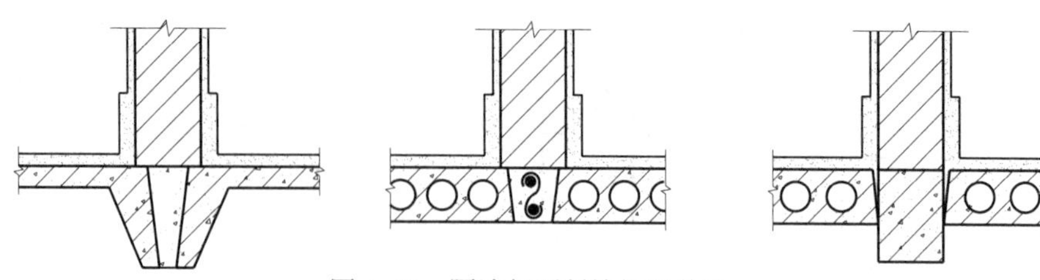

图 4–13　隔墙与预制楼板的关系

果条件符合还可以在板缝内配钢筋解决荷载问题（图 4–13）。

4.2.3　装配整体式钢筋混凝土楼板

装配整体式钢筋混凝土楼板是将楼板中的部分构件在工厂预制，然后到现场安装，再浇筑其余部分，使整个楼层最终连接成整体。它兼有现浇与预制的双重优越性，其整体刚度优于预制装配式，而预制构件安装后可以承受施工荷载，完成后又不需拆除，所以在施工速度方面明显优于现浇整体式，且节省模板。

装配整体式钢筋混凝土楼板主要有预制薄板叠合楼板和叠合密肋楼板两种类型。

1. 预制薄板叠合楼板

使用工厂预制钢筋混凝土薄板的叠合楼板是一种常见的装配整体式楼板形式。预制薄板既是永久性模板，也是整个楼板结构的组成部分。预制薄板分为普通钢筋混凝土薄板和预应力钢筋混凝土薄板两种。预应力钢筋混凝土薄板内配有刻痕高强钢丝作为预应力钢筋，同时也作为楼板跨中受力筋。在预制薄板上的现浇混凝土叠合层中只需配置少量支座负弯矩钢筋，楼板层中的电源等设备管线一般也会按设计需要埋设在现浇层内。预制薄板板底平整，作为顶棚可直接喷刷涂料或粘贴壁纸。

叠合楼板板跨一般 4 ～ 6m，最大可达 9m，一般 5.4m 以内较经济。预应力薄板厚 50 ～ 70mm，板宽 1.1 ～ 1.8m。为便于面层现浇并与薄板有较好的连接，预制薄板上表面一般加工成排列有序直径 50mm、深 20mm、间距 150mm 的圆形凹槽，或在薄板面上露出较规则的三角形状的结合钢筋。现浇叠合层混凝土强度等级不宜低于 C25，厚度不应小于 40mm，一般为 70 ～ 120mm。叠合楼板的总厚度取决于楼板的跨度，一般为 150 ～ 250mm，以大于或等于薄板厚度的两倍为宜（图 4–14）。

目前还有一种预制带肋底板混凝土叠合楼板，使用带有矩形或 T 形板肋的预制薄板。由于板肋的存在，预制薄板与现浇混凝土接触面增大，而且板肋间隔一定距离预留孔洞，利用它做横向穿孔钢筋形成抗剪销栓，能保证叠合层混凝土与预制带肋底板形成整体协调受力。这种叠合楼板的总厚度不宜小于 110mm 且不应小于 90mm，叠合层混凝土的厚度不宜小于 80mm 且不应小于 60mm。

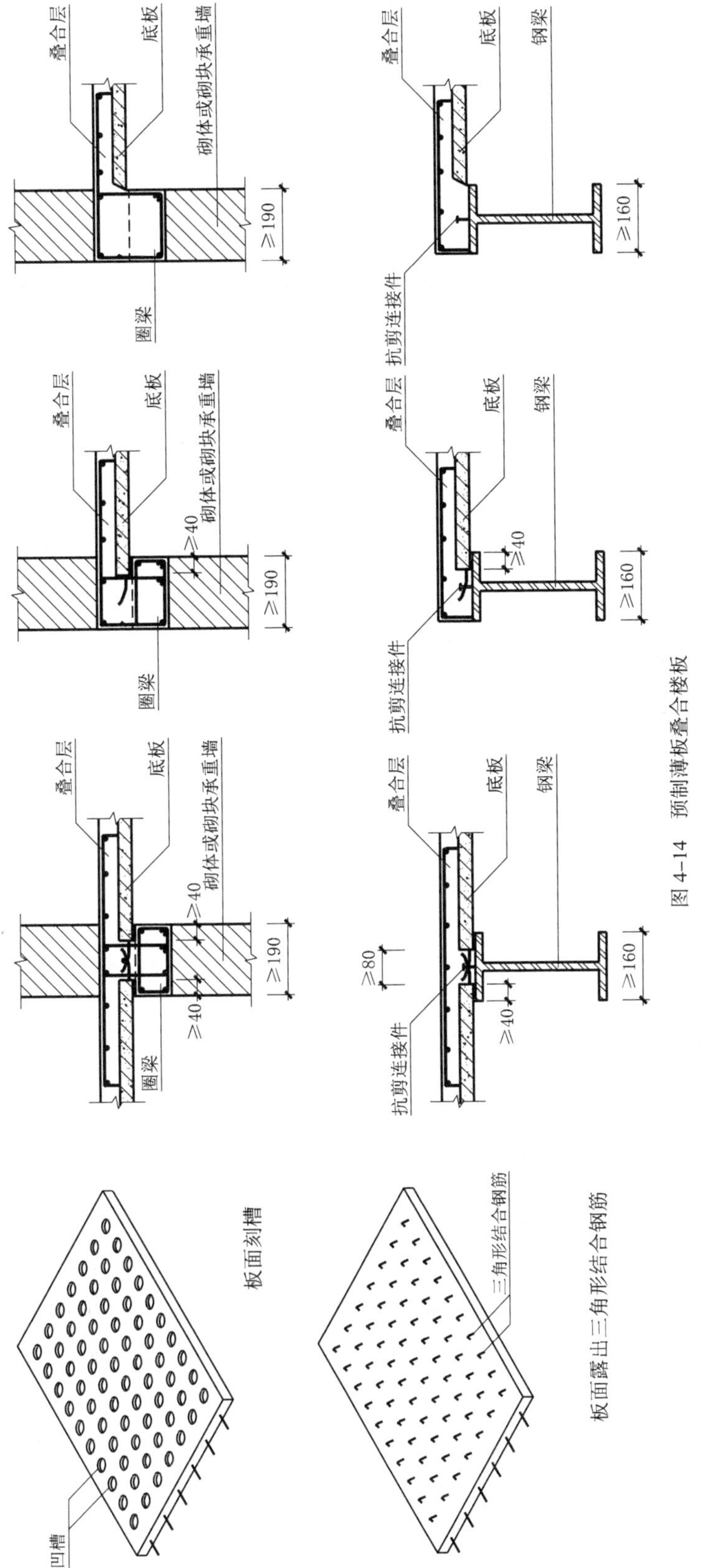

图 4-14　预制薄板叠合楼板

2. 密肋复合楼板

即现浇混凝土叠合密肋楼板。由于板肋的间距及截面尺寸都比较小，楼板结构所占空间也就比较节省。肋间可填充成本低、易加工且具有一定强度的轻质材料，如可发性聚苯乙烯泡沫塑料（EPS）等，施工中作为芯模承受现浇混凝土和施工工具的压力，混凝土浇筑完毕后形成楼板整体构件。密肋复合楼板板底平整，隔声、保温、隔热效果也比较好。

板肋中心距一般为 600 ～ 900mm，肋宽一般为 90 ～ 150mm，主肋高度不宜小于 120mm，次肋高度不宜小于 90mm，面板厚度不应小于 50mm（图 4–15）。

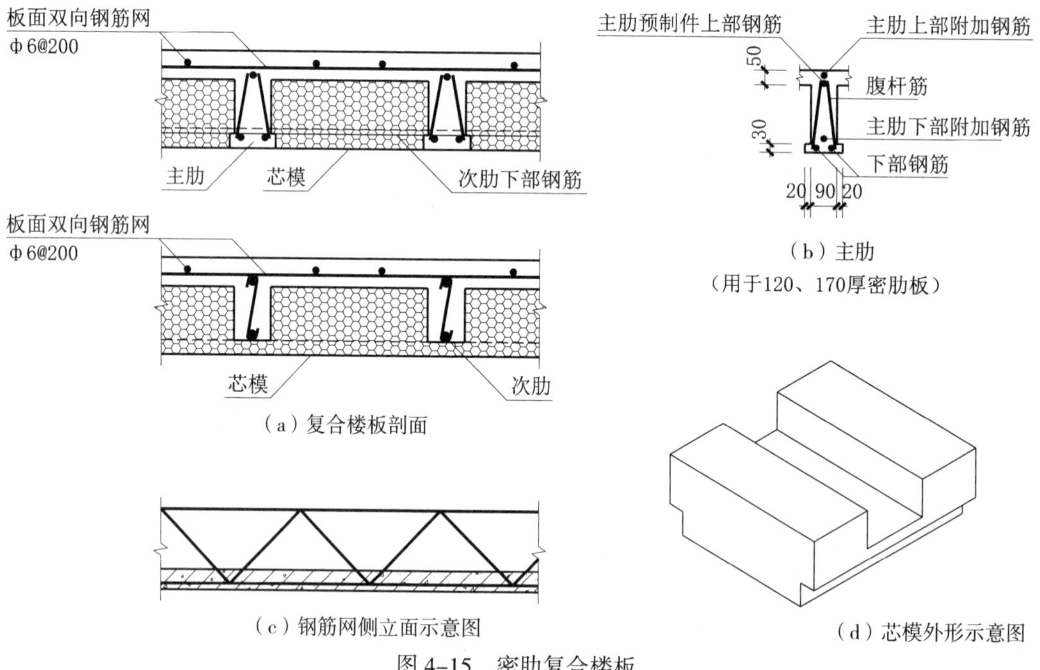

图 4–15　密肋复合楼板

4.2.4　压型钢板组合楼板

与装配整体式钢筋混凝土楼板类似，压型钢板组合楼板是在带有凹凸肋和槽纹的压型钢板上浇筑混凝土而形成的楼板，目前在钢结构建筑中使用较普遍。压型钢板有开口型压型钢板、缩口型压型钢板和闭口型压型钢板三种（图 4–16），表面镀锌，单块板宽度一般为 500 ～ 1000mm，波高一般为 35 ～ 75mm，厚度不小于 0.8mm。

压型钢板在施工过程中充当底模，简化了施工程序，加快了施工速度。压型钢板与混凝土之间可焊接附加钢筋或栓钉以传递叠合面之间的剪力，使用时两者共同受力，即上部混凝土承受剪应力和压应力，下部钢板承受拉应力。对于跨度不大的房间楼板可以不放受力钢筋，仅需配置部分构造钢筋即可，但对外露的压型钢板和其他钢构件需统一做防火和防腐处理。

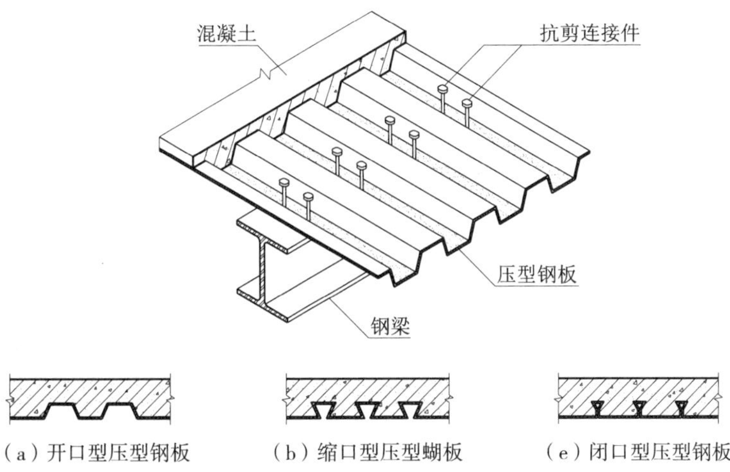

（a）开口型压型钢板　（b）缩口型压型蝴板　（e）闭口型压型钢板

图 4–16　压型钢板组合楼板

组合楼板的跨度为 1.5 ～ 4.0m，板肋以上混凝土厚度不应小于 50mm，混凝土强度等级不应低于 C25。压型钢板在钢梁、混凝土梁和混凝土剪力墙上的支承长度不应小于 50mm，在砌体上的支承长度不应小于 75mm，压型钢板与钢梁连接可采用剪力栓钉。

4.3　地坪层构造

建筑物底层室内地面与土壤相接触的部分称为地坪层，其基本构造包括面层、垫层和地基。底层室内地面标高宜高出室外地面 150mm 以上。

地基土壤应当均匀密实，若为淤泥、淤泥质土、冲填土及杂填土等软弱土层则应按相应规范标准进行技术处理。

垫层作为地坪层的基层主要起结构作用，普通民用建筑中地坪垫层均可采用强度等级不低于 C15 的混凝土，厚度不小于 80mm，当垫层兼作面层时，混凝土强度等级不应低于 C20。混凝土垫层适合作为现浇整体面层、以粘结剂结合的整体面层和以粘结剂或砂浆结合的块材面层之下的基层，有车辆通行、有防油渗要求以及有汞滴漏的地面均应采用混凝土垫层，在必要时还可配置钢筋。地坪主要荷载为大面积密集堆料、无基础的普通金属切削机床或无轨运输车辆等情况下，混凝土垫层厚度不得小于 100mm，并应参照相应规范加厚。

混凝土垫层应在纵向、横向设置缩缝。纵向缩缝应采用平头缝或企口缝，间距宜为 3 ～ 6m；横向缩缝宜采用假缝，间距宜为 6 ～ 12m（图 4–17）。

垫层还有其他种类，它们的材料、厚度要求各不相同。灰土垫层配合比宜为 3∶7 或 2∶8，厚度不应小于 100mm；砂垫层厚度不应小于 60mm；砂石垫层厚度不应小于 100mm；碎石（砖）垫层的厚度不应小于 100mm；三合土垫层中石灰、砂与碎料的配合比宜为 1∶2∶4，厚度不应小于 100mm，并应分层夯实；炉渣垫层中水泥与炉渣或水泥、石灰与炉渣的配合比宜为 1∶6 或 1∶1∶6，厚度不应小于 80mm。这些垫层也常被

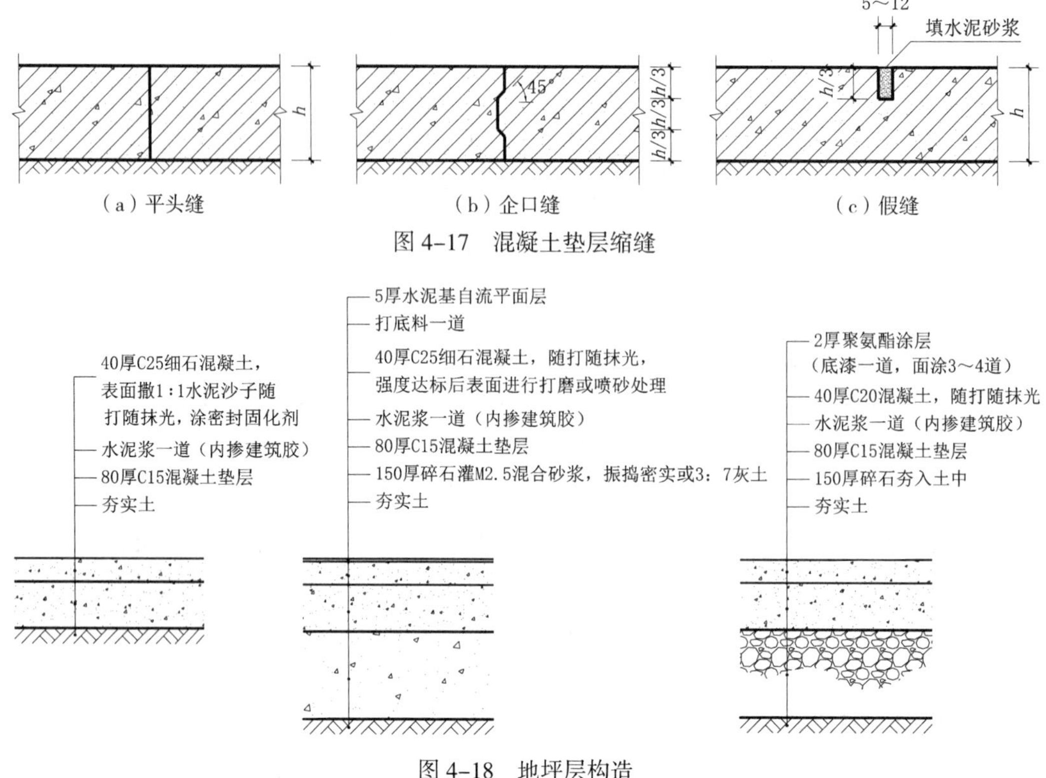

图 4-17　混凝土垫层缩缝

图 4-18　地坪层构造

铺设在混凝土垫层下面作为加强层（图 4-18）。

通常情况下地坪层以实铺地面居多。但为了避免地面出现结露返潮现象，有时底层主要功能房间也会采用架空地面，即将预制楼板架空铺设作为底层地面结构层，使地层以下的回填土同地层结构之间保持一定距离，再利用建筑的室内外高差，在接近地面的外墙上留出通风洞，这样底层地坪就不容易像实铺地面那样被土壤的潮气和温度直接影响（图 4-19）。

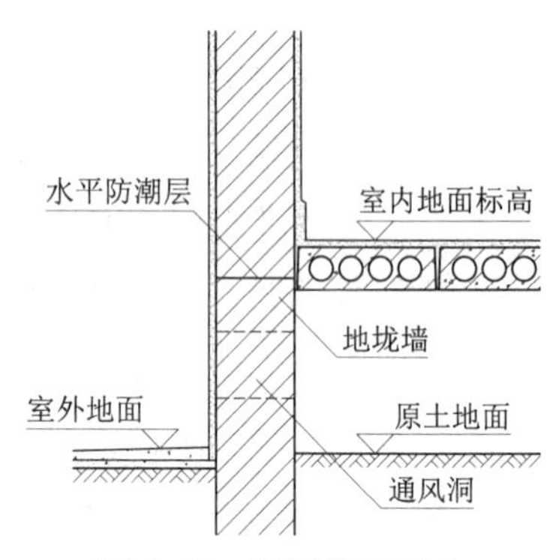

图 4-19　底层架空地面

相关规范规定，建筑物底层下部有管道通过的区域，不得做成架空地面，必须做实铺地面。

4.4　地面构造

在建筑物的使用中，楼板的面层和地坪的面层都是人们直接接触的部分，它们均属装修范畴，在使用要求和构造技术上是一致的，统称地面。当然，对于不同类型建筑、不同功能房间的地面，还应结合工程项目的具体情况进行设计。

4.4.1　地面设计要求及分类

地面是人们日常生活、工作、学习时必须接触的建筑界面，也是建筑物直接承受荷载、经常受到摩擦、清扫和冲洗的地方，因此，它必须满足一定的功能要求。

（1）强度要求

坚固耐久是对地面的基本要求，即需要在外力作用下不易磨损和损坏，表面保持平整、光洁，并易清洁和不起灰。

（2）保温要求

一般需要选用导热系数小、热阻大的材料作为地面面层材料，使之具有良好的保温性能，这样冬季行走不致感到寒冷；当采用低温热水或发热电缆地面辐射供暖系统时，热阻的大小将直接影响地面的散热，这时宜选用导热系数较大、热阻较大的材料作为面层。

（3）弹性要求

地面的面层材料应具有一定弹性，以便在行走时不致有过硬的感觉，还有利于消除楼板层的固体传声。

（4）经济要求

用于地面铺装的装修材料品种、规格很多，造价上差别也很大，设计时应选择经济合理的构造方案，以降低工程造价。

（5）特殊要求

对有水作用的房间，要求地面防滑、易清洁、防潮湿、不透水，地面标高应低于相邻房间，且需要一定的排水坡度，坡向地漏以利排水；对有火源的房间，要求地面材料防火、耐燃；对有酸、碱腐蚀的房间，则要求地面具有抗腐蚀能力。

为了满足使用或构造要求，在面层与楼板结构层或地坪垫层之间经常需要增加其他构造层次。例如为了使地面达到规范要求的平整度而增设找平层，为了使面层与下一层牢固结合而增设结合层，而在敷设暗管线、地热采暖或需要协调标高的地面，还可以用轻质材料铺设填充层（图 4–20），在需要防止地面上各种液体侵蚀或地下水、潮气渗透的房间则应该增设隔离层。其他常见的附加层次还有防水层、保温绝热层等。

按照材料和做法不同，地面主要分为整体地面、板块地面和木、竹地面三大类。

4.4.2　整体地面

整体地面种类多、使用广，按照材质构成又可分为水泥类、树脂类和卷材类三种。

1. 水泥类整体地面

水泥砂浆地面、混凝土地面、现制水磨石地面等都是常见的水泥类整体地面。

（1）水泥砂浆地面

水泥砂浆地面构造简单、坚固耐磨、防潮防水、造价低廉，是广为采用的经济型地面，需要进行二次装修的毛坯房就普遍使用水泥砂浆地面。不过它导热系数大，冬季在不采暖的建筑中容易让人感觉寒冷，此外它还存在吸水性差、易返潮、易起灰、不易清洁等问题。

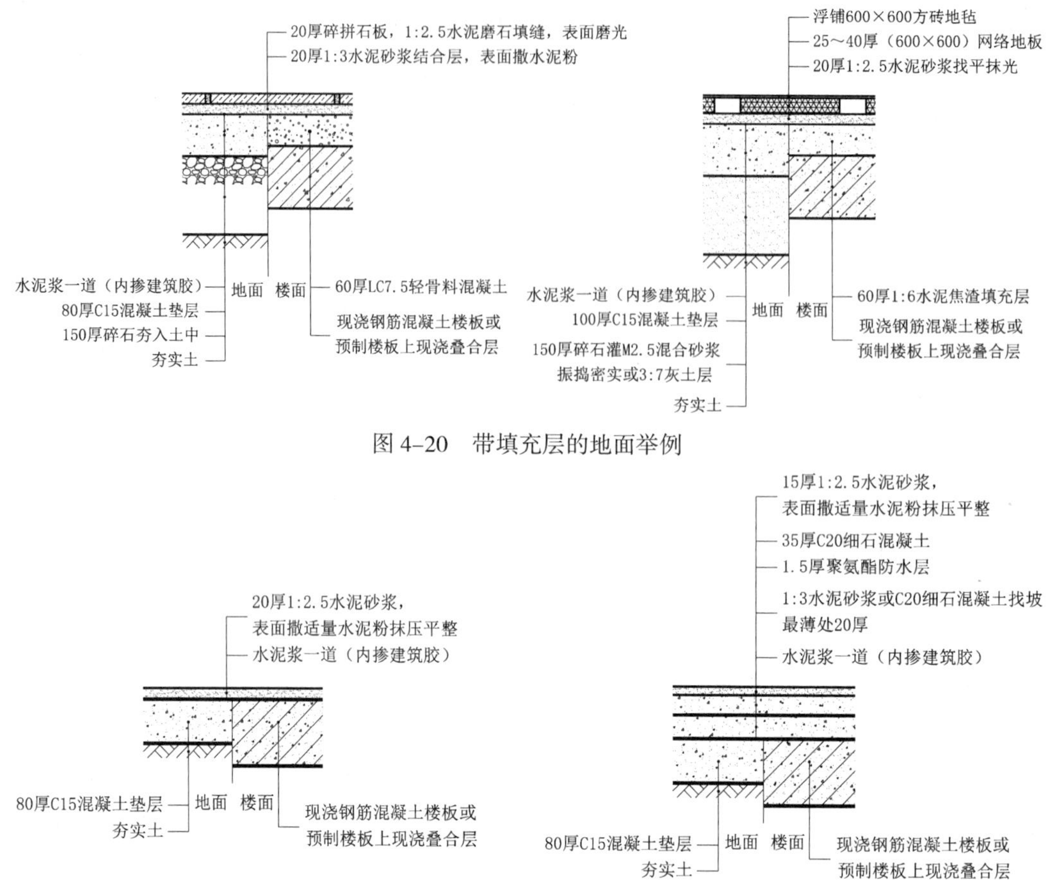

图 4–20　带填充层的地面举例

图 4–21　水泥砂浆地面

水泥砂浆地面中水泥应采用硅酸盐水泥或普通硅酸盐水泥，其强度等级不应小于 42.5 级。水泥砂浆的体积比应为 1∶2，强度等级不应小于 M15，面层厚度不应小于 20mm（图 4–21）。

（2）混凝土地面

与水泥砂浆地面相比，混凝土地面强度更高，整体性、耐磨性、抗裂性更好，而且同样具有施工简便、造价低廉的优点。细石混凝土地面是最为常见的混凝土地面。

混凝土地面中石子粗骨料最大粒径不应大于面层厚度的 2/3，细石混凝土面层采用的石子粒径不应大于 15mm；混凝土面层的强度等级不应小于 C20，地坪层中的混凝土垫层若同时兼作面层，其强度等级也不应小于 C20，厚度则不应小于 80mm；细石混凝土面层厚度不应小于 40mm。

混凝土地面施工时必须做好面层的抹平和压光工作，在混凝土初凝前，应完成面层抹平、揉搓均匀，待混凝土开始凝结即分遍抹压面层，压光时间应控制在终凝前完成。

（3）现制水磨石地面

现制水磨石面层是在基层上铺抹水泥石粒浆，待硬化后磨光而成，具有光洁平整、观感好、不易起灰、易清洁、耐磨、防水、防爆等优点，还可以根据设计要求做成各种颜色的图案。其缺点是导热系数大，容易返潮，施工时需要耗费大量人工。水磨石地面常用于公共建筑的大厅、走廊、楼梯及盥洗室的地面。

水磨石地面面层的厚度宜为 12 ～ 18mm，应采用水泥与石粒的拌和料铺设，结合层的水泥砂浆体积比宜为 1∶3，强度等级不应小于 M10。拌和料中的石粒应采用坚硬可磨的白云石、大理石等岩石加工而成，粒径宜为 6 ～ 15mm；白色或浅色的水磨石面层应采用白水泥，深色的水磨石面层宜采用强度等级不小于 42.5 级的硅酸盐水泥、普通硅酸盐水泥或矿渣硅酸盐水泥，所添加颜料应为耐光、耐碱的无机矿物质颜料，掺入量宜为水泥重量的 3% ～ 6% 或由试验确定。

面层一般还需要使用玻璃条、铜条或铝合金条进行分格，除了可以利用它们设计图案、增添美观以外，还通过分大面为小块，减少了面层产生裂缝的可能，而且一旦出现局部破损，维修作业可以在不影响整体的前提下进行。面层分格尺寸不宜大于 1m×1m，分格条用稠水泥浆粘结固定，地面铺抹时将抹好的石粒浆倒入分格框中，抹平压实到高出分格条 1 ～ 2mm 的厚度。经浇水养护再进行磨光，普通水磨石面层磨光不应少于 3 遍，高级水磨石面层的厚度和磨光遍数应由设计确定。最后经草酸水溶液洗净，然后打蜡抛光（图 4–22）。

（4）其他水泥类地面

水泥类整体地面还包括采用金属屑、纤维或石英砂等与水泥类胶凝材料拌合铺设或在水泥类基层上撒布铺设而成的硬化耐磨地面，以及表面细腻平整的普通水泥基自

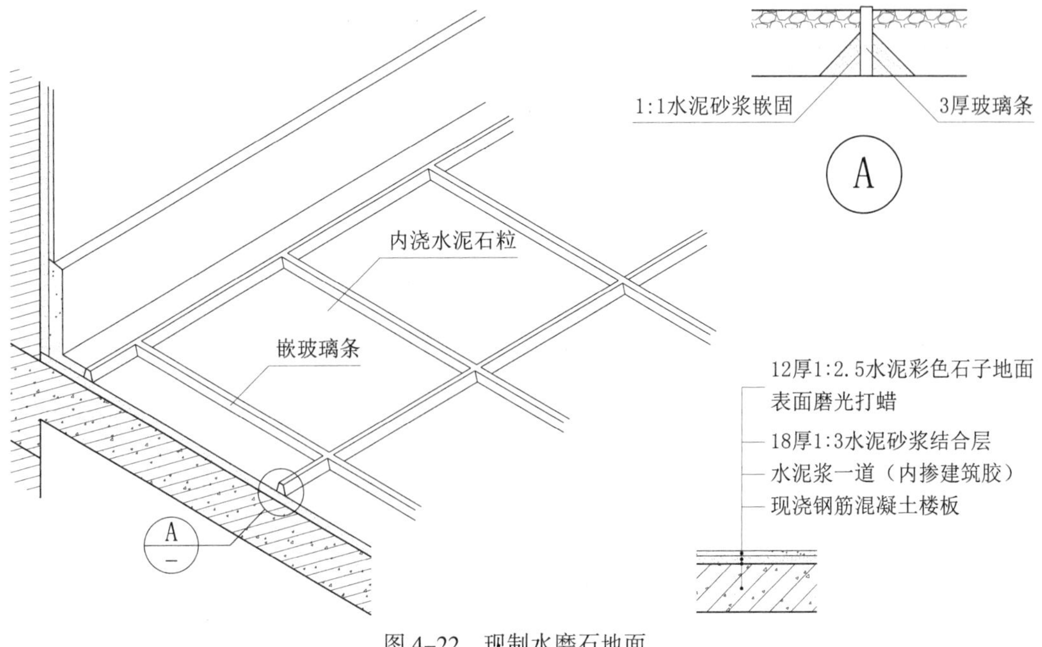

图 4–22　现制水磨石地面

流平地面、专用于钢楼板的高柔性水泥基自流平地面等做法（图 4–23）。自流平施工技术是将多种材料与水混合成液态物质，倾倒于地面，让它们顺势流动，自动找平，固化后形成光滑、平整、无缝的地面。水泥基自流平地面多用于电子厂、制药厂、超市、货运中心和停车场等。

2. 树脂类整体地面

造价适中，装修效果好，对基层的强度与平整度要求较高，多用于医院、实验室、制药、电子厂、精密仪器长以及食品厂等。面层常用材料有丙烯酸涂料、聚氨酯涂层、聚酯砂浆、聚氨酯自流平涂料、环氧树脂自流平涂料、环氧树脂自流平砂浆或干式环氧树脂砂浆等（图 4–24）。

3. 卷材类整体地面

使用广泛，装修效果好，对基层平整度要求较高。树脂类卷材和橡胶类卷材品种很多，厚度各不相同，一般使用专用胶粘贴（图 4–25）。

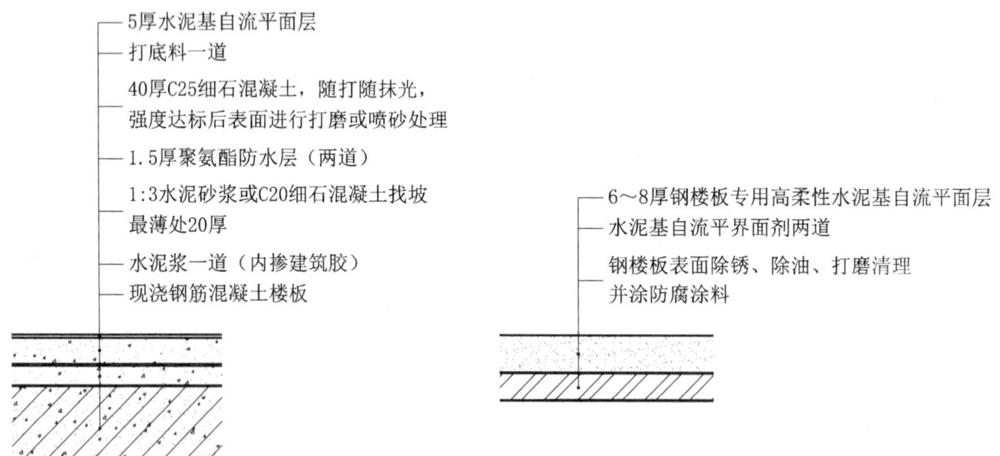

图 4–23　水泥基自流平地面

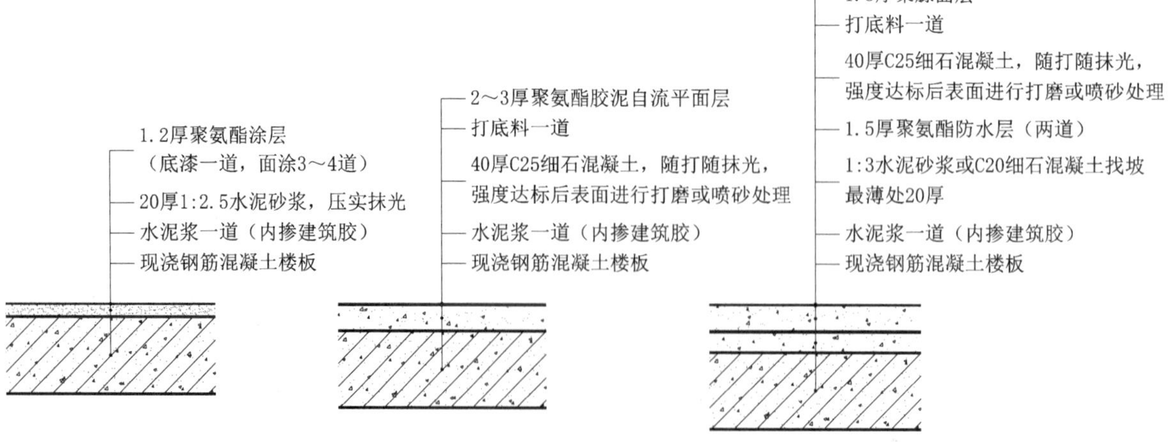

图 4–24　树脂类整体地面

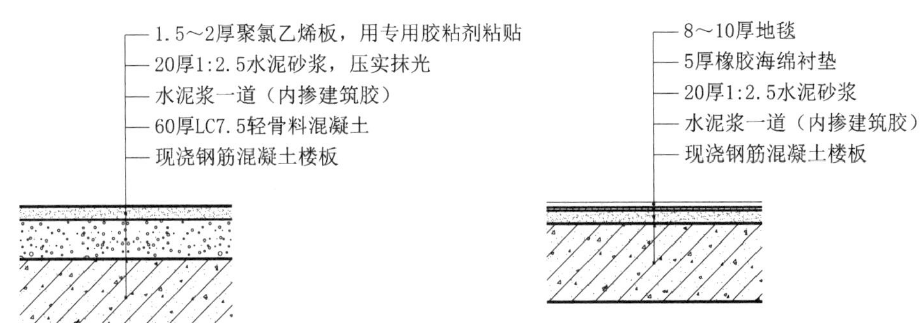

图 4–25　卷材类整体地面

4.4.3　板块地面

板块地面是将各种人造或天然的板材、块材通过胶结材料铺贴于基层之上而成，品种繁多，耐磨、耐久，装饰效果好，因而被广泛采用。常用的面层材料有水泥花砖、大理石板、花岗石板、预制水磨石板、陶瓷地砖、陶瓷锦砖、条石、块石、玻璃板等。结合层胶结材料一般采用干硬性水泥砂浆、聚合物水泥砂浆等，既起胶结作用又起找平作用，当采用胶泥、胶粘剂等材料时需先做找平层（表 4–3）。

表 4–3　各类地面结合层材料及厚度

面层材料	结合层材料	厚度（mm）
大理石、花岗石板	1 : 2 水泥砂浆 或 1 : 3 干硬性水泥砂浆	20 ～ 30
水泥花砖	1 : 2 水泥砂浆 或 1 : 3 干硬性水泥砂浆	20 ～ 30
陶瓷锦砖（马赛克）	1 : 1 水泥砂浆	5
陶瓷地砖（防滑地砖、釉面地砖）	1 : 2 水泥砂浆 或 1 : 3 干硬性水泥砂浆	10 ～ 30
块石	砂、炉渣	60
铸铁板、网纹钢板	1 : 2 水泥砂浆	45
	或砂、炉渣	60
花岗岩条（块）石	1 : 2 水泥砂浆	15 ～ 20
	或砂	60
耐酸瓷板（砖）	树脂胶泥	3 ～ 5
	或水玻璃砂浆	15 ～ 20
	或聚酯砂浆	10 ～ 20
	或聚合物水泥砂浆	10 ～ 20
耐酸花岗岩	沥青砂浆	20
	或树脂砂浆	10 ～ 20
	或聚合物水泥砂浆	10 ～ 20

续表

面层材料	结合层材料	厚度（mm）
耐磨混凝土（金属骨料）	刷水泥浆一道（掺建筑胶，下一层为不低于 C30 混凝土）	—
钢纤维混凝土	刷水泥浆一道（掺建筑胶，下一层为不低于 C30 混凝土）	—
防静电水磨石、防静电水泥砂浆	防静电水泥浆一道，1∶3 防静电水泥砂浆内配导静电接地网	—
防静电塑料板、防静电橡胶板	专用胶粘剂粘贴	—
玻璃板（用不锈钢压边收口）	专用胶粘剂粘结	—
	C30 细石混凝土表面抹平	40
	或木板表面刷防腐剂及木龙骨	20
木地板（实贴）	粘结剂、木板小钉	—
强化复合木地板	泡沫塑料衬垫	3 ～ 5
	毛板、细木工板、中密度板	15 ～ 18
聚氯酯涂层	1∶2 水泥砂浆	20
	或 C25 ～ C30 细石混凝土	40
环氧树脂自流平涂料	环氧稀胶泥一道 C25 ～ C30 细石混凝土	40
环氧树脂自流平砂浆聚酯砂浆	环氧稀胶泥一道 C25 ～ C30 细石混凝土	40 ～ 50
聚氯乙烯板（含石英塑料板、塑胶板）、橡胶板	专用胶粘剂粘贴	—
	1∶2 水泥砂浆	20
	或 C20 细石混凝土	30
聚氨酯橡胶复合面层、运动橡胶板面层	树酸胶泥自流平层	3
	C25 ～ C30 细石混凝土	40 ～ 50
地面辐射供暖面层	1∶3 水泥砂浆	20
	C20 细石混凝土内配钢丝网（中间配加热管）	60
网络板板面层	（1∶2）～（1∶3）水泥砂浆	20

注：本表选自《建筑地面设计规范》GB 50037—2013。

1. 地砖面层

常见有陶瓷地砖、缸砖、水泥花砖、陶瓷锦砖等，它们在水泥砂浆、沥青胶结材料或胶粘剂结合层上铺设而成（图 4–26）。这类铺装地面质地坚硬、耐磨、防水、耐腐蚀，一般厨房、卫生间、实验室、阳台、楼梯等部位以及室外地面都可使用，一些尺度大的地砖还常用于公共建筑的门厅、走廊等处。有时甚至选择同一种类的地砖，

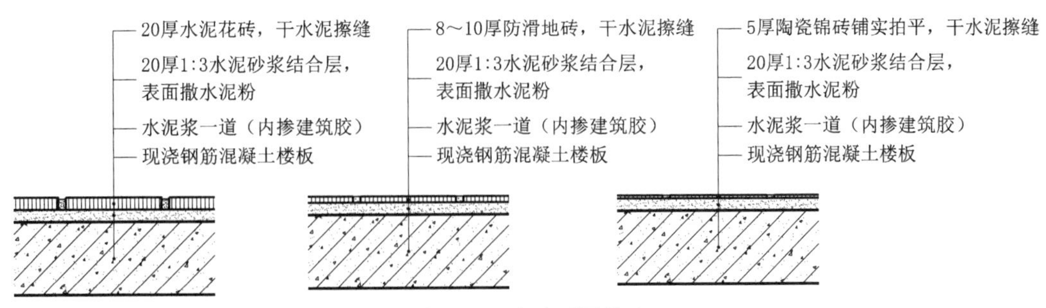

图 4–26　地砖面层做法

既铺地面，又贴墙面，浑然一体，别具一格。

陶瓷地砖以陶土或瓷土为原料，可分为有釉和无釉两种，其外观区别就是表面有光或亚光；缸砖是一种以陶土焙烧而成的无釉地砖，致密、坚硬；水泥花砖造价较低，荷重较大，坚实耐磨，产品常见有单色、二至三色、四至五色等种类；陶瓷锦砖即马赛克，工厂生产时为方便施工考虑，将小片马赛克拼贴在牛皮纸上，所以又称为纸皮砖。

对于陶瓷地砖、缸砖和水泥花砖地面的施工，需要时在铺贴前先浸水湿润，晾干待用。勾缝和压缝应采用同品种、同强度等级、同颜色的水泥，并做养护和保护。出现宽缝时要用 1 : 1 水泥砂浆勾平缝。

2. 石板面层

石板材料分为天然石材和人造石材两大类，具体品种可参见“3.4.5 钉挂类墙面”中的石材饰面板。

铺贴花岗石、大理石、人造大理石时，应先将基层浇水湿润，再刷素水泥浆一道，随刷随铺结合层砂浆。由于一般水泥砂浆在未干硬前难以支承石板重量从而保持表面平整，故结合层采用干硬性水泥砂浆，以手握成团不出浆为准（图 4–27）。

除非设计有特殊要求，通常规整铺设的石板，特别是表面作镜面处理的石板之间的缝隙宽度不应大于 1mm。

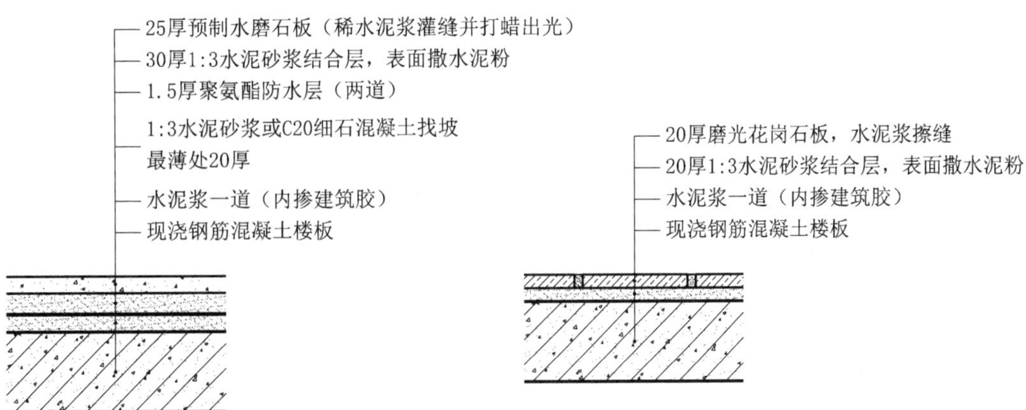

图 4–27　石板面层做法

4.4.4 木、竹地面

木、竹地面导热系数小，弹性良好，脚感舒适，且不起灰，易清洁，安装方便。面层主要包括实木地板、实木复合地板、浸渍纸层压木质地板、软木地板、竹地板几类，铺装包括龙骨铺装法、高架铺装法两种空铺做法，以及悬浮铺装法、胶粘直铺法两种实铺做法。

1. 面层种类

实木地板主要分长条、拼花两种面层，常选用松、杉等较软树材和水曲柳、柞木、枫木、柚木、榆木等硬质树材，它们具有天然纹理，弹性良好，不过易胀缩变形，并且需要注意防蛀。常见的有长条实木地板、拼花实木地板、实木集成地板等，长条实木地板厚度有 12mm、15mm、18mm、20mm 等规格，板缝多采用凹凸咬合的企口形式，固定时从凸榫处以 30° ～45° 斜向钉入；拼花实木地板由小块材按一定图案拼成方形，对生产工艺要求比较高；实木集成地板则由宽度相同的小块材指接再横拼而成。

实木复合地板由三至五层实木板相互垂直层压、胶合而成，厚度为 7 ～ 25mm，表层为硬木规格条板镶拼，板芯层为针叶林木板材，底层为旋切单板。它既保留了天然实木地板的优点，又节约了珍贵木材，并且分层胶合后木材的胀缩率降低，变形小，不开裂。常见的有企口型和锁扣免胶型复合木地板。

浸渍纸层压木质地板又称为强化复合木地板，由耐磨层、装饰层、芯层、防潮层胶合而成，安装以悬浮铺装法为主。其装饰层并非天然木材，而是木材花纹印刷纸，板芯层为高密度纤维板、中高密度纤维板或优质刨花板。这种地板硬度高，耐磨性好，变形小，不开裂，也无需打蜡保养。

软木地板以特定树种（如栓皮栎树）树皮为原料加工而成。它脚感舒适，弹性好，并且绝热、减震、吸声、耐磨。

竹地板、竹片竹条复合地板分别与实木地板、实木复合地板特征相仿，制作时严格选材，并需经过硫化、防腐、防蛀等处理程序。

以上各种木、竹地面面层及下部垫层地板与任何垂直的建筑物、构件、家具、设备管道之间均须预留 8 ～ 12mm 构造伸缩缝，以满足地板湿胀的需要。踢脚板下口与地板面层之间也应留不大于 1mm 间隙。

2. 空铺构造

空铺木、竹地面是将地板架设在龙骨（又称搁栅）之上的做法（图 4-28）。木龙骨宽度不宜小于 40mm，以保证地板的搁置长度不少于 20mm；高度不宜小于 28mm，以保证足够的握钉力。

木龙骨直接铺设在楼板或地坪上即为龙骨铺装法，可分为双层铺装和单层铺装两种形式，双层铺装是在单层铺装的地板面层和木龙骨之间增设毛地板以及防水卷材或发泡塑料卷材等，此时面层板材净厚度宜为 12 ～ 20mm。在室内空气湿度较高地区，

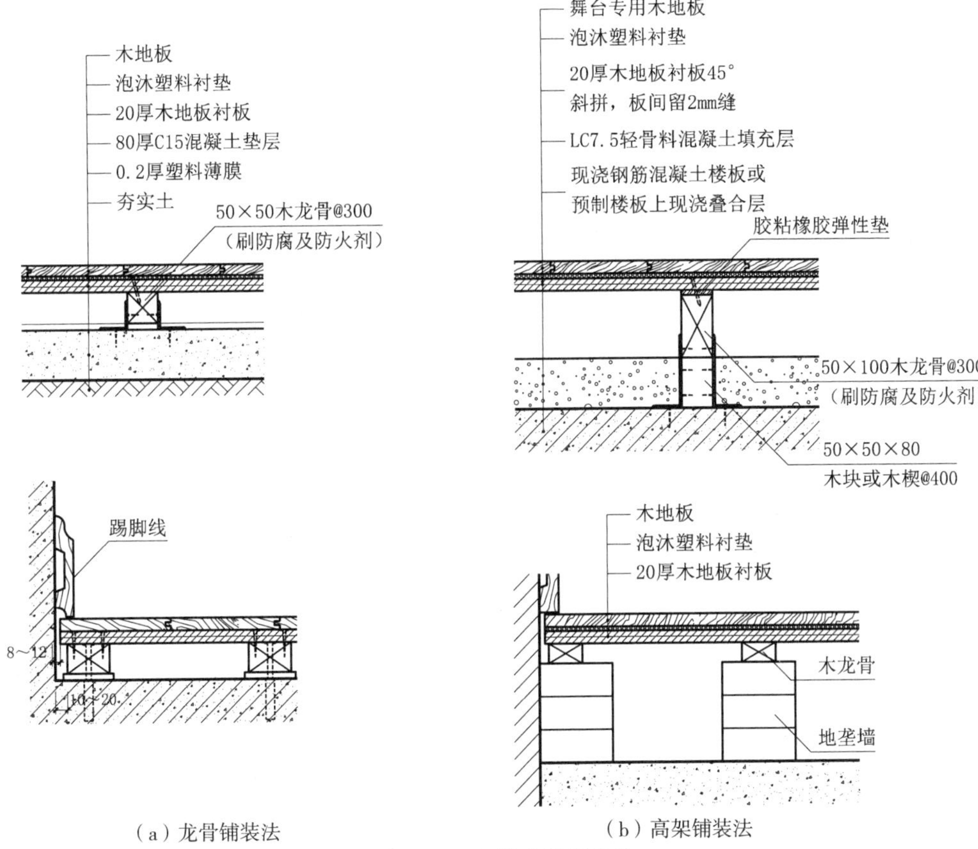

（a）龙骨铺装法　　（b）高架铺装法

图 4–28　空铺木地板构造

采用双层铺装是地板防潮的积极预防措施。

高架铺装法是将木龙骨架高离开楼板或地坪的地板铺装法。

木龙骨与墙和建筑构件之间宜留 10 ～ 20mm 的伸缩缝，木龙骨之间间距不宜大于 300mm，固定点间距不得大于 400mm。

3. 实铺构造

在楼板或地坪上直接铺设防潮隔离层或泡沫塑料衬垫，然后铺装地板面层，即为悬浮铺装法，有时还会采用人造板垫层。胶粘直铺法则是在混凝土基层上用胶粘剂直接粘贴地板，这种做法要求混凝土基层含水率必须低于地板含水率（图 4–29）。

4.4.5　踢脚构造

室内墙面与地面交接部位为踢脚，也称踢脚线或踢脚板。作为过渡衔接的装修部件，踢脚能掩盖地面接缝，并保护墙面底部不受污染或撞击。踢脚可视为地面的延伸，所以经常选用与地面一致的材料（图 4–30）。

踢脚高度一般为 80 ～ 150mm，也可根据需要加高或降低，防腐蚀地面踢脚高度不宜小于 250mm。墙面以石材、面砖等耐撞击、耐污染材料作饰面时，可不做踢脚。木质踢脚线背面应抽槽并做防腐处理。

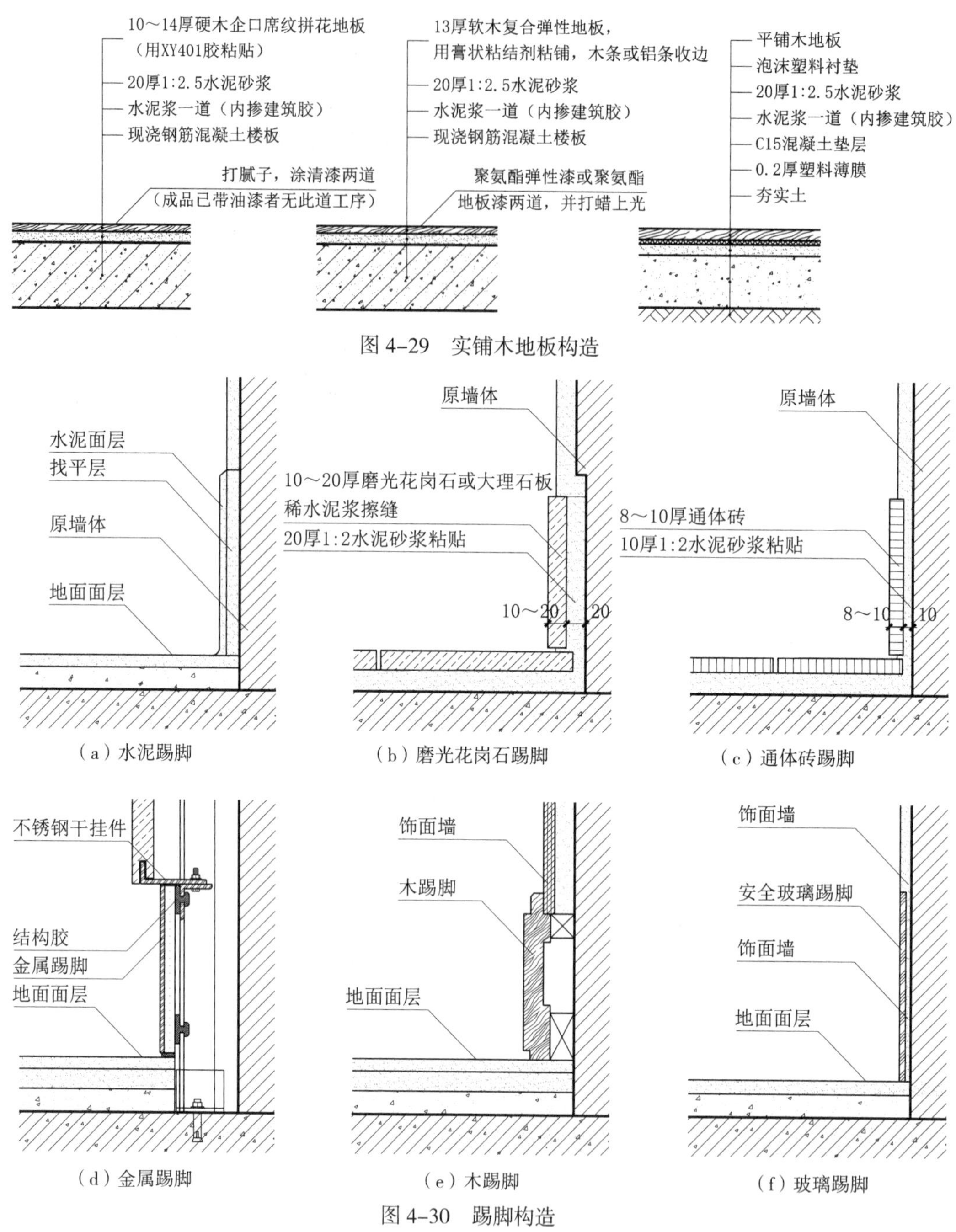

图 4-29　实铺木地板构造

图 4-30　踢脚构造

4.4.6　附加层构造

1. 隔声

楼板本身具备一定的隔绝空气传声和固体传声的能力，例如钢筋混凝土楼板，材料较为密实，隔绝空气传声能力较好，不过它对固体传声的隔绝效果较差。在隔声要求较高的房间，楼板应当增加隔声措施，最简单有效的方法是在楼板面上铺设地毯、橡胶地毡、塑料地毡、软木板等弹性面层，第二种方法是在面层和楼板层之间增设一

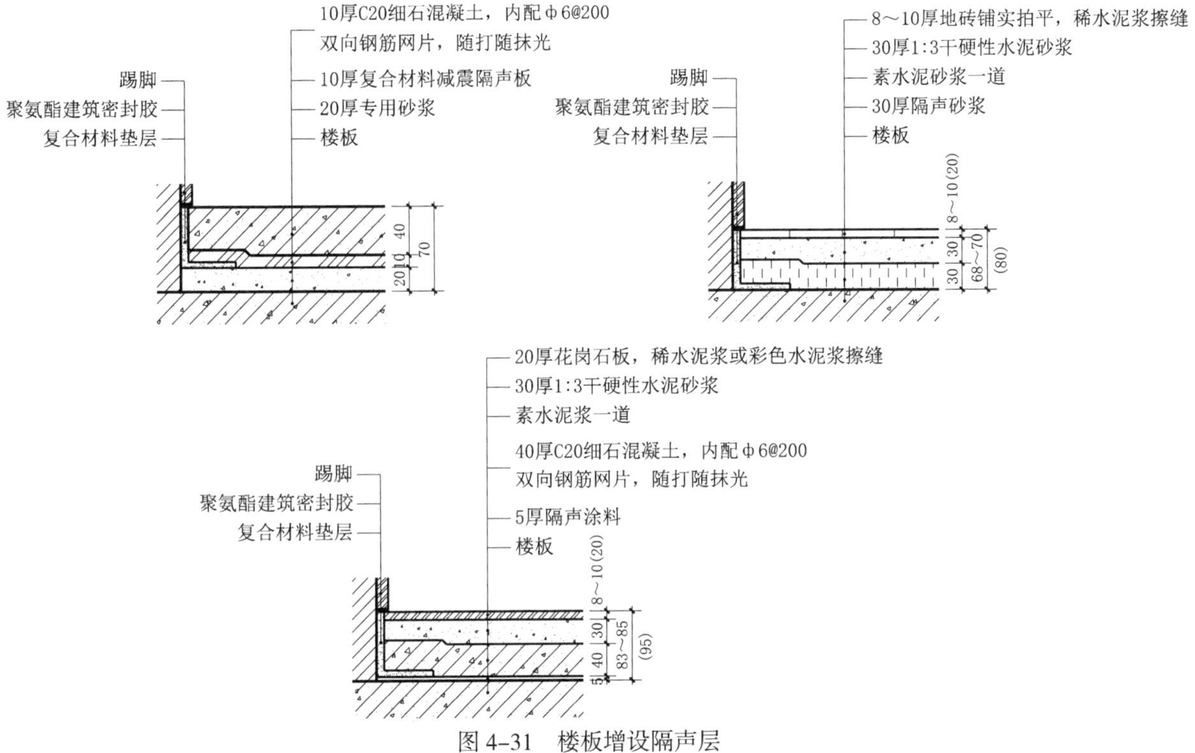

图 4–31　楼板增设隔声层

道隔声层（图 4–31），第三种方法是增加吊顶，并在吊筋与楼板之间采用弹性连接，还可在顶棚上铺设吸声材料加强隔声效果。

2. 防水

厕浴间和有防水要求的建筑地面应设置防水隔离层，钢筋混凝土楼板应采用现浇板，并且地面应低于相邻楼地面 15mm。楼板四周墙根应做强度等级不小于 C20 的混凝土翻边，其高度不小于 200mm，防水层泛水高度则不应小于 250mm。地面防水层遇门洞口可采取向外水平延展措施，延展宽度不宜小于 500mm，且门洞外向洞口两侧延展宽度不宜小于 200mm（图 4–32）。平台临空边缘应设置翻边或贴地遮挡，其高度不宜小于 100mm。用水频繁的房间还应当设置地漏，地面向地漏处排水坡度应不小于 1%，自地漏边缘向外 50mm 内的排水坡度为 5%。

穿越楼板的水、暖、电等设备专业的立管，一般采取预留孔方式，待管道安装就位后用 C20 细石混凝土灌缝。同时应设置止水套管或其他止水措施，套管直径应比管道大 1 ～ 2 级标准，套管高度应高出装饰地面 20 ～ 50mm。套管与管道之间以阻燃密实材料填实，上口应留 10 ～ 20mm 凹槽嵌入高分子弹性密封材料（图 4–33）。对穿越楼板的热力管道进行防水处理的防水材料和辅料，应具有相应耐热性能。

居住建筑的厕浴间为了减小排水噪声、消除渗漏隐患、方便户内维修、不干扰下层用户，现在经常采用同层排水技术。建筑同层排水系统在同层连接、敷设排水管道，并接入排水立管中，洁具排水管和支管不穿越楼板，厕浴间布置灵活，楼板无须预留

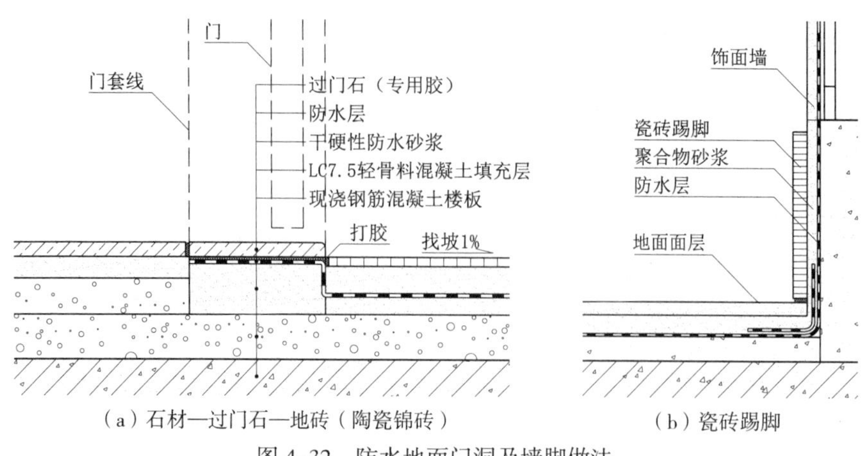

（a）石材—过门石—地砖（陶瓷锦砖）　　（b）瓷砖踢脚

图 4-32　防水地面门洞及墙脚做法

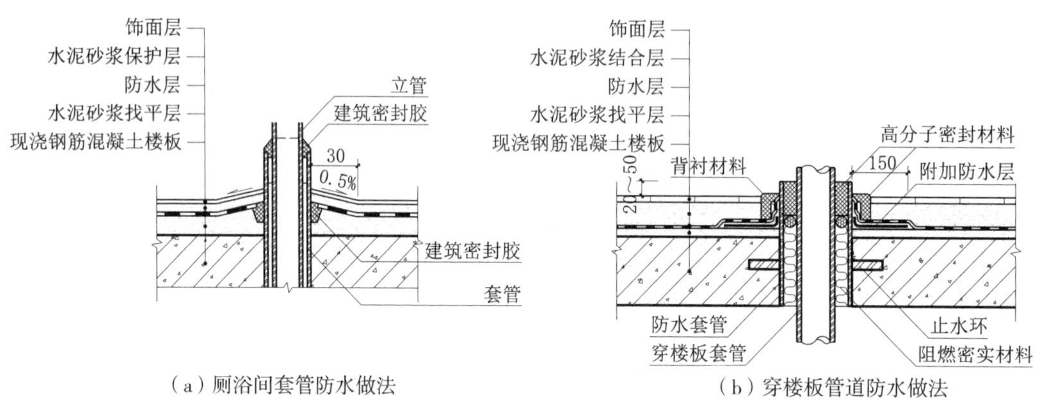

（a）厕浴间套管防水做法　　（b）穿楼板管道防水做法

图 4-33　穿越楼板管道处理

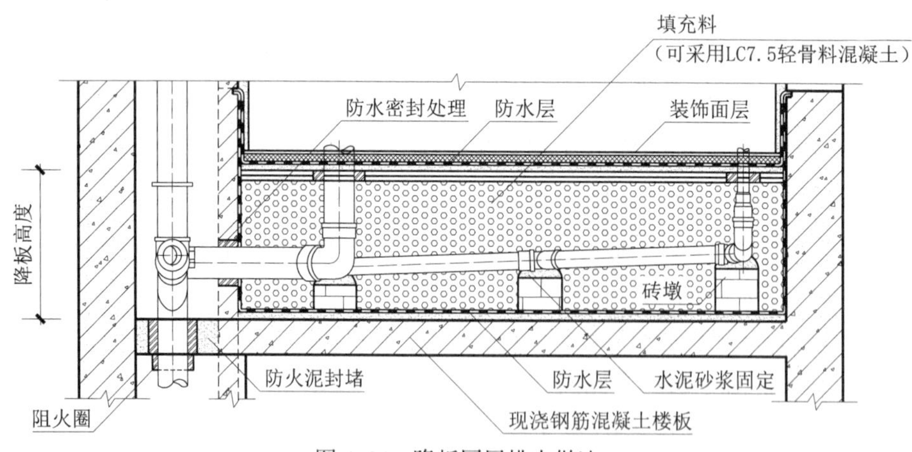

图 4-34　降板同层排水做法

孔洞。当房间净空高度足够时，宜采用地面敷设方式，地面敷设方式可采用降板和不降板（即抬高面层标高）两种结构形式；当卫生间净空高度受限时，可采用沿墙敷设方式（图 4-34）。

在机场候机楼、剧院等功能比较复杂的公共建筑中，上下楼层的卫生间有时需要错开布置，为避免排水管道对下层空间使用的影响，也可采用同层排水系统。

3. 保温

有保温要求的楼地面在选择保温层材料时，必须保证其具有足够抗压强度。例如，XPS 挤塑聚苯板用于一般楼地面时，压缩强度应不小于 250kPa，用于停放小型车辆的楼地面时，压缩强度则需不小于 350kPa（图 4–35）。

4. 采暖

有采暖要求的楼地面，可选用低温热水为热源的地面辐射供暖，采暖用热水管以盘管形式埋设于楼地面内（图 4–36）。地面面层材料对散热量影响明显，宜采用地砖、水泥砂浆、薄型木板、强化复合木地板等，尽量选择热阻小于 $0.05m^2\cdot K/W$ 的材料做面层。

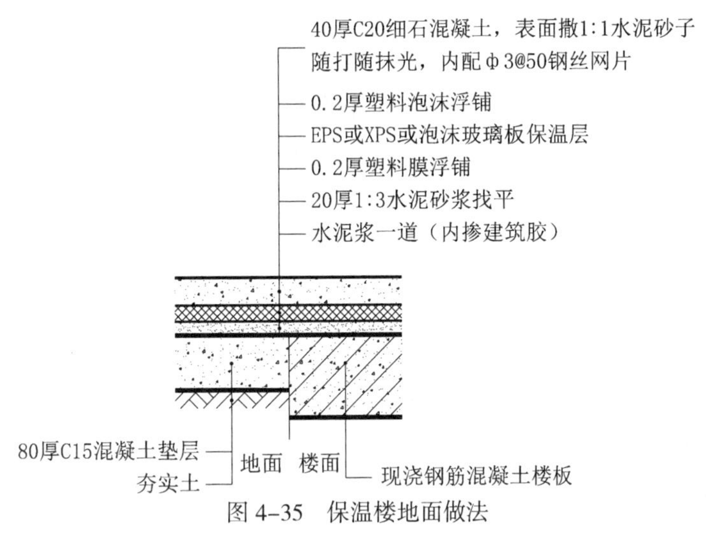

图 4–35　保温楼地面做法

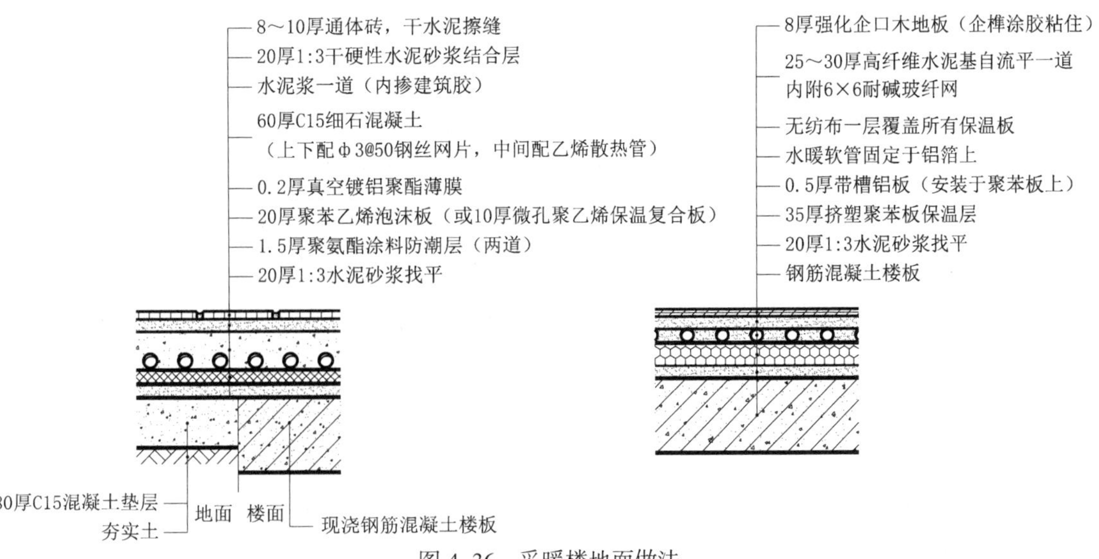

图 4–36　采暖楼地面做法

4.5 顶棚构造

顶棚又称平顶、天花，系指楼板层的底面部分，也是室内装修的重要部位之一。顶棚的造型式样很多，设计需要从功能、艺术和构造技术三个方面进行综合考虑。在某些有特殊要求的房间，顶棚还需要具有隔声、防水、保温、隔热等功能。按照构造方式不同，顶棚分为直接式顶棚和悬吊式顶棚两类。

4.5.1 直接式顶棚

直接式顶棚是直接在楼板底面进行抹灰、喷刷涂料，或者粘贴吸声、保温、装饰材料，如装饰吸声板、XPS 保温板、石膏板、墙纸等。

为了避免抹灰层脱落，混凝土楼板板底抹灰宜采用具有良好粘结性能的聚合物水泥砂浆或石膏抹灰砂浆。预制混凝土顶棚抹灰厚度不宜大于 10mm，现浇混凝土顶棚抹灰厚度不宜大于 5mm。造成抹灰层开裂、空鼓和脱落等质量问题的另一个主要原因是基层表面附着的灰尘、疏松物、脱模剂和油渍等，顶棚抹灰前应将板底表面清除干净，凹凸较大处还应用聚合物水泥砂浆修补平整或剔平。

4.5.2 悬吊式顶棚

悬吊式顶棚即通常所称吊顶。吊顶可以形成丰富的造型变化，与灯光以及其他装修部件结合，能够有效提升室内空间效果。吊顶需要与建筑设备形成良好配合，建筑中的空调管道、灭火喷淋水管、火灾报警器、广播设备等管线及装置，经常结合吊顶安装。它还可以遮挡不宜暴露的结构与设备等。

1. 基本组成

吊顶主要由吊挂件、龙骨和面层三部分组成。由于检修、维护等原因，有些吊顶需要按上人吊顶设计。上人吊顶主龙骨必须能承受不小于 800N 荷载，次龙骨必须能承受不小于 300N 荷载，主龙骨承载力小于 800N 的吊顶系统为不上人吊顶。

2. 吊挂件

吊顶中的吊挂件分为三种，即承受龙骨骨架和面层的重量并将其传递给上部结构的吊杆，连接吊杆与主龙骨的吊件，以及连接主龙骨与次龙骨的挂件。

吊杆应将吊顶系统直接连接到房间上部结构受力部位上。对于不上人吊顶，吊杆应采用不小于 $\phi 6$ 带丝扣钢筋、不小于 $\phi 4$ 镀锌钢筋（$10^{\#}$镀锌低碳钢丝）或直径不小于 2mm 的镀锌低碳退火钢丝以及 M6 全牙吊杆；对于上人吊顶，吊杆应采用不小于 $\phi 8$ 带丝扣钢筋或 M8 全牙吊杆。吊杆间距不应大于 1200mm，距主龙骨端部距离不得大于 300mm。当吊杆长度大于 1500mm 时，应设置反支撑（图 4–37），以避免吊顶系统向上变形或横向变形。吊杆不得直接吊挂在设备或设备支架上，当吊杆与管道等设备相遇或吊顶造型复杂时应调整吊杆间距、增设吊杆，当吊顶内部空间较高时应增加钢结构转换层。

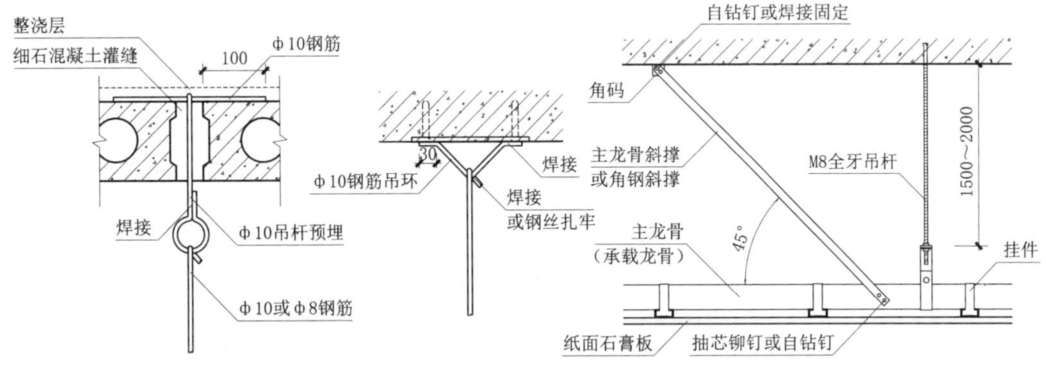

图 4–37　吊杆安装

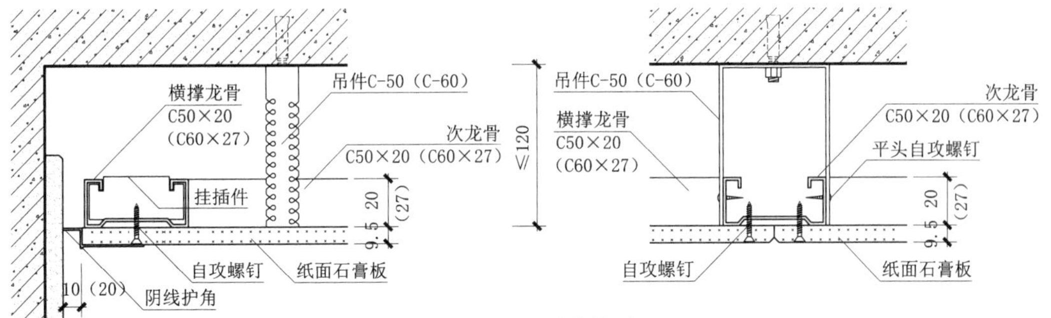

图 4–38　吸顶式吊顶

如吊顶设计高度与上部结构距离较小，也可取消吊杆，直接通过吊件将龙骨固定在上部结构上，做成吸顶式吊顶（图 4–38）。

3. 龙骨

吊顶龙骨有木质龙骨和金属龙骨之分。木质龙骨与吊顶内其他木质构件事先均需经过防腐、防火、防蛀处理，目前除了在住宅装修中仍有使用以外，木质龙骨已很少出现在公共建筑中。金属龙骨是现在应用最广泛的一种吊顶骨架形式，包括轻钢龙骨和铝合金龙骨。

龙骨布置有单层龙骨和双层龙骨两种方式。单层龙骨指主、次龙骨在同一水平面上垂直交叉相接，比较简单、经济（图 4–38）。双层龙骨指将次龙骨挂在主龙骨之下，次龙骨之间还可增设横撑龙骨，与次龙骨在同一水平面上，这种吊顶整体性较好，不易变形（图 4–39）。主龙骨的间距不应大于 1200mm，次龙骨的间距一般为 400 ～ 600mm，也可视吊顶的面板尺寸确定次龙骨的间距。次龙骨上可安装重量小于 5kg 的灯具等设施，重量超出或运行时有震颤者应直接吊挂在建筑承重结构上。

按照断面形式区分，常见的金属龙骨有 U 型、C 型、T 型、L 型、H 型等。此外，还有与面层材料及其他构件相配套的卡式龙骨，见图 4–40（c）。上人吊顶的主龙骨应选用 U 型或 C 型高度在 50mm 及以上型号的上人龙骨，并且主龙骨壁厚应大于 1.2mm。

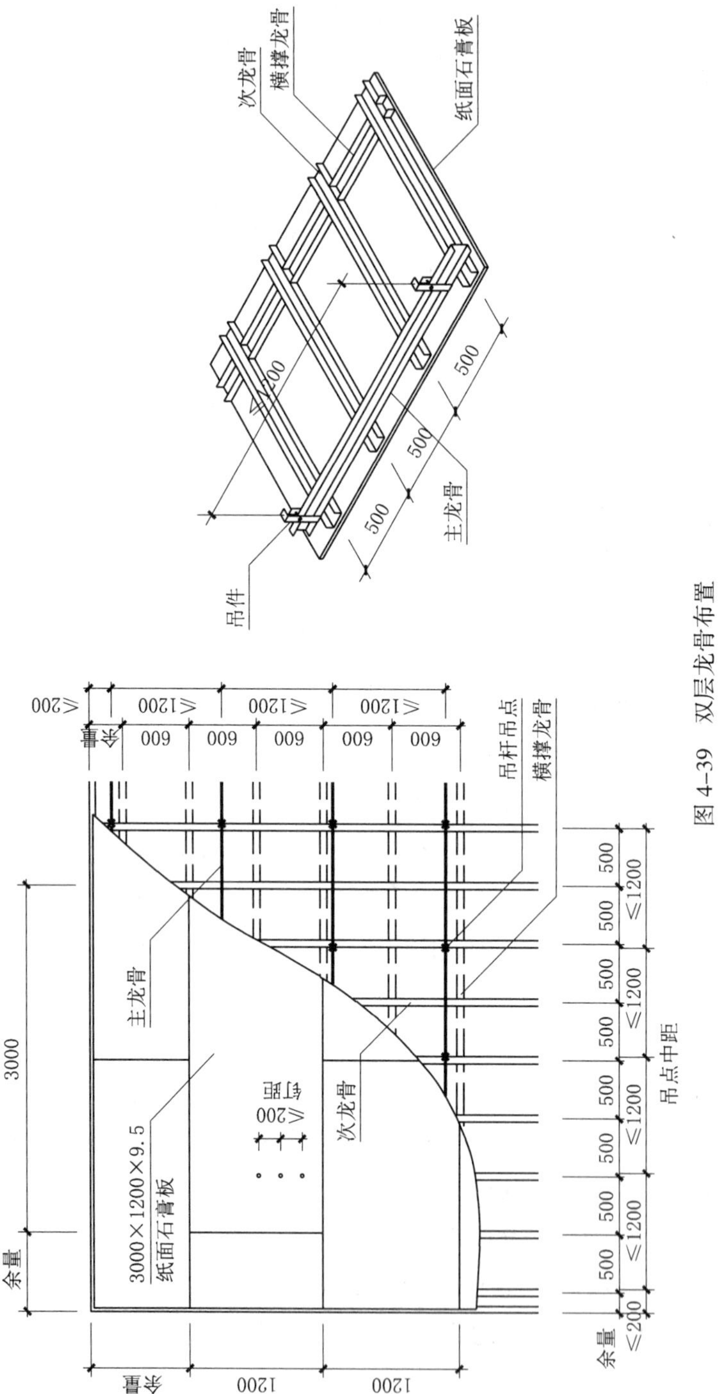
次龙骨
横撑龙骨
纸面石膏板
主龙骨
吊件
500
500
500
≤1200
3000
余量
3000×1200×9.5
纸面石膏板
≤200
钉距
吊杆吊点
1200
600
≤200
≤1200
吊点中距

图 4-39　双层龙骨布置

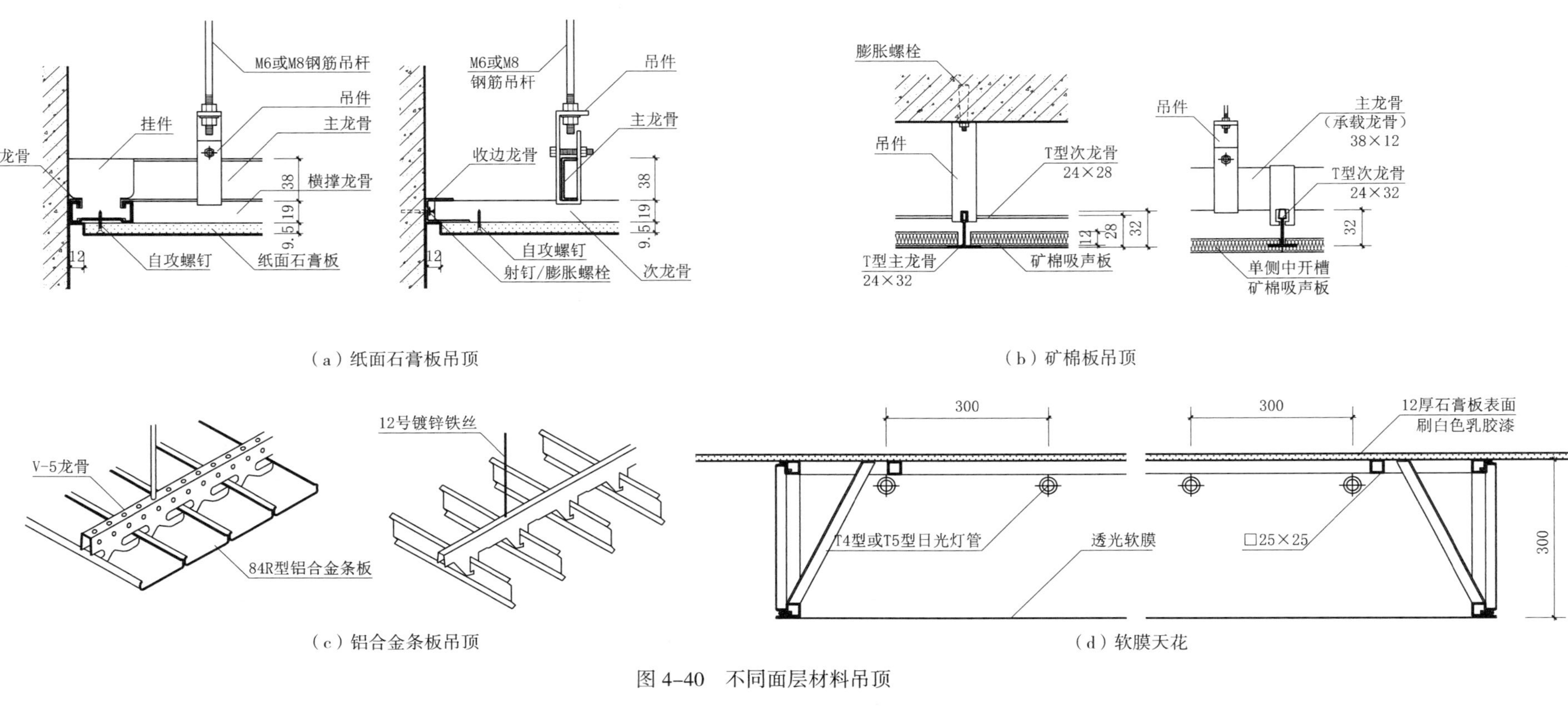

（a）纸面石膏板吊顶

（b）矿棉板吊顶

（c）铝合金条板吊顶

（d）软膜天花

图 4-40　不同面层材料吊顶

龙骨可以隐藏于吊顶面层内，不外露于人们视线中，即为暗龙骨系统；也可以使其外露，成为明龙骨系统。

4. 面层

可用于吊顶的饰面材料很多，以此区分常见的吊顶有石膏板类、矿棉板类、金属类、玻璃类以及软膜饰面等（图 4–40）。其他材料可以参照以上几类做法，例如水泥纤维板、三聚氰胺板、木板等与石膏板类近似，硅钙板与矿棉板类近似，塑料板、成品装饰板与玻璃类近似，等等。当采用石膏板类整体面层（即不做板块分割）及金属板类吊顶时，重量不大于 1kg 的灯具、烟感器、扬声器等设施可直接安装在面板上。

吊顶面层除了具有装饰功能外，还经常用以改善空间声学环境。比如面层采用穿孔面板或其他吸声材料，或者在面板背面敷设吸声材料，都可以有效减少噪声在空气中的传递。

4.6 阳台和雨篷

4.6.1 阳台设计与构造

阳台附设于建筑物外墙，由栏杆或栏板围合，是能够从建筑中直接到达的室外开敞平台。它为人们提供了户外活动的场所，具有休息、眺望和晾晒衣物等使用功能，并且对建筑物的外部形象也起着重要作用。

按照与外墙的相对位置关系，阳台可以分挑阳台、凹阳台和半挑半凹阳台等几种形式（图 4–41）。

1. 阳台结构布置

阳台结构形式及其布置应与建筑物的楼板结构统一考虑。钢筋混凝土阳台有现浇与预制之分，预制阳台可以使用普通预制板、梁组合，也可以使用装配式构件，即全预制板式、梁式或叠合板式预制钢筋混凝土阳台板。但抗震设防烈度为 8、9 度时不能采用预制阳台。

阳台出挑部分的承重为悬挑结构，必须注意满足结构安全要求。较常采用的一种方式是在阳台两侧设置挑梁，挑梁上搁置阳台板，悬臂梁的端部可以用封头梁连接以

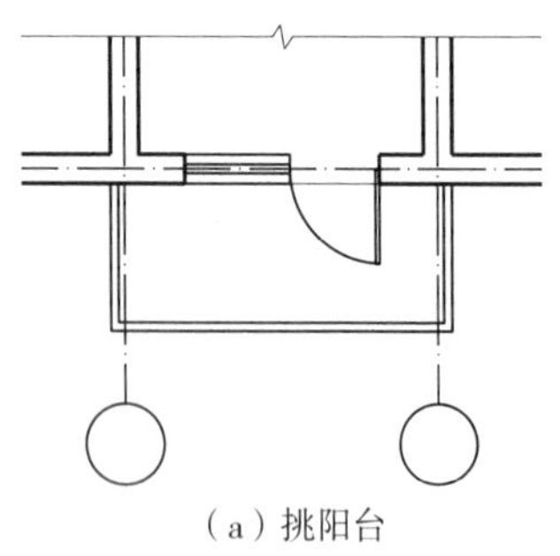
（a）挑阳台

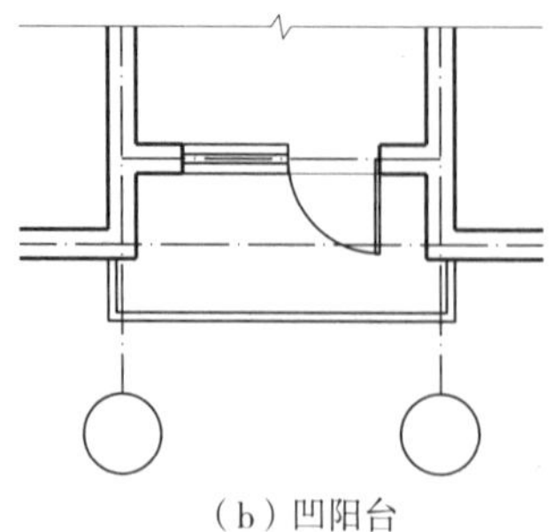
（b）凹阳台

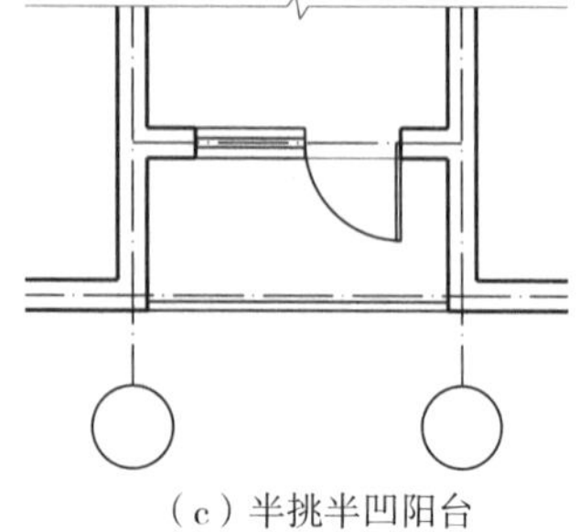
（c）半挑半凹阳台

图 4–41 阳台的平面形式

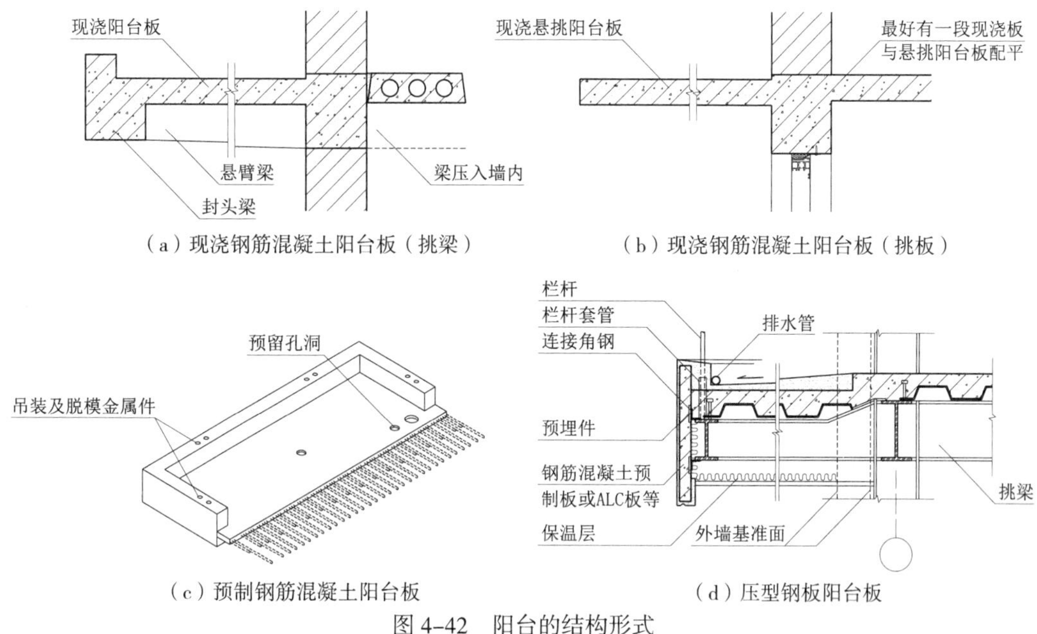

（a）现浇钢筋混凝土阳台板（挑梁）　（b）现浇钢筋混凝土阳台板（挑板）

（c）预制钢筋混凝土阳台板　（d）压型钢板阳台板

图 4-42　阳台的结构形式

增加结构刚度，同时令建筑外观整齐。另一种方式是不设挑梁，由楼板直接挑出阳台板，阳台板底平整，造型简洁（图 4-42）。

阳台出挑长度需要结合使用要求确定，以 1.5m 以内居多。如果采用挑板方式，一般大约在 1.0m 以下（采用 150mm 厚全预制板式阳台板则可达 1.4m）。

2. 阳台细部构造

阳台地面一般比室内地面要低 20 ～ 50mm，并应做一定坡度，设置地漏和雨水管。高层建筑阳台排水系统应单独设置，不能与屋面排水系统合用。多层建筑阳台雨水系统也宜单独设置。阳台雨水立管底部应间接排水，不能与庭院雨水排水管渠直接相接，以防止阳台地漏泛臭。

为保证阳台的安全使用，阳台临空处应设置防护栏杆，栏杆应以坚固、耐久的材料制作，并应能承受现行国家标准规定的水平荷载。当临空高度在 24m 以下时，栏杆高度不应低于 1.05m；当临空高度在 24m 及以上时，栏杆高度不应低于 1.1m；上人屋面和交通、商业、旅馆、医院、学校等建筑临开敞中庭的栏杆高度不应低于 1.2m。当底面有宽度大于或等于 0.22m，且高度低于或等于 0.45m 的可踏部位时，栏杆高度应从可踏部位顶面起算。公共场所栏杆离地面 0.1m 高度范围内不宜留空。

阳台栏杆还必须采取措施防止儿童攀登，若采用透空栏杆，其垂直杆件间净距不应大于 0.11m。阳台采用玻璃栏板时，必须采用安全玻璃，如钢化玻璃或夹层玻璃。七层及以上住宅和寒冷、严寒地区住宅宜采用实体栏板（图 4-43）。寒冷、严寒地区住宅应封闭阳台并采取相应保温措施。

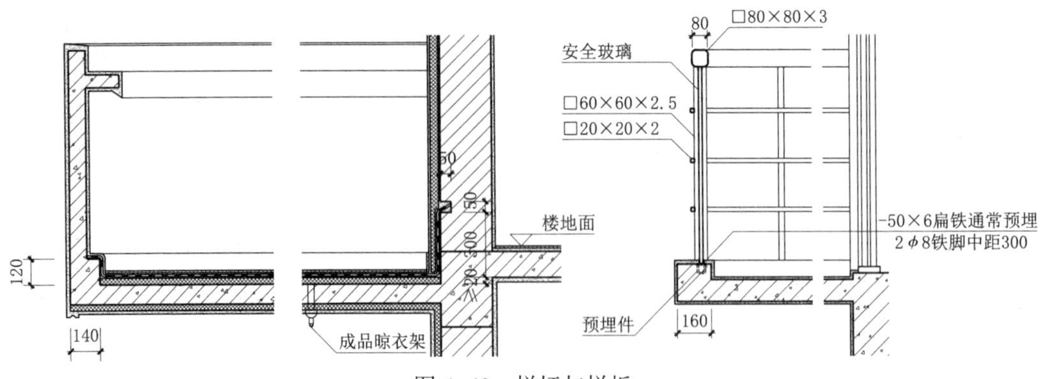

图 4–43 栏杆与栏板

4.6.2 雨篷构造

雨篷又称雨罩，是建筑物出入口上部为遮挡雨水而设置的部件，它还起到丰富立面造型的作用。

钢筋混凝土悬挑雨篷悬挑长度常见为 1.0 ～ 1.5m，有板式和梁式两种形式。为防止雨篷发生倾覆，通常将其与出入口上部的过梁或圈梁现浇在一起。对于梁式雨篷，如果需要保持板底平整，可以将雨篷挑梁设计成上翻梁形式。雨篷的排水要求与阳台板基本相同，当就近无雨水管直接排水时，应设置伸出雨篷外的侧向排水管（也称水舌）。在雨篷底部收头处，还应注意粉出滴水。采用其他材料，如轻钢构件上铺安全玻璃等，出挑长度能够更大，结构形式可以选择悬挑或悬挂（图 4–44）。此外，也有以柱或墙支承的简支结构雨篷。

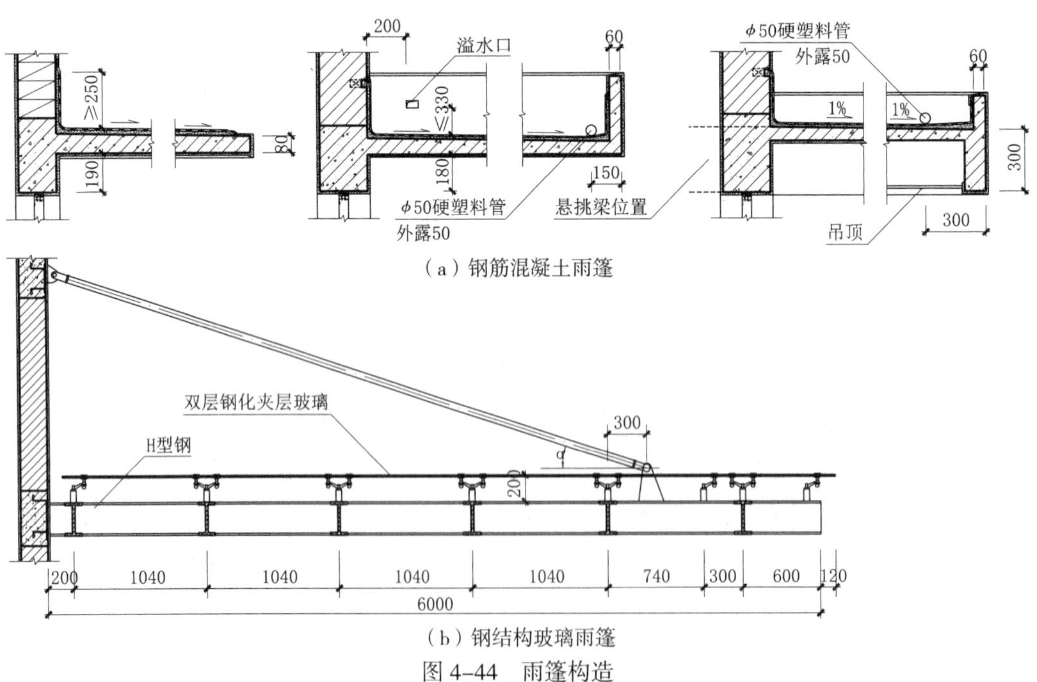

图 4–44 雨篷构造

本章引用的规范性文件

《钢筋混凝土雨篷》03J501—2

《钢结构住宅（二）》05J910—2

《现浇混凝土空心楼盖》05SG343

《预应力混凝土叠合板（50mm、60mm 实心底板）》06SG439—1

《轻钢龙骨石膏板隔墙、吊顶》07CJ03—1

《钢雨篷（一）玻璃面板》07J501—1

《全国民用建筑工程设计技术措施—结构（混凝土结构）》2009JSCS—2—3

《建筑物抗震构造详图》11G329—2

《住宅建筑构造》11J930

《楼地面建筑构造》12J304

《内装修—室内吊顶》12J502—2

《住宅卫生间同层排水系统安装》12S306

《内装修—楼（地）面装修》13J502—3

《轻质芯模混凝土叠合密肋楼板》15CG25

《民用建筑隔声与吸声构造》15ZJ502

《预制钢筋混凝土阳台板、空调板及女儿墙》15G368—1

《木质地板铺装工程技术规程》CECS 191：2005

《建筑室内防水工程技术规程》CECS 196：2006

《建筑同层排水系统技术规程》CECS 247：2008

《建筑室内吊顶工程技术规程》CECS 255：2009

《轻质芯模混凝土叠合密肋楼板技术规程》CECS 318：2012

《砌体结构设计规范》GB 50003—2011

《混凝土结构设计规范》GB 50010—2010（2015 年版）

《建筑抗震设计规范》GB 50011—2010（2016 年版）

《建筑给水排水设计规范》GB 50015—2003（2009 年版）

《建筑地面设计规范》GB 50037—2013

《住宅设计规范》GB 50096—2011

《建筑地面工程施工质量验收规范》GB 50209—2010

《建筑装饰装修工程质量验收标准》GB 50210—2018

《住宅装饰装修工程施工规范》GB 50327—2001

《民用建筑设计统一标准》GB 50352—2019

《建筑用压型钢板》GB/T 12755—2008

《工程结构设计基本术语标准》GB/T 50083—2014
《组合结构设计规范》JGJ 138—2016
《住宅室内防水工程技术规范》JGJ 298—2013
《公共建筑吊顶工程技术规程》JGJ 345—2014
《抹灰砂浆技术规程》JGJ/T 220—2010
《预制带肋底板混凝土叠合楼板技术规程》JGJ/T 258—2011
《现浇混凝土空心楼盖技术规程》JGJ/T 268—2012
《密肋复合板结构技术规程》JGJ/T 275—2013

第 5 章　屋　顶

屋顶又称屋盖，是建筑物顶部的外围护构件和承重构件。屋顶抵抗着雨雪、日晒等自然界变化对建筑物的影响，同时也起着保温、隔热和稳定墙身等作用。

5.1　概述

5.1.1　屋顶的组成

屋顶主要由屋面和支承结构所组成。屋面部分除了防水层以外，有些还附有顶棚以及为满足保温、隔热和防火等功能所需要的各种构造层次和设施。屋顶的支承结构一般有平面结构和空间结构两类，前者常为梁、板、屋架、檩条等构件组成的结构体系；后者由拱、网架、薄壳和悬索等空间构件与支撑边缘构件所组成，一般用于大跨度、高空间这类特种结构的建筑。

5.1.2　屋顶的形式

建筑物的使用功能、地区降水量、防水材料性能、屋顶结构形式、施工方法、构造组合方式、建筑经济以及造型要求等，都会影响屋顶形式的选择。

根据外观特征来看，常见的屋顶形式有平屋顶、坡屋顶（图 5–1），以及其他形式的屋顶（图 5–2），例如网架屋顶、拱形屋顶、薄壳屋顶、悬索屋顶等。其中平屋顶是广泛采用的一种屋顶形式，较为经济合理；坡屋顶是一种传统的屋顶形式，可以取得丰富的造型效果。

5.1.3　屋顶的设计要求

1. 结构要求

作为建筑物顶部的承重结构，屋顶应具有足够的承载力和刚度，结构设计一般应考虑自重、雪荷载、风荷载、施工和使用荷载，保证屋顶能够适应受力变形和温差变形，在风、雪荷载的作用下不产生破坏，而且应有足够的安全系数。

2. 防排水要求

屋顶必须具有良好的排水功能，以及阻止水侵入建筑物内的作用。为此需要选择适合的屋面防水材料和相应的排水坡度，进行合理的构造设计和精心的施工。其基本原理可以从“导”和“堵”两个方面来概括。

“导”——排水策略。利用水流特性，根据屋面防水层材料的不同要求，设置合理的排水坡度，配合相应的构造措施，使得降落在屋面上的雨水，不在防水层上积滞，

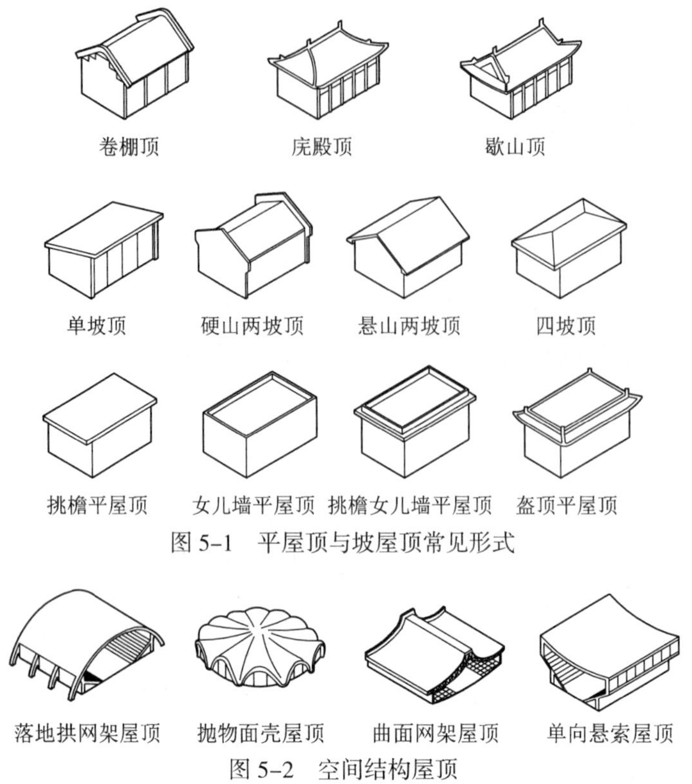

图 5-1　平屋顶与坡屋顶常见形式

图 5-2　空间结构屋顶

因势利导，尽快排离。

“堵”——防水策略。防水材料上下左右相互搭接，利用其致密性、憎水性，形成一个封闭的防水覆盖层，隔绝水的渗透。

在屋面防排水构造设计中，“导”和“堵”总是相辅相成、相互关联。“导”可以减轻“堵”的压力，“堵”又为“导”提供了充裕的时间。由于防水层的材料特点和铺设条件不同，防排水也就有不同的处理方式。

以瓦屋面为例，瓦自身的密实性及其相互搭接体现了“堵”的概念，而屋面的排水坡度则体现了“导”的概念。为避免水从小块面瓦片间的缝隙渗透进建筑，排水坡度必须足够大。这时是以“导”为主，以“堵”为辅，用“导”来弥补“堵”的不足。与之对照的是平屋面，以大面积防水材料的覆盖来达到“堵”的目的，辅以较小的排水坡度，就是采取了以“堵”为主，以“导”为辅的处理方式。

3. 保温隔热要求

屋顶是建筑物最上层的外围护构件，其传热系数和热惰性指标必须达到本地区建筑节能设计标准的要求，使屋顶覆盖下的建筑空间有一个良好舒适的使用环境。屋顶应采用轻质、高效、吸水率低、性能稳定的保温材料，提高构造层的热阻，满足冬季保温需要，并且应该利用隔热、遮阳、通风、绿化等方法来降低夏季室内温度，或者通过针对性的围护结构设计减少太阳辐射传入室内。

4. 防火要求

屋顶应采取必要的防火构造措施，使其具有阻止火势蔓延的性能，保障防火安全。屋顶所用材料的燃烧性能和耐火极限必须符合现行国家标准，屋顶面层应采用不燃烧体材料（包括屋面突出部分及屋顶加层），但一、二级耐火等级建筑物，其不燃烧体屋面基层上可采用可燃卷材防水层。

5. 美观要求

屋顶也被称为“建筑的第五立面”，是立面造型不可或缺的一部分，它的形式、材料、颜色等显著影响着建筑的整体形象。故美观的外形也是对屋顶设计的一项重要要求。

5.2　屋面排水系统设计

5.2.1　屋面防水等级

根据建筑物的类别、重要程度、使用功能要求，屋面防水划分为Ⅰ级和Ⅱ级两个等级（表 5–1）。对于防水有特殊要求的建筑屋面，还应进行专项防水设计。

表 5–1　屋面防水等级与做法

防水等级	建筑类别	设防要求	屋面类别	防水做法
Ⅰ级	重要建筑和高层建筑	两道防水设防	卷材及涂膜屋面	卷材防水层 + 卷材防水层、卷材防水层 + 涂膜防水层、复合防水层
			瓦屋面	瓦 + 防水垫层
			金属板屋面	压型金属板 + 防水垫层
Ⅱ级	一般建筑	一道防水设防	卷材及涂膜屋面	卷材防水层、涂膜防水层、复合防水层
			瓦屋面	瓦 + 防水垫层
			金属板屋面	压型金属板、金属面绝热夹芯板

5.2.2　屋面坡度设计

1. 坡度表达方式

（1）百分比法

将屋面高度与水平长度的比值以百分比的形式表示，常用标记为 i，如 i=2%、i=3% 等。

（2）角度法

以角度形式表示屋面与水平面所形成的夹角，常用标记为 α，如 α=30°、α=45° 等。

（3）斜率法

以分子为 1 的分数或格式为 1∶X 的比例形式表示屋面高度与水平长度的比值，如 1/2、1/4 或 1∶3、1∶2.5 等。

2. 屋面适宜排水坡度

屋面坡度由多方面因素决定，建筑造型、材料性能、地理气候条件、屋顶结构形式、构造方式等都会对它产生影响。其中与屋面排水关系最密切的是防水材料及其构造方法，例如采用的防水材料如果尺寸较小，接缝必然较多，渗漏的可能性也就增大，因此应当设计较大的屋面坡度，以利于迅速排除积水。表 5–2 列出了不同材料屋面的适宜排水坡度。

表 5–2　各类屋面适宜排水坡度

屋顶类别	屋面名称	适宜坡度（%）
坡屋顶	瓦屋面	20 ~ 50
	油毡瓦屋面	≥ 20
	金属板屋面	10 ~ 35
	波形瓦屋面	10 ~ 50
平屋顶	蓄水屋面	≤ 0.5
	种植屋面	≤ 3
	倒置式屋面	≤ 3
	架空隔热屋面	≤ 5
	卷材防水、涂膜防水的平屋面	2 ~ 5
其他屋顶	网架、悬索结构金属板屋面	≥ 4

注：1. 本表选自《建筑设计资料集》（第三版）第 1 分册。

2. 当卷材屋面坡度大于 25% 时，应采取防止下滑措施。

3. 当平瓦屋面坡度大于 50% 时，应采取固定加强措施。

4. 当油毡瓦屋面坡度大于 50% 时，应采取固定加强措施。

3. 排水坡度的形成

（1）结构找坡

亦称搁置找坡。即根据屋面设计排水坡度，将屋顶结构层倾斜搁置，然后在倾斜的屋面板上再铺设防水层等构造层次。这种做法不需要另外增加找坡材料，故荷载轻，省材料；但由于室内顶面呈倾斜状，如不另设吊顶，可能影响视觉效果。按照规范规定，结构找坡的排水坡度不应小于 3%。坡屋顶形成排水坡度的方式也属于结构找坡。

对顶棚水平度要求不高的公共建筑和一般工业厂房的屋顶，应首先选择结构找坡，这样既可节省材料、降低成本，又减轻了屋面荷载。

（2）材料找坡

亦称垫置找坡或建筑找坡。屋顶结构层像楼板一样水平搁置，之上再采用质量轻、吸水率低、有一定强度的材料（如轻骨料混凝土等）垫置起坡，形成所需排水坡度。

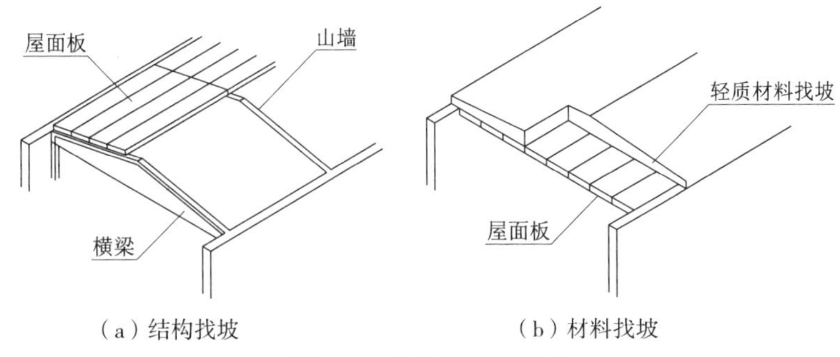

（a）结构找坡　　（b）材料找坡

图 5-3　排水坡度的形成

为避免过多增加材料用量和结构荷载，材料找坡坡度宜为 2%。屋面必须设置保温层的地区，还可以直接用保温材料来形成坡度（图 5-3）。

5.2.3　屋面排水系统

在进行屋面排水系统设计时，应当根据屋面形式、屋面面积、屋面高低层的设置等情况，恰当划分排水区域，设计排水路线，做到简洁合理，排水通畅。

1. 基本排水方式

屋面排水包含无组织排水和有组织排水两种基本方式，设计时需要综合考虑建筑物屋顶形式、气候条件、使用功能等因素进行选择。

无组织排水又称自由落水，即雨水直接从檐口排到室外地面。无组织排水适用于一般中小型的低层建筑、檐高不大于 10m 的屋面以及积灰较多的工业厂房，少雨地区的坡屋顶建筑也可以考虑这种排水方式。而对于屋面汇水面积较大和高度较高的建筑物，当刮大风下大雨时，雨水若直接从檐口落下就很容易流淌到墙面上，为避免这种情况应采用有组织排水。

有组织排水是将屋面划分成若干个排水区，雨水沿一定方向流到檐沟或天沟内，再通过雨水口、雨水斗、落水管排至地面，最后排往市政地下排水系统。有组织排水包括内排水、外排水以及内外排水相结合的方式（表 5-3）。

高层建筑宜采用内排水，以方便排水系统的安装维护；多层建筑屋面宜采用有组织外排水；多跨及汇水面积较大的屋面宜采用天沟排水，且尽可能选择外排水，让屋面雨水从天沟两端排出室外；如果天沟的长度较长，一般当沟底分水线距水落口的距离超过 20m 时，可在天沟中间增设水落口和内排水管，形成中间内排水和两端外排水相结合的排水方式。另外，为避免水落管受冻，严寒地区应采用内排水，寒冷地区宜采用内排水；寒冷地区如采用外排水，应注意排水管道不宜设置在建筑北侧。

2. 屋面雨水系统类型与应用

建筑屋面雨水系统按设计流态主要分为重力流排水系统、压力流排水系统以及半有压排水系统。

表 5-3 屋面常见排水方式

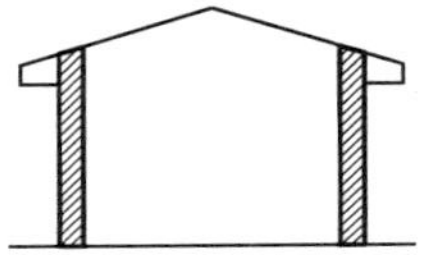 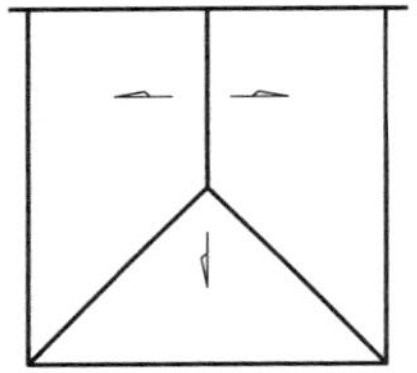 坡屋面无组织外排水	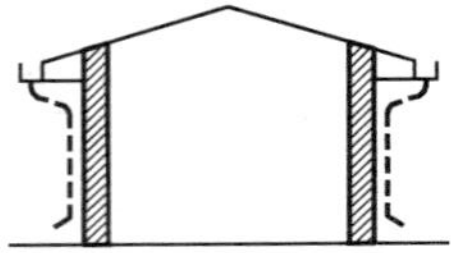 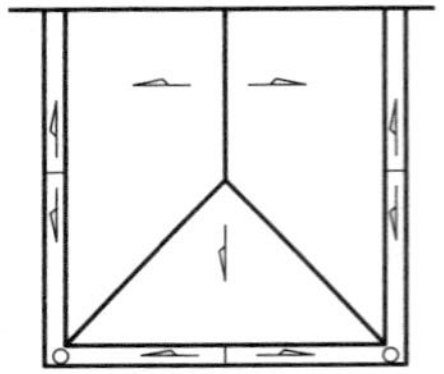 坡屋面有组织外排水	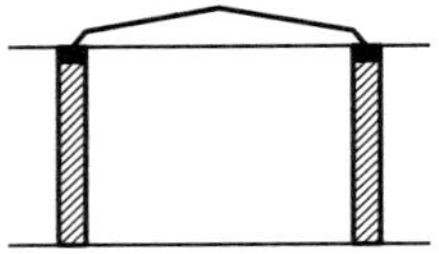 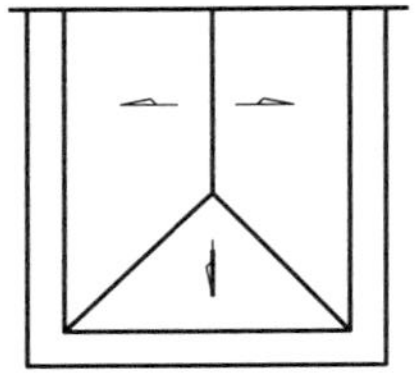 平屋面无组织外排水
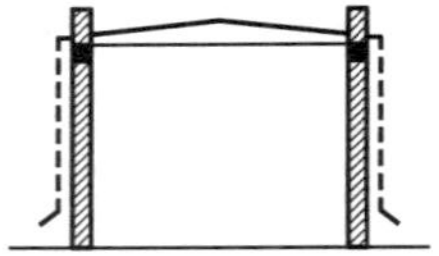 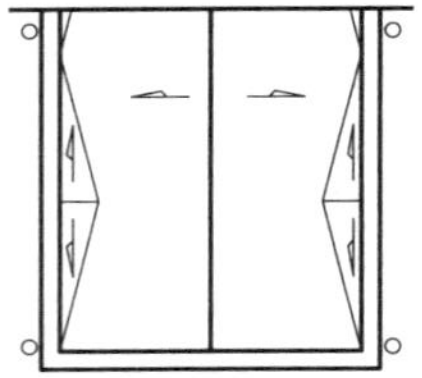 平屋面女儿墙外排水	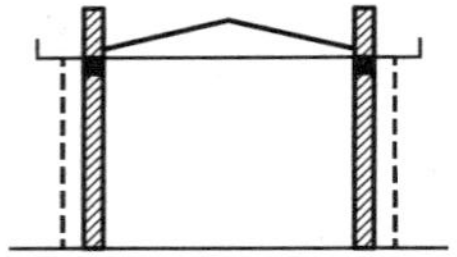 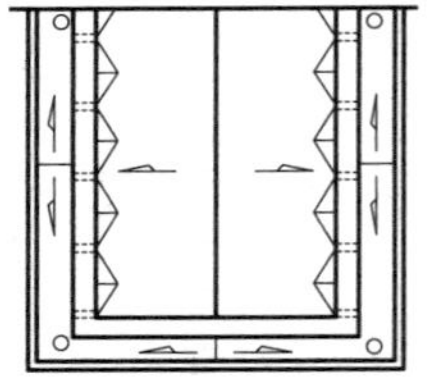 檐沟女儿墙外排水	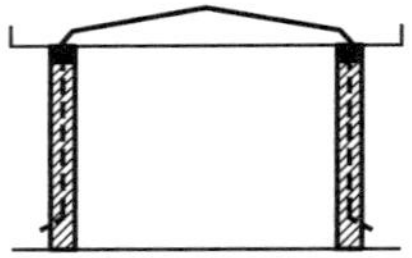 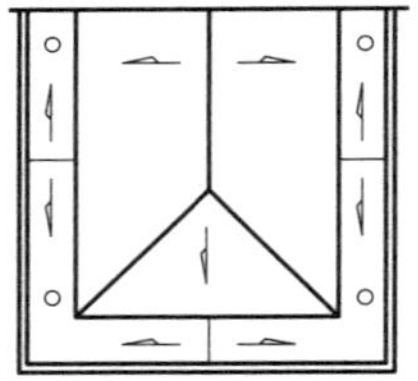 平屋面外墙暗管排水
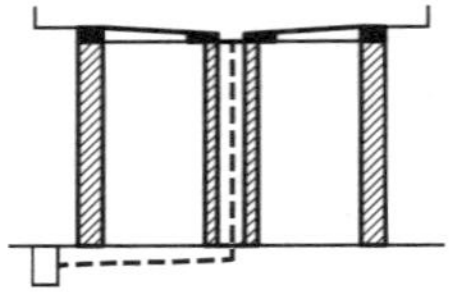 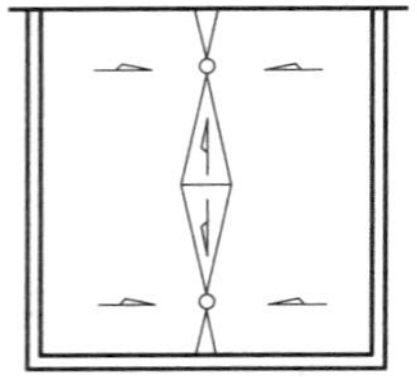 管道井暗管内排水	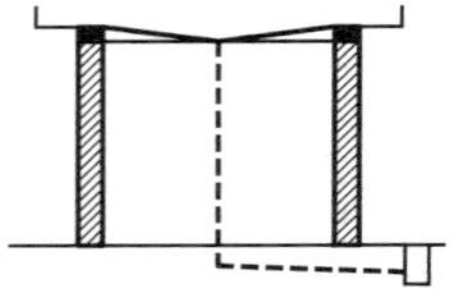 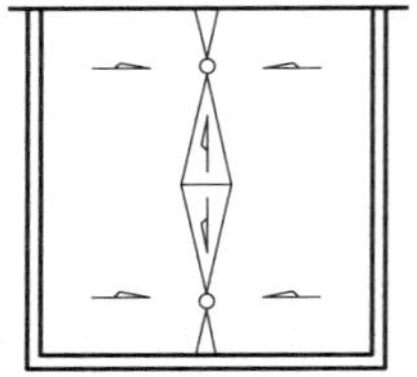 平屋面明管内排水	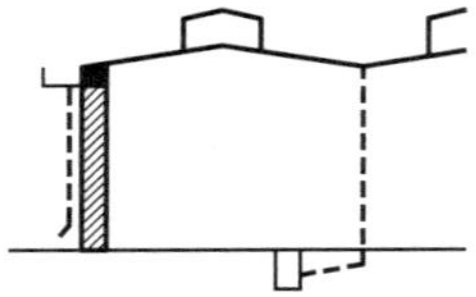 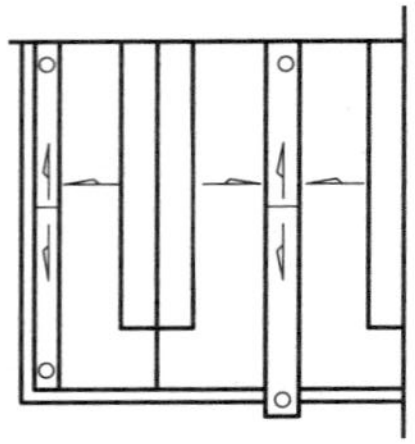 厂房内外结合排水

重力流排水系统是目前我国普遍使用的系统（图 5–4）。屋顶面积较小而四周排水出路多的建筑物，例如多层住宅或体量与之相似的一般民用建筑，都适合采用重力流排水。高层建筑也宜选择这一系统。当采用重力流排水时，每个水落口的汇水面积宜为 150 ～ 200m^2，具体还要结合当地暴雨强度及有关规定来调整。在屋面每个汇水面积内，雨水排水立管不宜少于 2 根，以避免一根排水立管发生故障时屋面排水系统瘫痪。

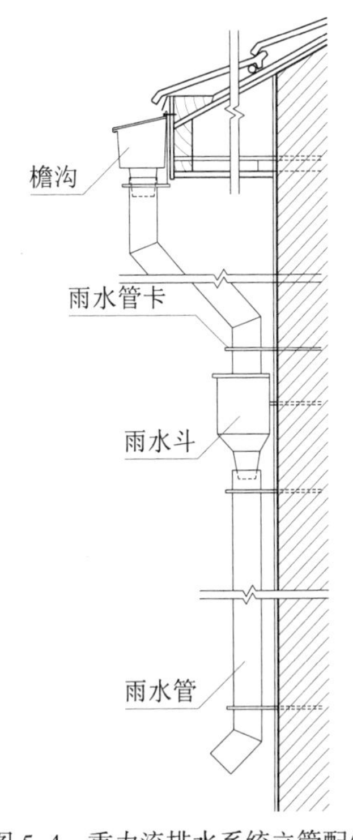

图 5–4　重力流排水系统立管配件

压力流排水系统又称为虹吸式排水系统，其原理是利用建筑屋面的高度和雨水所具有的势能产生虹吸现象，通过雨水管道变径形成负压，使得雨水在管道内负压的抽吸作用下，以较高的流速迅速排出。该系统的排水管道均按满管压力流设计，悬吊横管可以无坡度铺设（图 5–5）。它比同管径的重力流排水量大，能够充分发挥每根立管的作用，也减少了排水立管的数量，适合用于工业厂房、库房、公共建筑等大型屋面。一个压力流排水系统的最大汇水面积不宜大于 2500m^2。

半有压排水系统设计最大排水流量只取最大排水能力的 50% 左右，设计流态处于重力输水无压流和有压流之间，宜采用 87 型雨水斗或性能类似的雨水斗。该系统同一悬吊管连接的雨水斗不宜超过 4 个，多根立管可以汇集到一个横干管中。

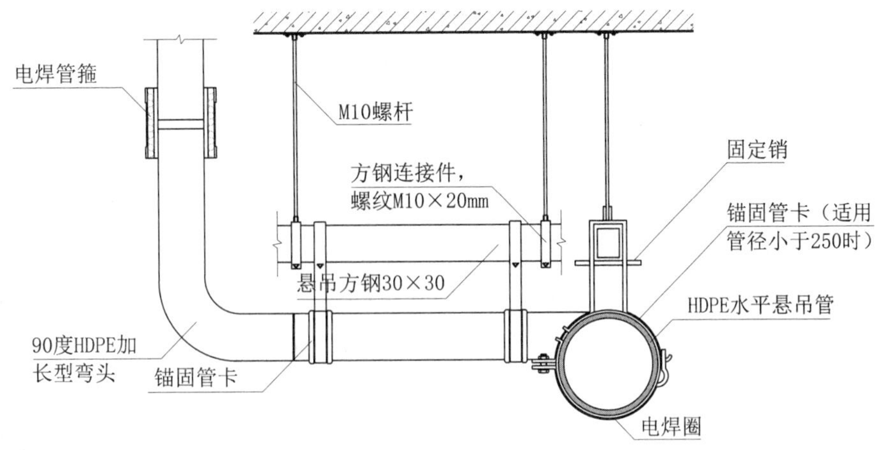

图 5–5　压力流排水系统悬吊管安装

5.2.4 集水沟设置

屋面集水沟包括天沟、边沟和檐沟。天沟是指设置在屋面上，两侧收集雨水从而引导屋面雨水径流的集水沟，单侧收集雨水者称边沟。檐沟则是指设置在屋檐边，沿沟长单边收集雨水的集水沟。

相关规范规定，坡度大于 5% 的屋面在采用雨水斗排水时，应设置集水沟；当屋面需要较小的雨水径流长度、较短的径流时间时，或在需要降低屋面积水深度以及减少屋面的坡向距离的情况下，也宜设置集水沟；坡屋面的排水设计，需要时可以设置集水沟在雨水流向的中途截留雨水。集水沟设置应注意不得跨越伸缩缝、沉降缝、变形缝和防火墙。

集水沟断面尺寸应根据屋面汇水面积的雨水流量确定。对于钢筋混凝土檐沟、天沟，其净宽不应小于 300mm，过窄则不利于排水，也不利于防水层施工；其分水线处最小深度不应小于 100mm，过小则可能因雨水溢出导致屋面渗漏；其沟内纵坡一般都由材料找坡，坡度不应小于 1%，过小则可能因施工精度不够造成排水不畅或积水；其沟底水落差不得超过 200mm，意味着分水线到水落口的排水线路长度不超过 20m。金属集水沟是由结构找坡的，纵向坡度宜为 0.5%。

5.3 平屋顶构造

平屋顶是最常见的屋顶形式，其支承结构大多采用与楼板层基本相同的钢筋混凝土结构。出于防水和抗震的考虑，屋面板宜选择现浇式做法。

5.3.1 防排水设计

为保证排水畅通，屋面坡度越大越好；但从经济、结构以及上人活动等角度考虑，屋面坡度却是越小越好。所以平屋顶需要综合多方因素选择合适的屋面坡度，通常在 2% ～ 5% 之间。

平屋顶的屋面防水主要依靠以不透水薄膜材料构筑而成的围护系统，材料包括卷材和涂膜两类，设计时应根据相应防水等级的设防要求设置一道或多道设防。一道设防是在屋面构造中仅设一道具有独立防水能力的防水层，多道设防是设置两道或以上具有独立防水能力的防水层。多道设防时必须保证至少有一道是防水卷材，例如 I 级设防要求的两道防水，允许使用两道卷材防水层的组合，或一道卷材防水层和一道涂膜防水层的组合，但不允许使用两道涂膜防水层的组合。防水材料厚度也是保证防水效果的一个关键因素，所以每一道防水层厚度都必须达到规范要求。

5.3.2 找坡层与找平层

当平屋顶采用材料找坡时，为了有利于保温、防水以及减轻屋面荷载，找坡层可采用质量轻、吸水率低的材料，如陶粒、浮石、膨胀珍珠岩、炉渣、加气混凝土碎块等轻集料混凝土。还可利用现制保温层兼作找坡层。找坡层最薄处厚度不宜小于 20mm。

卷材、涂膜防水的基层宜设找平层。现浇混凝土屋面板如果施工中随浇随用原浆找平压光，能够做到表面平整度符合要求，则可以不再做找平层。在装配式混凝土板或板状材料保温层上，找平层如果使用水泥砂浆，很容易发生开裂现象，故应采用细石混凝土找平层（表 5–4）。

表 5–4　找平层厚度和技术要求

找平层分类	适用的基层	厚度（mm）	技术要求
水泥砂浆	整体现浇混凝土板	15 ～ 20	1∶2.5 水泥砂浆
	整体材料保温层	20 ～ 25	
细石混凝土	装配式混凝土板	30 ～ 35	C20 混凝土，宜加钢筋网片
	板状材料保温层		C20 混凝土

注：本表选自《屋面工程技术规范》GB 50345—2012。

为避免找平层因自身干缩和温度变化而变形开裂，影响卷材或涂膜的施工质量，保温层上的找平层应留设分格缝，缝宽宜为 5 ～ 20mm，间距不宜大于 6m，缝内可以不嵌填密封材料。而结构层上设置的找平层与结构同步变形，可以不设分格缝。

屋面找平层分格缝以及构件接缝等部位，宜设置卷材空铺附加层，以保证基层变形时防水层有足够的变形区间，防止被拉裂或疲劳破坏。附加层空铺宽度不宜小于 100mm，做法包括两边条粘、单边粘贴、铺贴隔离纸、涂刷隔离剂等。

5.3.3　屋面防水层

1. 卷材防水层

常用的防水卷材有合成高分子防水卷材和高聚物改性沥青防水卷材，合成高分子卷材主要有三元乙丙、改性三元乙丙、氯化聚乙烯、聚氯乙烯、氯磺化聚乙烯防水卷材等，高聚物改性沥青卷材包括自粘橡胶沥青防水卷材、自粘聚合物改性沥青聚酯胎防水卷材。种植屋面防水层应采用耐根穿刺防水卷材。

防水卷材施工工艺有多种，包括冷粘法、热粘法、热熔法、自粘法、焊接法、机械固定法，施工前应视材料性能从中恰当选择。

2. 涂膜防水层

涂膜防水层是将防水涂料涂刷在屋面基层上，利用涂料干燥或固化以后的不透水性达到防水目的，具有防水、抗渗、粘结力强、延伸率大、弹性好、整体性好、施工方便等优点。常用的防水涂料有合成高分子防水涂料、聚合物水泥防水涂料和高聚物改性沥青防水涂料。

涂膜防水层施工工艺也有多种，水乳型和溶剂型防水涂料宜使用滚涂法或喷涂法，反应固化型防水涂料宜使用刮涂法或喷涂法，热熔型防水涂料和聚合物水泥防水涂料宜使用刮涂法。当用于细部构造时，所有防水涂料均宜使用刷涂法或喷涂法。

3. 复合防水层

复合防水即采用彼此相容的两种或两种以上的防水材料复合组成一道防水层。为了充分利用各种材料在性能上的优势互补，一般采用防水卷材和防水涂料复合使用，如合成高分子防水卷材 + 合成高分子防水涂料、自粘聚合物改性沥青防水卷材（无胎）+ 合成高分子防水涂料、高聚物改性沥青防水卷材 + 高聚物改性沥青防水涂料、聚乙烯丙纶卷材 + 聚合物水泥防水胶结材料等。防水涂料宜设置在防水卷材的下面。

4. 选材要求

用于屋面的防水材料品种较多，且各有特点，设计时应根据当地历年最高气温、最低气温、屋面坡度和使用条件等因素，选择耐热度、低温柔性相适应的材料，以避免高温流淌、低温脆裂；其次需要根据屋面防水层的暴露程度，适当考虑防水材料的耐紫外线、耐老化、耐霉烂等性能；而地基变形程度、结构形式、当地年温差、日温差和振动等因素都可能导致屋面变形，故尚应针对这些情况，选择拉伸性能相适应的防水材料。

5.3.4 保护层与隔离层

防水层上做保护层能够保护防水材料免受臭氧、紫外线、腐蚀介质侵蚀，免受外力刺伤损害。保护层材料应当简单易得，施工方便，经济可靠。不上人屋面和上人屋面的使用状况不同，所用保护层的材料也有所不同（表 5-5）。实践证明，与无保护层相比，合理设置保护层可以将防水层使用寿命延长一倍至数倍。

表 5-5 保护层材料的适用范围和技术要求

保护层材料	适用范围	技术要求
浅色涂料	不上人屋面	丙烯酸系反射涂料
铝箔	不上人屋面	0.05mm 厚铝箔反射膜
矿物材料	不上人屋面	不透明的矿物粒料
水泥砂浆	不上人屋面	20mm 厚 1：2.5 或 M15 水泥砂浆
块体材料	上人屋面	地砖或 30mm 厚 C20 细石混凝土预制块
细石混凝土	上人屋面	40mm 厚 C20 细石混凝土或 50mm 厚 C20 细石混凝土内配 ϕ4@100 双向钢筋网片

注：本表选自《屋面工程技术规范》GB 50345—2012。

块体材料保护层经常会因温度升高而膨胀隆起，为避免此类破坏发生，宜设分格缝，其纵横间距不宜大于 10m，缝宽宜为 20mm。水泥砂浆保护层也宜划分表面分格缝，分格面积宜为 1m^2，防止水泥砂浆因自身干缩和温度变化出现大面积龟裂。同样出于防裂考虑，细石混凝土保护层宜按不大于 6m 的纵横间距设分格缝，缝宽宜为 10～20mm。

块体材料、水泥砂浆、细石混凝土保护层均为刚性保护层，它们与女儿墙或山墙之间，应预留宽度为 30mm 的缝隙，否则高温季节刚性保护层可能因热胀顶推墙体造成开裂渗漏。缝隙内宜填塞聚苯乙烯泡沫塑料，并应嵌填密封材料。

刚性保护层会因自身收缩或温度变化而发生变形，如果防水层被其拉伸则容易疲劳开裂，故刚性保护层与卷材或涂膜防水层之间，应设置隔离层，以减少二者之间的粘结力、摩擦力，且使保护层的变形不受约束（表 5–6）。

表 5–6　隔离层材料的适用范围和技术要求

隔离层材料	适用范围	技术要求
塑料膜	块体材料、水泥砂浆保护层	0.4mm 厚聚乙烯膜或 3mm 厚发泡聚乙烯膜
土工布	块体材料、水泥砂浆保护层	200g/m^2 聚酯无纺布
卷材	块体材料、水泥砂浆保护层	石油沥青卷材一层
低强度等级砂浆	细石混凝土保护层	10mm 厚黏土砂浆，石灰膏：砂：黏土 =1：2.4：3.6
		10mm 厚石灰砂浆，石灰膏：砂 =1：4
		5mm 厚掺有纤维的石灰砂浆

注：本表选自《屋面工程技术规范》GB 50345—2012。

5.3.5　平屋顶细部构造

屋面渗漏的大多数情况是因为细部构造的防水处理不当造成的，细部构造既是防水工程的难点，也是屋面设计的重点。细部构造设计是保证防水层整体质量的关键，应做到满足使用功能、温差变形、施工环境条件和可操作性等要求。平屋顶细部构造包括檐口、檐沟和天沟、女儿墙和山墙、水落口、变形缝、伸出屋面管道、屋面出入口、反梁过水孔、设施基座等部位，增强处理可采用多道设防、复合用材、连续密封、局部增强等方法。

1. 檐口

无组织排水屋面檐口部位的防水层收头和滴水是防水处理的关键。如果采用卷材防水，在檐口 800mm 范围内卷材应满粘，收头应采用金属压条钉压，再以密封材料封严（图 5–6）；如果采用涂膜防水，收头处应多遍涂刷。檐口下端应做鹰嘴或滴水槽，滴水槽宽度和深度不宜小于 10mm。

2. 檐沟和天沟

檐沟和天沟是屋面排水最集中的部位，雨水冲刷量大，构件断面变化、屋面变形又容易造成它们与屋面交接处发生裂缝，所以为确保其防水效果，檐沟和天沟的防水层下应增设附加层，且伸入屋面的宽度不应小于 250mm。当主体防水层为卷材时，宜增设防水涂膜附加层，形成涂膜与卷材的优势互补；当主体防水层为涂膜时，附加层

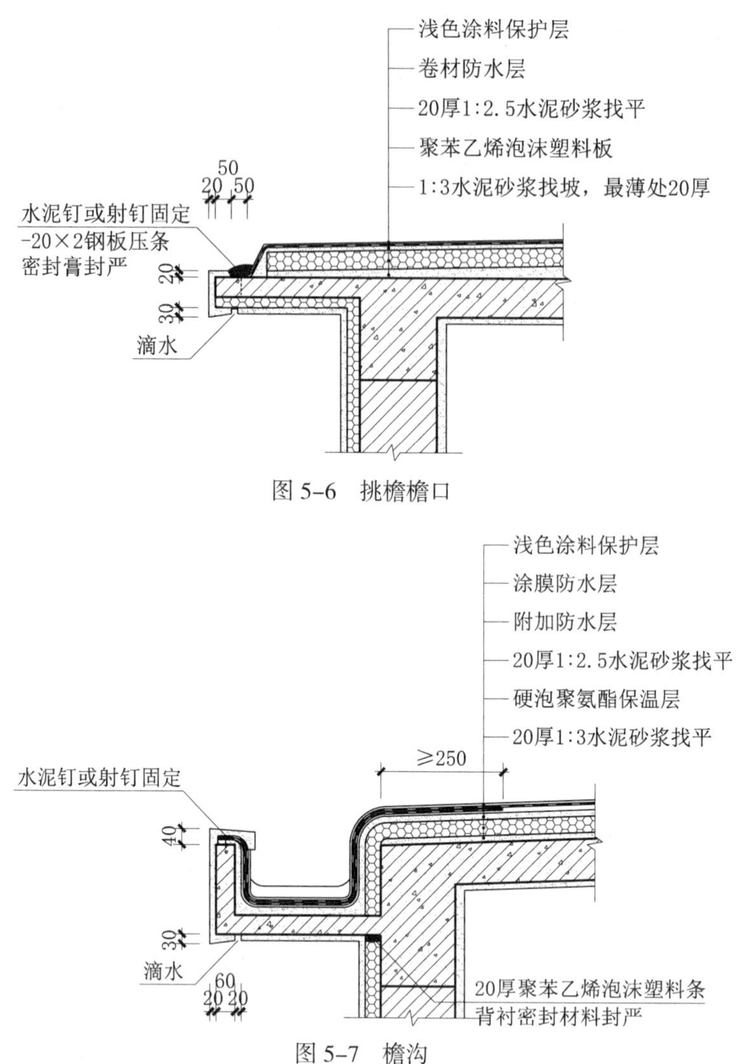

图 5-6　挑檐檐口

图 5-7　檐沟

宜选用同种涂膜，但应设胎体增强材料（图 5-7）。

檐沟防水层和附加层应由沟底翻上至外侧顶部，卷材收头处应用金属压条钉压固定，并以密封材料封严，涂膜防水层收头应用涂料多遍涂刷。为防止雨水沿檐沟外侧下端流向墙面，檐沟下端应做鹰嘴或滴水槽。

3. 女儿墙

女儿墙部位防水构造的重点是压顶、泛水和防水层收头处理。

压顶是防止女儿墙雨水渗漏的重要构件，此处防水如处理不当，雨水可能会通过女儿墙的裂缝从防水层背后进入室内。女儿墙可采用现浇混凝土、预制混凝土或金属制品压顶，压顶形成向内不小于 5% 的排水坡度，其内侧下端应做滴水处理。

泛水是指屋面防水层与垂直墙面交接处的防排水节点，此处转角一般要做成弧形（R=50 ～ 100mm）或 45° 斜面。低女儿墙泛水处的防水层宜直接铺贴或涂刷至压顶下，

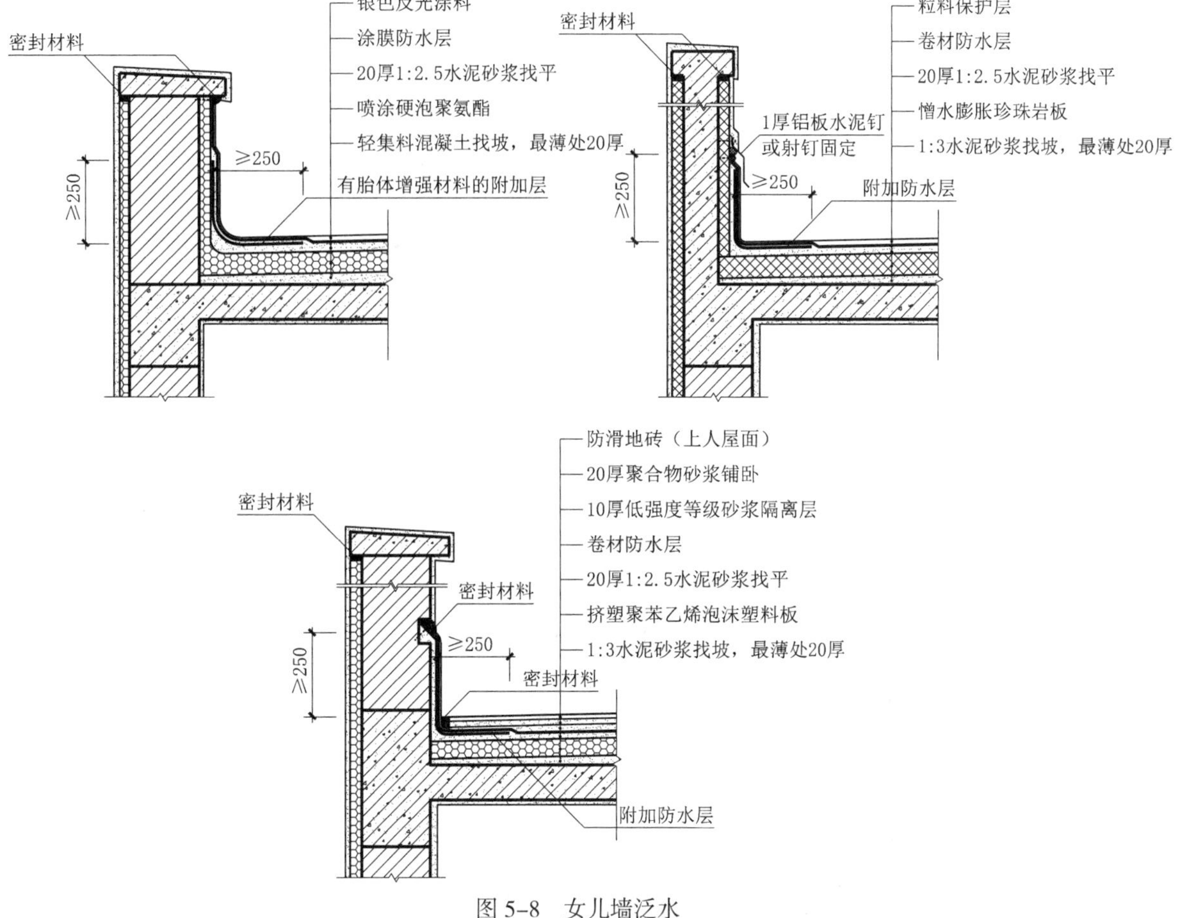

图 5-8 女儿墙泛水

卷材收头用金属压条钉压固定，并以密封材料封严；涂膜防水层粘结力强，收头处用防水涂料多遍涂刷即可。高女儿墙的防水层收头可在离屋面高度不小于250mm处，防水卷材用金属压条钉压固定，再以密封材料封严，收头上部应做金属盖板保护，防止雨水沿高女儿墙的泛水渗入。如果是砌体女儿墙，可在距屋面不小于250mm的部位留设凹槽，然后将防水卷材收头压入凹槽内，用金属压条钉压固定并用密封材料封严（图5-8）。

女儿墙泛水处的防水层下应增设附加层，其高度不应小于250mm，并且伸入屋面不少于250mm长度。泛水处防水层表面，宜涂刷浅色涂料或浇筑细石混凝土加以保护。

4. 水落口

水落口是屋面雨水汇集并排放至水落管的关键通道，构造处理必须保证排水通畅，防止渗漏和堵塞。

重力流排水水落口材料可采用塑料或金属制品，所有金属配件均应作防锈处理。水落口杯应固定在承重结构上，其牢固程度应保证使用中不出现松动，从而避免渗漏发生。水落口周围直径500mm范围内坡度不应小于5%，防水层下应增设涂膜附加层，

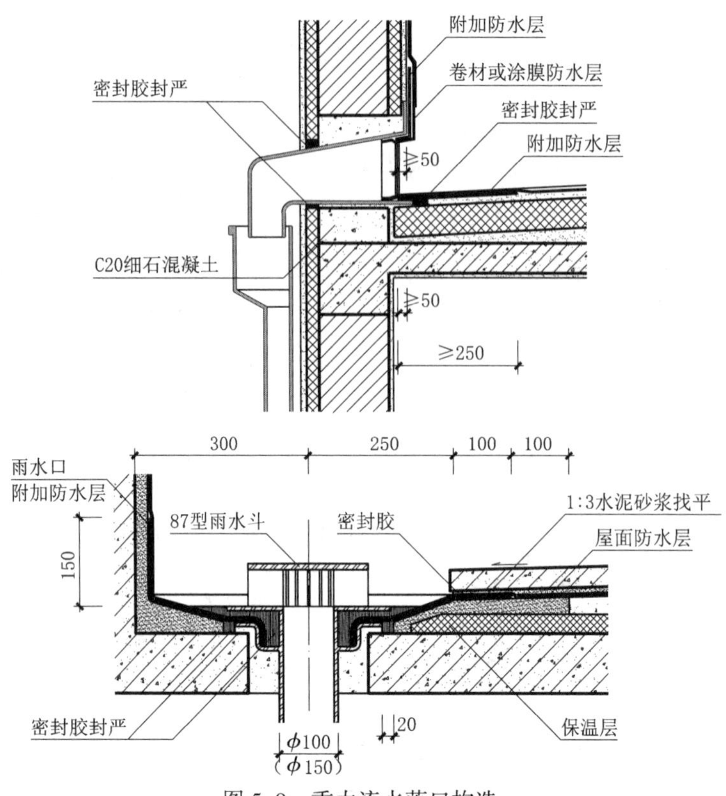

图 5-9　重力流水落口构造

防水层和附加层伸入水落口杯内长度不应小于 50mm（图 5-9）。水落口杯与基层接触处应留宽 20mm、深 20mm 凹槽，并嵌填密封材料。

虹吸式排水水落口部位的防水构造和部件都有相应的系统要求，需进行专项设计。

5. 伸出屋面管道

伸出屋面管道周围的找平层应抹出高度不小于 30mm 的排水坡。管道泛水防水层高度不应低于 250mm，泛水处防水层下应增设附加层，且附加层在平面和立面的宽度均不应小于 250mm（图 5-10）。

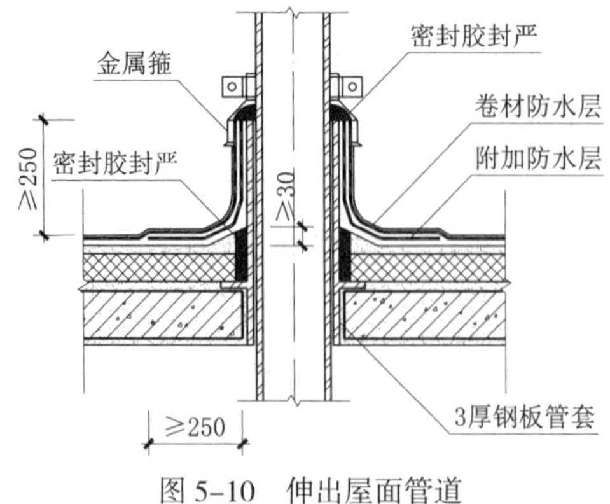

图 5-10　伸出屋面管道

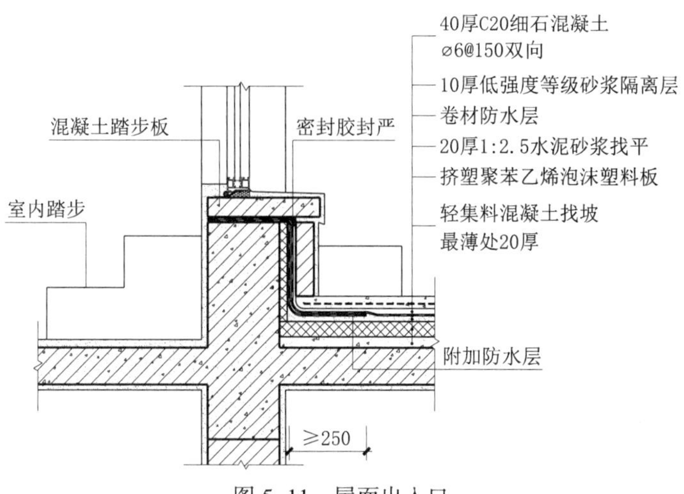

图 5-11　屋面出入口

6. 屋面出入口

屋面水平出入口的防水层应铺设至门洞踏步板下，收头处用密封材料封严。泛水处应增设附加层和护墙，附加层平面宽度不应小于 250mm（图 5-11）。

5.4　坡屋顶构造

坡屋顶几乎是历史上最早出现的屋顶形式，它一般由承重结构和屋面两部分所组成，其排水坡度通过屋面支承构件形成，所以属于结构找坡。

传统坡屋顶的典型形式有双坡顶和四坡顶两类，前者如硬山顶、悬山顶、卷棚顶等，后者如歇山顶、庑殿顶等，此外还有单坡顶、攒尖顶等。

组成坡屋顶屋面的是一些倾斜面，它们相互交接形成屋脊（正脊）、斜脊、斜沟、檐口、内天沟和泛水等，各部位名称见图 5-12。坡屋顶的水平内天沟容易带来排水不便，造成渗水，设计时需注意尽量避免。

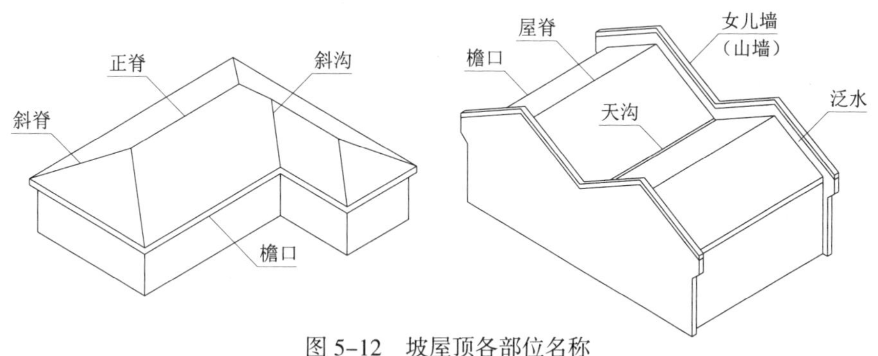

图 5-12　坡屋顶各部位名称

5.4.1　坡屋顶结构系统

传统坡屋顶的结构系统通常由椽子、檩条、屋架及大梁等典型构件组成，根据支承构件的不同，大体上可分为檩式、椽式和板式三类支承结构系统。

1. 檩式结构系统

以檩条作为屋面主要支承构件的结构系统。檩条也称檩子、桁条，是将屋面板承受的荷载传递到屋面梁、屋架或承重墙上的梁式构件。它的上面还要用屋面板或椽子作为屋面的承重基层，也有用植物苇箔、芦席等地方材料来代替屋面板的。

（1）檩条类型

檩条可以用木材、钢筋混凝土或型钢制作，用料尺寸一般按计算确定。

木檩条有圆木和方木两种，通常在采用屋面板的坡屋顶中，当檩条跨度为 3 ～ 4m 时，圆木檩条的梢径为 100 ～ 120mm，方木檩条断面尺寸为（75 ～ 100）mm×（200 ～ 250）mm。木檩条要注意搁置处的防腐处理，需在檩条端头涂以沥青，并在搁置点下设置混凝土垫块。

预制钢筋混凝土檩条断面形式多采用矩形、Γ 形、T 形。为了在檩条上钉屋面板，常在钢筋混凝土檩条上部设置木条，木条断面呈梯形，尺寸 40 ～ 50mm 对开。

型钢檩条常见的有槽钢、角钢、Z 型钢、H 型钢等制成的实腹式钢檩条，以及由多种型钢材料组合而成的轻钢桁架式檩条（图 5–13）。

檩条间距与屋面板厚度及椽子的截面尺寸有关。当屋面板直接搁置在檩条上时，檩条的间距 700 ～ 900mm；当屋面板与檩条之间采用椽子时，檩条的间距可适当放大至 1.0 ～ 1.5m。

（2）支承结构

檩式屋面支承结构主要有山墙支承、屋架支承和梁架支承等类型。

山墙承檩是把墙承重建筑物的横墙上部砌成尖顶形状，其上直接搁置檩条。这种做法构造简单，造价经济，适合宿舍、办公室之类大量相同开间并列的房屋（图 5–14）。

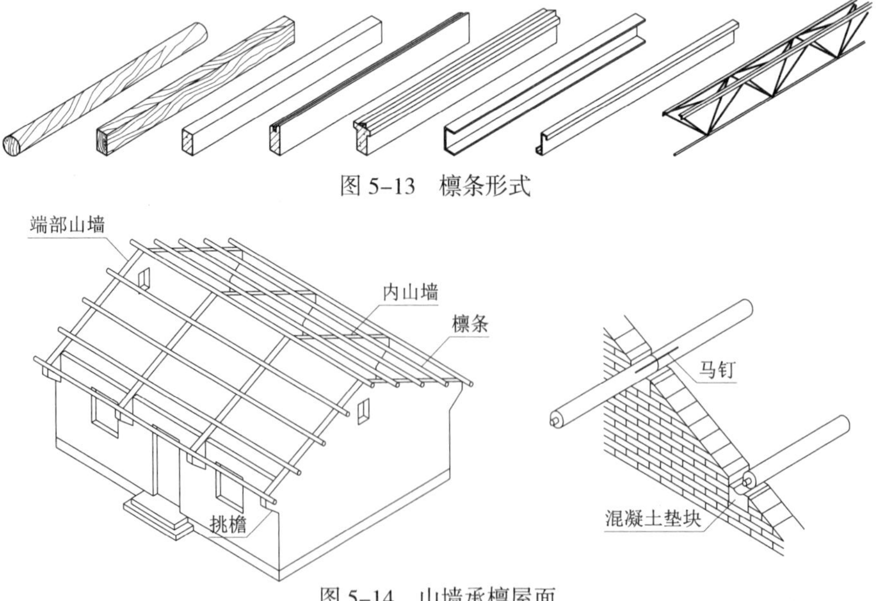

图 5–13　檩条形式

图 5–14　山墙承檩屋面

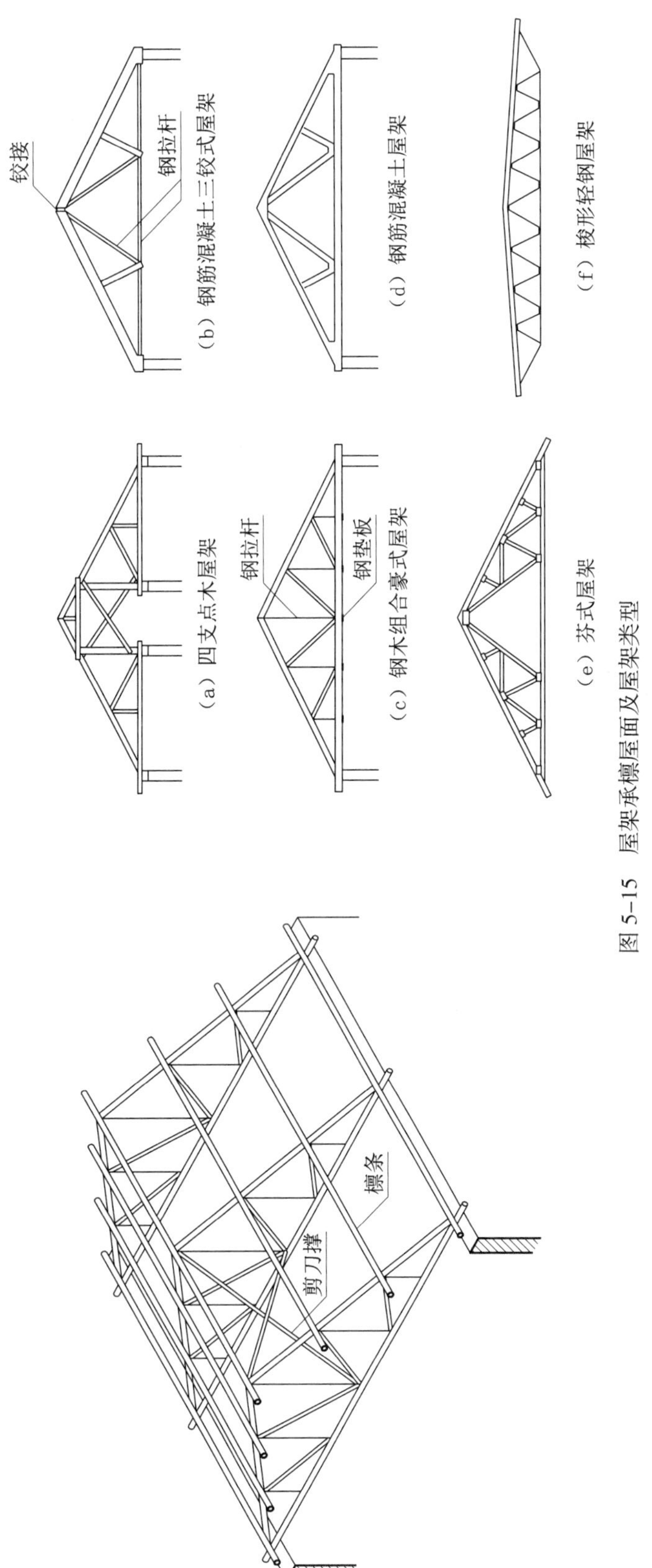

图 5-15 屋架承檩屋面及屋架类型

屋架承檩坡屋顶常采用三角形屋架来搁置檩条，另外也有梯形屋架、多边形屋架、拱形屋架等形式（图 5-15）。屋架搁置在建筑物纵向外墙或柱墩上，这样与山墙承檩相比建筑就获得了更大的使用空间。当建筑物内部有纵向承重墙或柱可作为屋架支点时，也可增加内部支承，形成三支点或四支点屋架。为了加强屋架的稳定性，经常需要在屋架间架设剪刀撑。

屋架可用钢、钢筋混凝土制作。中小跨度的屋架还可以使用钢木组合屋架和全木屋架。

坡屋顶会因建筑平面变化出现转折与交接，此时屋面构件需要进行相应搭接处理。一种做法是檩条搁檩条，把从侧面插入主体的屋顶檩条搁置在主体屋顶的檩条上，一般在插入主体的屋顶跨度不大时采用；另一种做法是用斜梁或半屋架，一端搁置在外立面的墙或柱上，另一端搁置在内部的墙或柱上，无内部支点可搁置时则支承在中间的屋架上（图 5-16）。

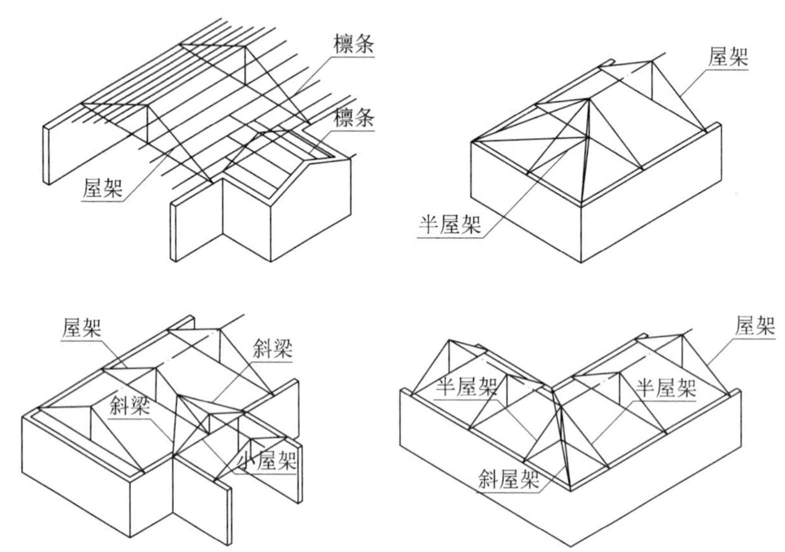

图 5-16　屋面转折与交接处构件搭接

梁架承檩是我国传统建筑的坡屋顶结构形式。它以柱和梁架支承檩条，并通过檩条及连系梁（枋）让整个房屋形成一个整体骨架，也称立帖式结构。梁架承檩的坡屋顶结构体系中，墙只起围护和分隔作用，不承重，因此有“墙倒屋不塌”之称（图 5-17）。

2. 椽式结构系统

椽子是垂直搁置在檩条上的屋面基层构件。两根呈人字形的椽子和一道横木（或拉杆）就组成一个椽架。

椽式结构系统是以椽架为主、小间距布置的坡屋顶支承方式。椽架的间距一般为 400 ～ 1200mm。由于椽架的间距较小，用料亦小，有利于各种不同尺度房间的灵活排列，

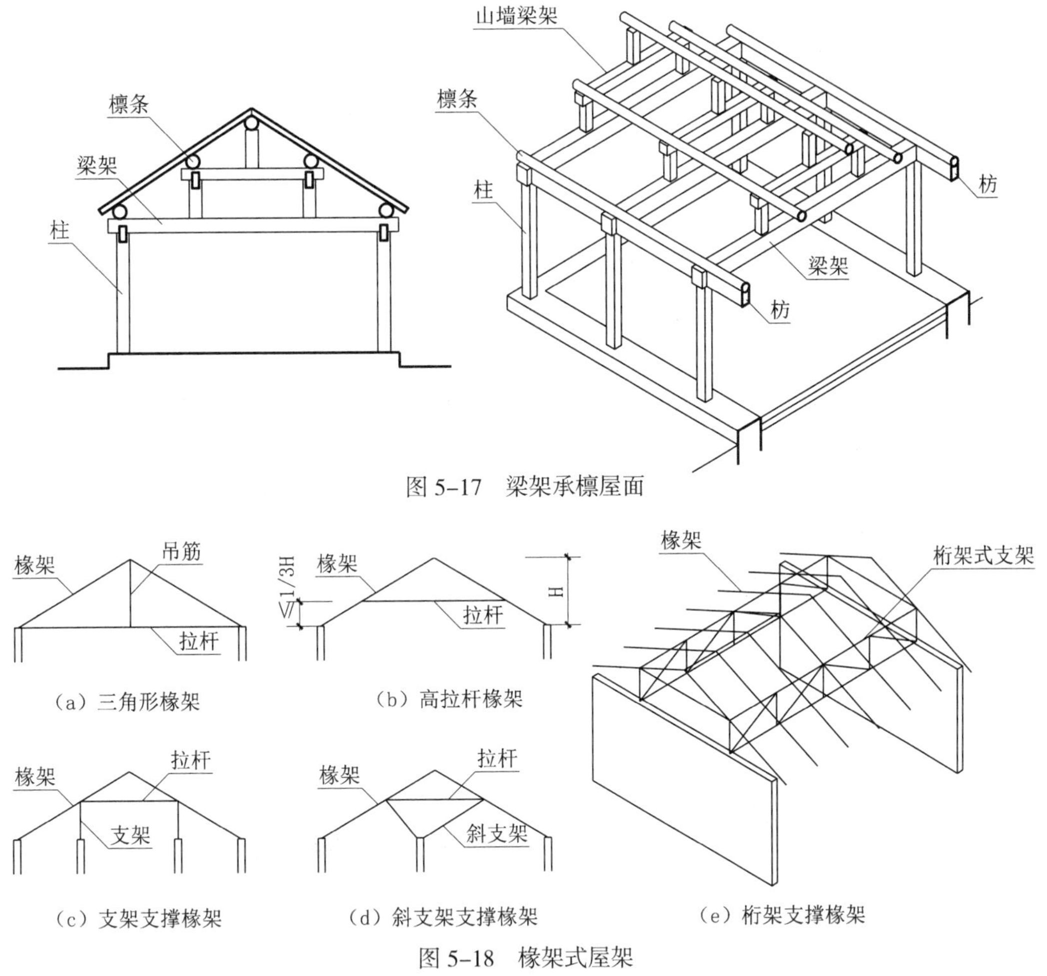

图 5-17　梁架承檩屋面

图 5-18　椽架式屋架

并适合于有阁楼的房屋。

跨度小的椽架可直接支承在外墙上，跨度大的要加设檩条或桁架式纵向支架。支架可以是垂直的，也可以是斜撑（图 5-18）。坡屋顶下做阁楼者，椽架的坡度可稍大些，下弦木有时还可以用作阁楼的搁栅。

3. 板式结构系统

板式结构坡屋顶是将屋面板作为独立的屋顶支承结构，屋面荷载通过它直接传递到垂直承重构件上。屋面板一般采用钢筋混凝土材料制作，分为现浇和预制两种。从有利于抗震和建筑防排水考虑，一般优先选择现浇钢筋混凝土屋面板作为坡屋顶的结构支承。

5.4.2　坡屋顶屋面系统

坡屋顶的屋面系统由屋面基层和防水盖料组成。屋面基层主要包括屋面板、防水层（或防水垫层）、顺水条、挂瓦条等；可供选择的防水盖料有很多，主要包括各种瓦材和金属板等。

1. 瓦屋面设计

瓦屋面是我国传统建筑常用的屋面构造方式，瓦材铺盖于屋面基层上，相互搭接以防止雨水渗漏。常见的瓦材类型除了传统的块瓦，还有沥青瓦、波形瓦。

（1）块瓦

烧结瓦和混凝土瓦是两种最常用的块瓦类型。

烧结瓦是由黏土或其他无机非金属材料，经成型、烧结等工艺处理而制成。传统建筑中的小青瓦就是在还原气氛中烧成的烧结瓦（图 5-19）。烧结瓦按照形状分为平瓦、脊瓦、三曲瓦、双筒瓦、鱼鳞瓦、板瓦、滴水瓦等，其表面状态有施釉和无釉两种。产品规格可由工程需要决定，平瓦的尺寸一般为(400mm × 240mm)～(300mm × 200mm)，厚度为 10 ～ 20mm（图 5-20）。

混凝土瓦是由水泥、细集料和水等原料经拌和、挤压、静压成型或其他成型方法制成的瓦材。混凝土瓦分为屋面瓦和配件瓦两种，屋面瓦包括波形屋面瓦和平板屋面瓦，它们可以是本色的，也可以是着色的或经过表面处理的。

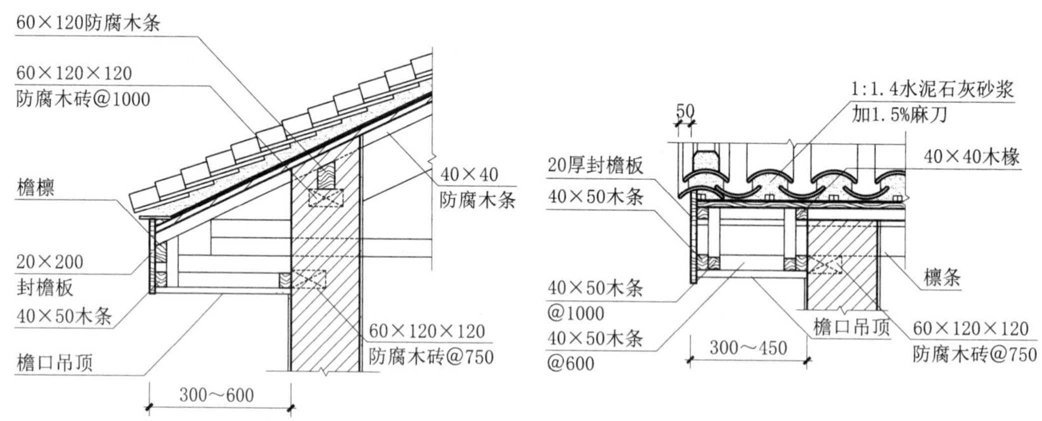

图 5-19　小青瓦屋面檐口、悬山构造

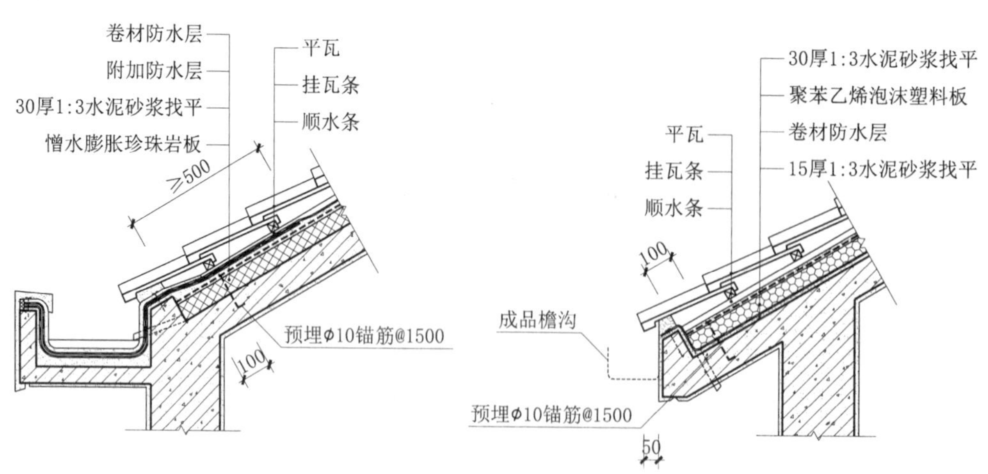

图 5-20　平瓦屋面檐口构造

块瓦屋面坡度不应小于30%，屋面板可以是钢筋混凝土板、木板或增强纤维板。块瓦屋面应采用干法挂瓦固定，檐口部位还应采取防风揭措施。

（2）沥青瓦

沥青瓦全称玻纤胎沥青瓦，是以玻璃纤维毡为胎基，浸涂石油沥青后，一面覆盖彩砂矿物粒料，另一面撒以隔离材料，然后切割制成的瓦片状屋面防水材料。它又称为油毡瓦，具有较好的防水效果，同时也对建筑物起到很好的装饰作用，且施工简便、易于操作。

沥青瓦平面尺寸为1000mm×333mm，固定方式以钉为主、粘结为辅。在混凝土屋面上铺设沥青瓦时，一般需要在瓦材下做细石混凝土持钉层兼找平层。沥青瓦屋面坡度不应小于20%。

（3）波形瓦

波形瓦适用于防水等级为Ⅱ级的坡屋面，由于本身强度较高，单片瓦面积较大，可以不设屋面板。瓦材主要包括沥青波形瓦、树脂波形瓦等。波形瓦屋面坡度不应小于20%。

（4）瓦屋面细部构造

屋面系统中顺水条断面尺寸宜为40mm×20mm，挂瓦条断面尺寸宜为30mm×30mm。

防水层、防水垫层可采取空铺、满粘和机械固定方式，屋面防水等级为Ⅰ级时通常选用自粘方式，屋面坡度大于50%时宜采用机械固定或满粘法施工。

在檐沟和天沟部位防水层下应增设附加层，且伸入屋面宽度不应小于500mm；檐沟和天沟防水层伸入瓦内的宽度不应小于150mm，烧结瓦、混凝土瓦伸入檐沟和天沟内的长度宜为50～70mm，沥青瓦伸入檐沟内的长度宜为10～20mm。

在屋面坡度大于100%时，以及大风和抗震设防烈度为7度以上的地区，为避免瓦材脱落，必须采取加固措施。块瓦和波形瓦一般用金属件锁固，沥青瓦一般用满粘和增加固定钉的措施（图5-21）。

2. 金属板屋面设计

金属板屋面由金属面板与支承结构组成，是一种将结构层和防水层合二为一的屋盖形式，有时也会使用单层防水卷材作为防水层。金属板材可以根据建筑设计要求选用，常用的有彩色涂层钢板、镀层钢板、不锈钢板、铝合金板、钛合金板和铜合金板。板的制作形状多种多样，有的是单板，有的是将保温层复合在两层金属板材之间的复合板。

压型金属板采用咬口锁边连接时，屋面的排水坡度不宜小于5%；压型金属板采用紧固件连接时，屋面的排水坡度不宜小于10%。屋面泛水板有效高度应不小于250mm，并应有可靠连接；屋面压型金属板伸入天沟和伸出檐口的出挑长度应不小于120mm，使用单层防水卷材时无出挑要求（图5-22）。

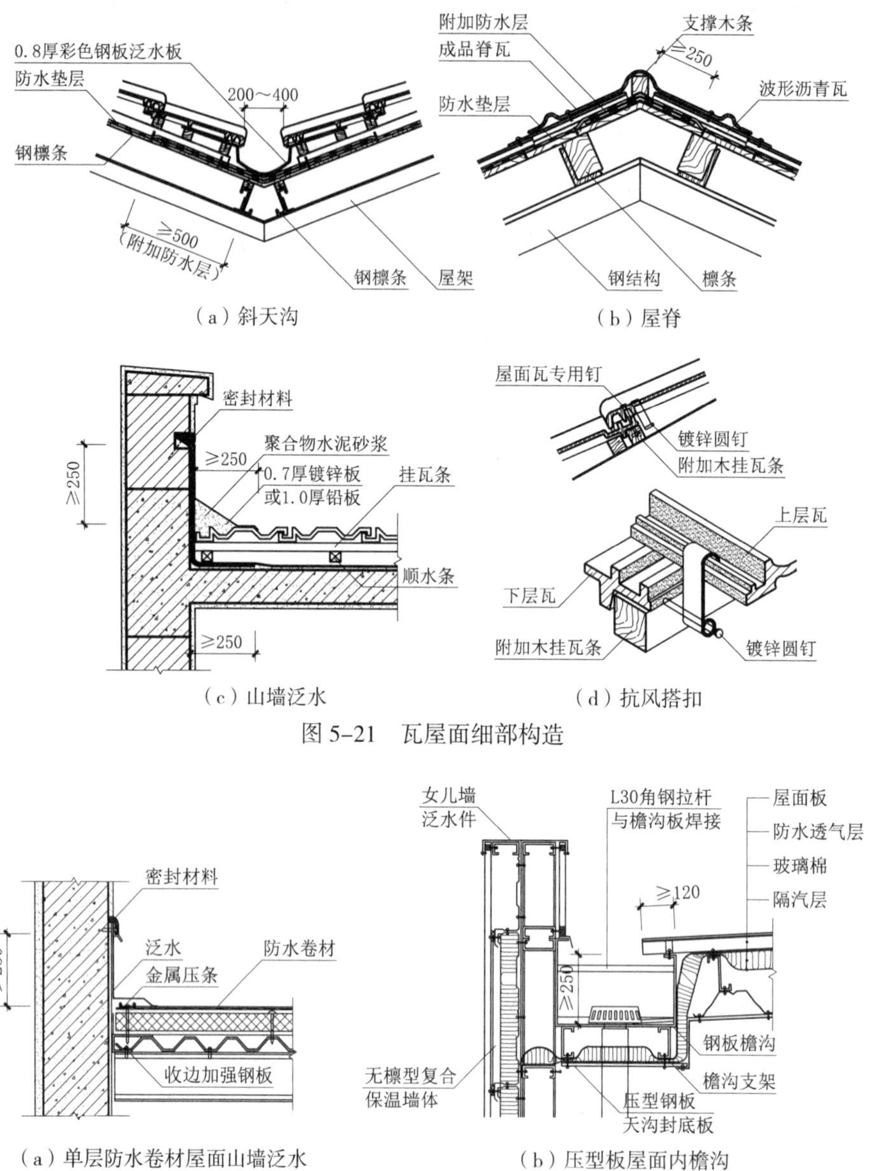

（a）斜天沟　（b）屋脊

（c）山墙泛水　（d）抗风搭扣

图 5-21　瓦屋面细部构造

（a）单层防水卷材屋面山墙泛水　（b）压型板屋面内檐沟

图 5-22　金属板屋面

5.5　屋顶的保温和隔热

作为外围护结构一个不可或缺的组成部分，屋顶的保温与隔热是建筑节能设计中的重要环节，可以通过恰当的构造处理达到改善室内热环境的目的。由于各地气候条件、构造技术、传统做法、经济发展水平等方面的差异，进行具体建筑构造设计时应因地制宜，采用合理技术，做好屋顶部位的保温与隔热。

5.5.1　屋顶保温构造

1. 屋面保温材料

与墙体保温材料一样，用于屋面的保温材料，分为板状材料、纤维材料和整体材料三种类型。板状材料有聚苯乙烯泡沫塑料、硬质聚氨酯泡沫塑料、膨胀珍珠岩制品、泡沫玻璃制品、加气混凝土砌块、泡沫混凝土砌块等；纤维材料是指玻璃棉制品以及岩棉、矿渣棉制品，其质量轻、导热系数小、不燃、防蛀、耐腐蚀、化学稳定性好，由其制成的毡状、板状制品是较好的绝热材料和不燃材料；整体材料指现制保温材料，常用的有喷涂硬泡聚氨酯、现浇泡沫混凝土。

保温层厚度应根据所在地区建筑节能设计标准计算确定。保温材料宜优先采用憎水型保温材料或吸水率低、表观密度和导热系数小的板状保温材料。

保温材料的压缩强度也是设计时需要考虑的一个因素。符合规范条件的板状保温材料在正常荷载情况下可以满足上人屋面的要求，而若屋面为停车场、运动场等情况时，应根据实际荷载验算后选用相应压缩强度的保温材料。矿物纤维制品由于其热阻与厚度成正比，为防止纤维材料在长期荷载作用下产生压缩蠕变，可以采取防止压缩的措施，以避免因厚度减小而导致热阻下降。

2. 平屋面保温构造

（1）正置式保温屋面

将保温层设置在结构层之上、防水层之下，使其成为封闭的保温层，这种屋面就称为正置式屋面（图 5–6 ～图 5–8）。

保温材料的干湿程度对导热系数影响很大，所以屋面保温构造还要考虑水汽的影响。室内湿气有可能透过屋面结构层进入保温层时，特别是常年湿度很大的温水游泳池、公共浴室、厨房操作间、开水房等建筑的屋面，应在结构层以上、保温层以下设置隔汽层，以阻止室内湿气通过结构层进入保温层。

隔汽层应选用气密性、水密性好的材料，与防水层一样采用防水卷材或涂料。沿周边墙面隔汽层应向上连续铺设，高出保温层上表面不得小于 150mm，但它与防水设防无关，所以收边不需要与保温层以上的防水层连接。同时还应设置纵横贯通并与大气连通的排汽道，排汽道的宽度宜为 40mm。找平层的分格缝可兼作排汽道，也可在保温层下铺设带支点的塑料板。排汽道纵横间距宜为 6m，排气孔可设在檐口下或纵横排汽道的交叉处，屋面面积每 $36m^2$ 宜设置一个排气孔，排气孔应作防水处理（图 5–23）。

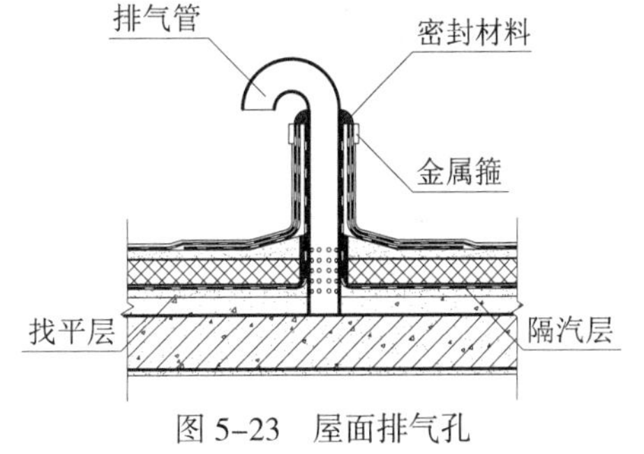

图 5–23　屋面排气孔

（2）倒置式保温屋面

将保温层设置在防水层之上，即为倒置式保温。其构造层次由下往上依次为结构层、找平层、防水层、保温层、保护层等。倒置式屋面的防水层因为有保温层的覆盖，不直接接触大气，避免了阳光、紫外线、臭氧的影响，减少了温差变化带来的拉伸变形，大大延缓了防水层的老化，同时也避免了受穿刺和外力直接损害，使用寿命得到有效保证。倒置式屋面防水层合理使用年限不得少于 20 年，防水等级应为 I 级。严寒及多雪地区不宜采用倒置式屋面。

倒置式屋面的保温层容易受雨水浸泡，故应选用吸水率低且长期浸水不变质的材料，例如挤塑聚苯乙烯泡沫塑料板、硬泡聚氨酯板、硬泡聚氨酯防水保温复合板、喷涂硬泡聚氨酯及泡沫玻璃保温板等，避免遭水侵蚀破坏以及保温性能下降。倒置式屋面保温层的厚度应按计算厚度增加 25% 取值，且最小厚度不得小于 25mm。

倒置式屋面坡度不宜小于 3%，宜结构找坡；如采用材料找坡，坡度宜为 3%，最薄处找坡层厚度不得小于 30mm；当屋面单向坡长大于 9m 时，应采用结构找坡；屋面坡度大于 3% 时，应在结构层采取防止防水层、保温层及保护层下滑的措施；屋面坡度大于 10% 时，应沿垂直于坡度的方向设置防滑条，防滑条应与结构层可靠连接。

保温层重量轻，易被大风吹起，或被屋面雨水浮起，故其上宜使用细石混凝土或卵石、混凝土板块、地砖等块体材料作保护层（图 5-24），还可采用水泥砂浆、金属板材、人造草皮、种植植物等材料。当采用板块材料或卵石作保护层时，在保温层与保护层之间应设置隔离层。水泥砂浆保护层应设表面分格缝，分格面积宜为 $1m^2$；板块材料、细石混凝土保护层应设分格缝，板块材料分格面积不宜大于 $100m^2$，细石混凝土分格面积不宜大于 $36m^2$，分格缝宽度不宜小于 20mm 并应用密封材料嵌填。细石混凝土保护层与山墙、凸出屋面墙体、女儿墙之间还应留出宽度为 30mm 的缝隙。

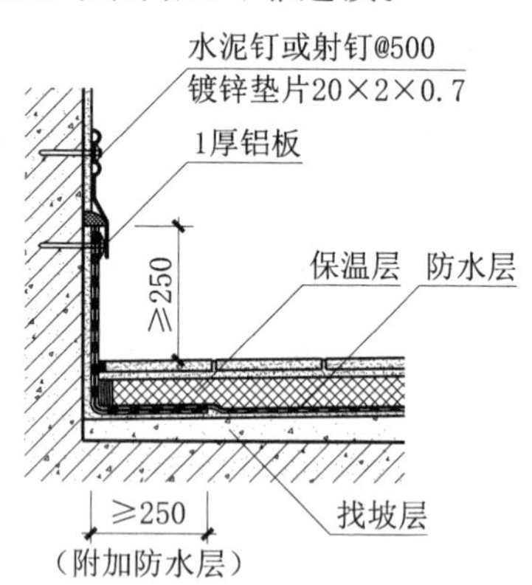

图 5-24　倒置式保温屋面

屋面防水层下应设 15 ～ 40mm 水泥砂浆或细石混凝土找平层，结构找坡的屋面可采用原浆表面抹平、压光。由于水泥砂浆、细石混凝土在施工过程中，可能因砂浆水灰比、含泥量、细骨料比例等因素产生开裂，找平层应设分格缝，缝宽宜为 10 ～ 20mm，纵横缝间距不宜大于 6m 且应以密封材料嵌填。

（3）内保温屋面

指保温层设置在屋面结构层以下的做法，可以将保温层直接放置在屋面板底（图 5-25）或者板底与吊顶之间的夹层内，金属板屋面还可以将保温隔热材料搁置在檩条上面（图 5-22）。

3. 坡屋面保温构造

在坡屋面上铺设保温层应根据其构造特点采取相应对策。当屋面坡度超过 25% 时，

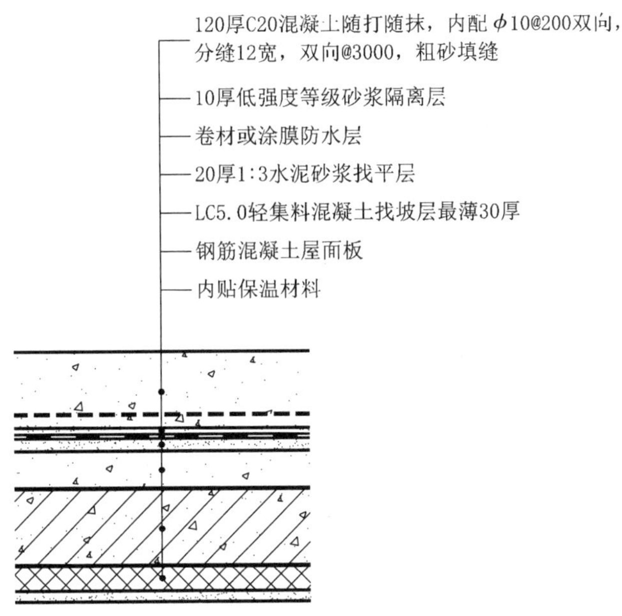

图 5-25　内保温屋面（小型车停车场屋面）

保温层如果采用干铺方式经常发生下滑现象，故应采取粘贴或铺钉措施，以防变形和位移；当屋面坡度大于 100% 时，保温隔热材料很难固定，宜采用内保温隔热方式。散状材料不宜用作坡屋面保温隔热材料。

5.5.2　屋顶隔热构造

屋顶隔热是指在炎热地区防止夏季室外热量通过屋顶部位传入室内的措施。由于太阳辐射会造成屋顶温度剧烈升高，加之室外气温的综合作用，造成了从屋顶传入室内的热量远比从墙体传入的多，因此为了使室内环境具有良好的热舒适性，必须采取有效的构造措施解决屋顶部位的降温和隔热问题。隔热设计应根据地域、气候、屋面形式、建筑环境、使用功能等条件，经技术经济比较来确定，例如使用浅色外饰面，采用架空、种植和蓄水等隔热屋面形式，还可以考虑采用淋水被动蒸发屋面或者带老虎窗的通气阁楼坡屋面。而如果为了提高围护结构热阻选择蓄热系数高的材料，会存在白天吸收的太阳辐射热在夜间向室内散发的情况，故这种隔热方法效果不好。

1. 架空隔热屋面

在屋顶设置空气间层，以上层表面遮挡阳光辐射，同时利用风压与热压作用让层间热空气持续排出，使屋顶变成二次传热，这样可以明显降低外围护结构内表面的温度，是最为有效的隔热方法。

架空隔热屋面由隔热构件、通风空气间层、支撑构件和基层（结构层、保温层、防水层）组成。在平屋顶上一般采用预制薄板架空搁置在屋面防水层之上，它对屋顶的结构层和防水层起到一定保护作用，此时屋面坡度不宜大于 5%。

架空隔热层距屋面高度宜为 180 ～ 300mm。为保证通风效果，架空板与女儿墙的距离不应小于 250mm；当屋面宽度大于 10m 时，架空隔热层中部还应设置通风屋脊（图 5–26）。架空隔热层的进风口宜设置在当地炎热季节最大频率风向的正压区（迎风面），出风口宜设置在负压区（背风面）。架空隔热层不宜用于寒冷地区。

2. 种植屋面

种植屋面是在屋面防水层以上铺设种植介质并种植各类植物，利用植被起到隔热降温作用。它具有隔热、保温与防水性能兼顾的生态环境与节能效果，还有利于空气净化和环境美化，在夏热冬冷地区和夏热冬暖地区有较好的适用性。

种植屋面的基本构造层次自上而下依次为植被层、种植土层、过滤层和排（蓄）水层、保护层、隔离层、耐根穿刺防水层、屋面基本构造层（普通防水层、找平层、找坡层、保温隔热层等）（图 5–27），不宜设计为倒置屋面。种植屋面防水层应满足Ⅰ级防水等级设防要求，采用不少于两道防水设防，上道应为耐根穿刺防水材料，并且耐根穿刺防水层上应设置水泥砂浆或细石混凝土保护层。过滤层宜采用土工布，并应沿种植土周边向上铺设至种植土高度。

种植隔热层宜根据植物种类以及环境布局进行分区布置，各分区之间应设挡墙或挡板；种植土四周亦应设挡墙，挡墙下部应设泄水孔，与排水出口连通；当屋面坡度

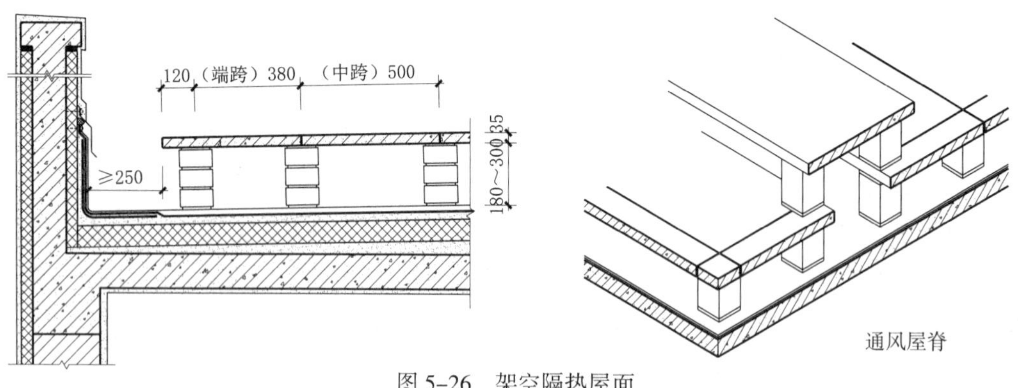

图 5–26　架空隔热屋面

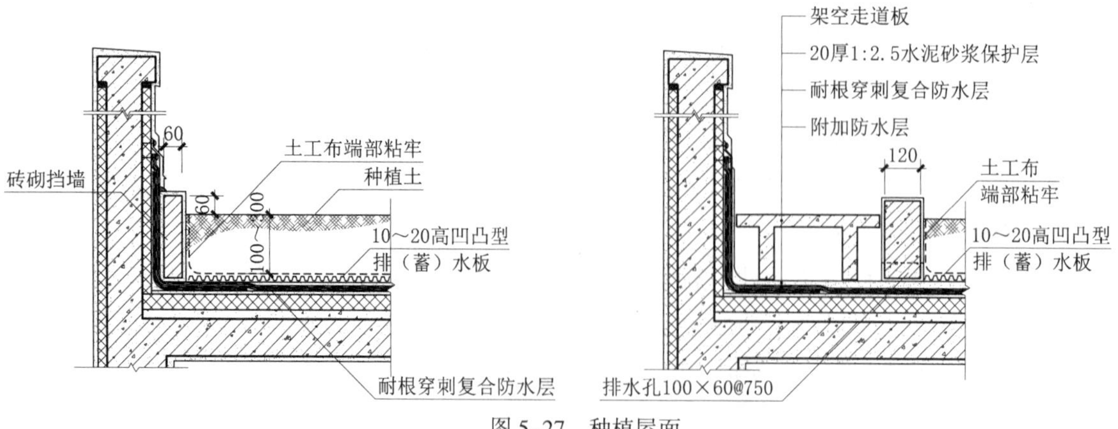

图 5–27　种植屋面

大于20%时，排水层、种植土均应采取防滑措施。

3. 蓄水屋面

蓄水屋面通过在屋面防水层上蓄积一定高度的水，达到隔热目的。它利用了水的蓄热和蒸发作用，使得照射到屋面上的太阳辐射热大量消耗，从而减少室外热量传入室内。蓄水层还可以减少刚性基层内部的温度应力导致的开裂，保护屋面防水卷材、密封嵌缝材料，延长防水层的使用寿命。

蓄水屋面排水坡度不宜大于0.5%。蓄水池应采用现浇混凝土，强度等级不低于C25，抗渗等级不低于P6，池内宜采用20mm厚防水砂浆抹面。蓄水池的蓄水深度宜为150～200mm（图5-28）。在寒冷地区、地震设防地区和振动较大的建筑物上不宜采用蓄水隔热层。

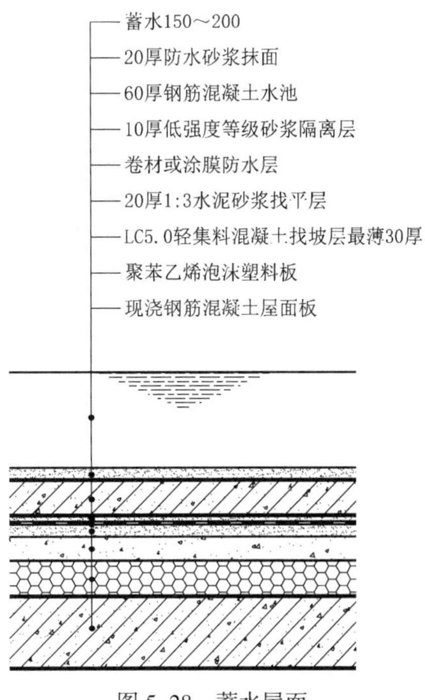

图5-28 蓄水屋面

本章引用的规范性文件

《全国民用建筑工程设计技术措施 节能专篇—建筑》2007JSCS-J

《坡屋面建筑构造（一）》09J202—1

《平屋面建筑构造图集》12J201

《种植屋面建筑构造》14J206

《单层防水卷材屋面建筑构造（一）》15J207—1

《虹吸式屋面雨水排水系统技术规程》CECS 183：2015

《建筑屋面雨水排水系统技术规程》CJJ 142—2014

《建筑给水排水设计规范》GB 50015—2003（2009年版）

《民用建筑热工设计规范》GB 50176—2016

《屋面工程质量验收规范》GB 50207—2012

《屋面工程技术规范》GB 50345—2012

《民用建筑设计统一标准》GB 50352—2019

《建筑与小区雨水利用工程技术规范》GB 50400—2006

《硬泡聚氨酯保温防水工程技术规范》GB 50404—2017

《机械工业厂房建筑设计规范》GB 50681—2011

《坡屋面工程技术规范》GB 50693—2011

《压型金属板工程应用技术规范》GB 50896—2013

《烧结瓦》GB/T 21149—2019
《混凝土瓦》JC/T 746—2007
《种植屋面工程技术规程》JGJ 155—2013
《倒置式屋面工程技术规程》JGJ 230—2010
《单层防水卷材屋面工程技术规程》JGJ/T 316—2013
《屋面现浇泡沫混凝土节能防水一体化系统应用技术规程》T/CECS 557—2018

第6章　楼　梯

建筑物上下楼层以及不同标高地面之间的竖向交通联系，需要通过楼梯、电梯、自动扶梯或坡道、台阶等设施实现，其中楼梯使用最为普遍。本章将以楼梯为主介绍这些竖向交通设施的基本组成、设计要求以及细部构造。

6.1　楼梯的使用要求与分类

作为主要竖向交通设施，楼梯应做到上下通行方便，具有足够的通行宽度和疏散能力，以满足人行及搬运家具物品的需要，并应兼顾安全、坚固、耐久、防火和美观方面的要求。建筑物中楼梯的数量、位置、梯段净宽和楼梯间形式均应符合相应设计规范与标准。

根据所处位置不同，楼梯有室内楼梯和室外楼梯之分；根据使用性质不同，楼梯则可分为公用楼梯、服务楼梯、套内楼梯、疏散楼梯等；而根据楼梯间形式的不同，楼梯、楼梯间又包括敞开楼梯间、封闭楼梯间、防烟楼梯间三种类型。

建筑物中楼梯间的位置应当醒目易找，起到提示引导人流的作用。托儿所、幼儿园以及中小学校教学用房等类型的建筑楼梯间应有天然采光和自然通风，其他类型的建筑在条件允许时楼梯间也宜尽量使用天然采光和自然通风，以方便日常使用，节约能源，并有利于突发事件时的紧急疏散。

6.2　楼梯的组成、形式与尺度

6.2.1 楼梯的组成

楼梯主要由梯段、平台和扶手栏杆（板）三部分组成（图6–1）。

1. 梯段

设有踏步供人上下行走的通道段落即为梯段，其断面上部轮廓呈锯齿状。一个梯段又称作一跑。梯段踏步的水平面称作踏面，形成踏步高差的垂直面称作踢面。

2. 楼梯平台

连接两个梯段的水平构件即为平台。位于两个楼层之间的平台称为中间平台或半平台，与楼层地面标高一致的平台称为楼层平台或正平台，平台用来供人们行走一定距离后稍事休息和改变行进方向，楼层平台还起到分配到达各楼梯人流的作用。

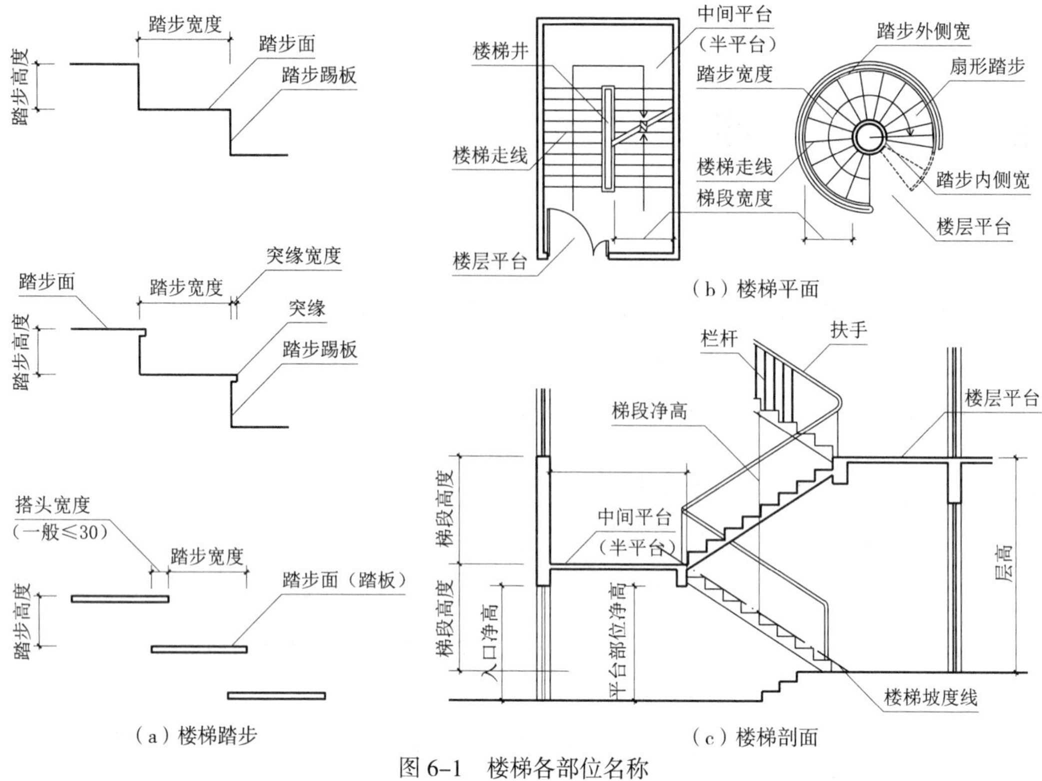

图 6–1　楼梯各部位名称

3. 扶手栏杆（板）

为了保证人们在楼梯上行走安全，梯段和平台的临空边缘应设置栏杆或栏板，其顶部供依扶用的连续构件称作扶手。在梯段宽度较大时，非临空面也应加设扶手。

6.2.2　楼梯的形式

根据在建筑物中所处的平面位置以及功能要求，楼梯可以具有多种平面布置形式（图 6–2）。

建筑物中最常用的楼梯形式是双跑楼梯，尤以双跑平行楼梯（也称对折楼梯）为多。

楼梯形式的选择还须符合相应规范要求。为了保证行人使用安全舒适，楼梯每个梯段的踏步级数不应少于 3 级，且不应超过 18 级。疏散楼梯和可作疏散用的楼梯以及疏散通道上的阶梯踏步必须有利于人员快速、安全疏散，避免在紧急情况下出现摔倒等意外情况，因此不宜采用螺旋楼梯和扇形踏步；确需采用时，踏步上、下两级所形成的平面角度不应大于 10°，且每级距扶手 250mm 处的踏步深度不应小于 220mm。

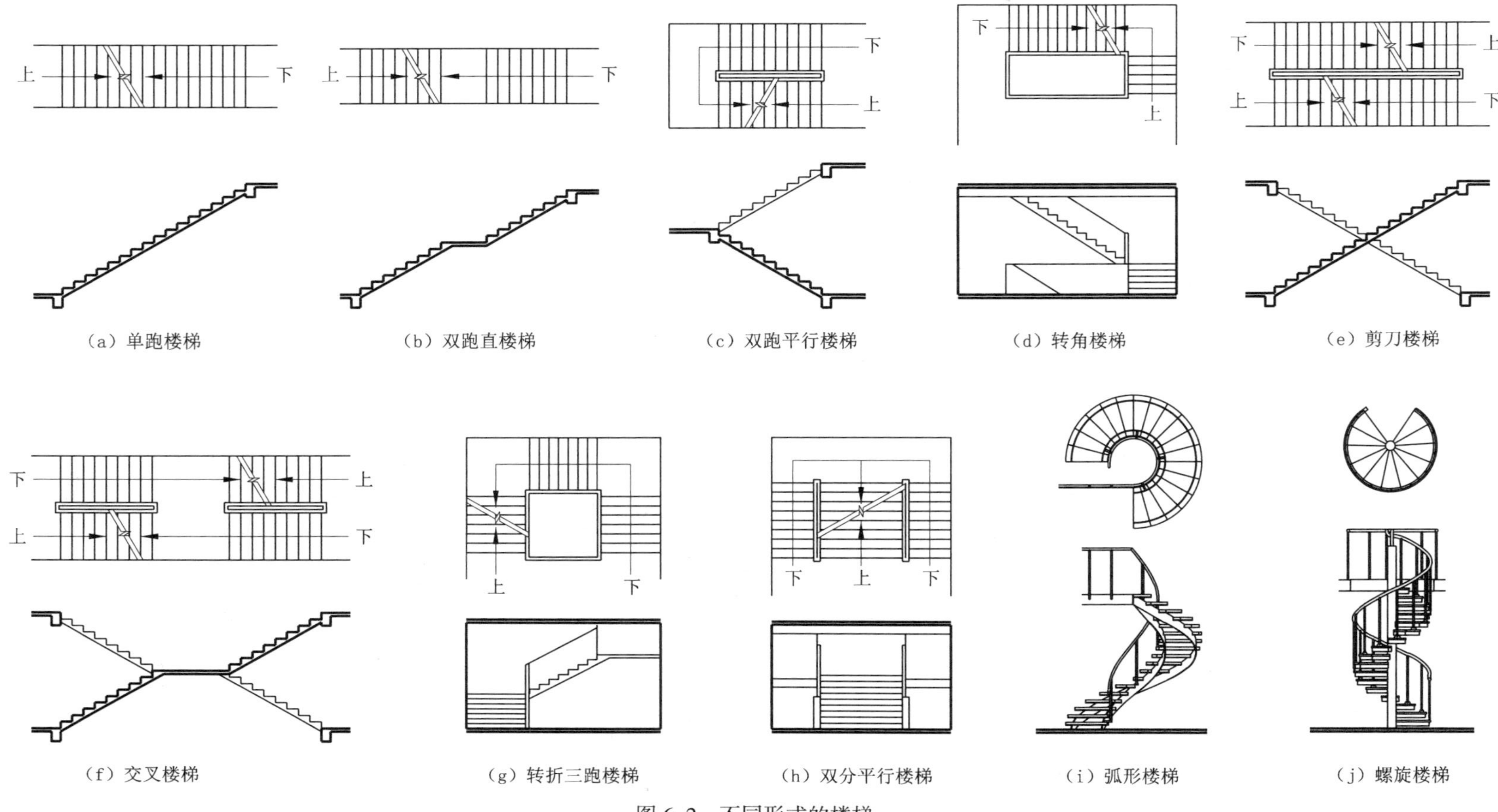

（a）单跑楼梯 （b）双跑直楼梯 （c）双跑平行楼梯 （d）转角楼梯 （e）剪刀楼梯

（f）交叉楼梯 （g）转折三跑楼梯 （h）双分平行楼梯 （i）弧形楼梯 （j）螺旋楼梯

图6-2 不同形式的楼梯

6.2.3 楼梯的尺度

1. 楼梯平面尺度

（1）梯段宽度

梯段宽度在单侧设扶手时指墙体装饰面至扶手中心线的水平距离，在双侧设扶手时指两侧扶手中心线之间的水平距离。若梯段上有凸出物，宽度应从凸出物表面算起；但疏散楼梯间内不应有影响疏散的凸出物或其他障碍物。

梯段宽度应根据使用要求、模数标准、防火规范等因素综合确定，建筑物中的主要楼梯宽度应满足不少于两股人流通行需要。每股人流宽度按0.55m+(0～0.15)m计算，故两股人流宽度为1.10～1.40m，三股人流宽度为1.65～2.10m，人流量大的场所应取上限值。

（2）平台宽度

楼梯平台宽度指墙体装饰面至扶手中心线的水平距离。当楼梯平台有凸出物或其他影响通行宽度的障碍物时，平台宽度应从凸出部分或其他障碍物外缘算起。

直跑楼梯的中间平台宽度不应小于0.9m。当梯段改变方向时，扶手转向端处的平台最小宽度不应小于梯段宽度，并不得小于1.2m（图6-3）。当有搬运大型物件需要时，应适量加宽。

（3）楼梯井

楼梯井是由楼梯梯段和休息平台内侧面围成的空间，有时简称梯井。

幼儿园、托儿所、文化娱乐建筑、商业服务建筑、体育建筑、园林景观建筑、住宅、儿童专业活动场所和其他允许儿童进入的活动场所，当楼梯井净宽大于0.20m时，必须采取防止儿童攀滑的措施，楼梯栏杆应采用不易攀登的构造和花饰；中小学校楼梯井净宽大于0.11m时，应采取有效的安全防护措施。

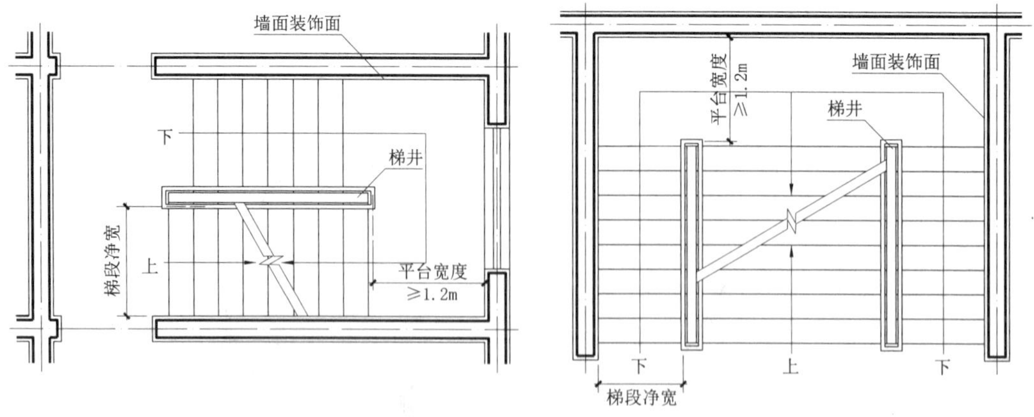

图6-3 平台宽度要求

2. 楼梯坡度

楼梯为了保证行走安全、舒适，常用坡度宜为 30° 左右，室内楼梯的适宜坡度为 23° ～ 38° （图 6–4）。具体坡度应根据楼梯使用性质确定，人流量大、安全要求高的楼梯坡度需要平缓一些，反之则可以适当陡一些，以节约楼梯间面积。

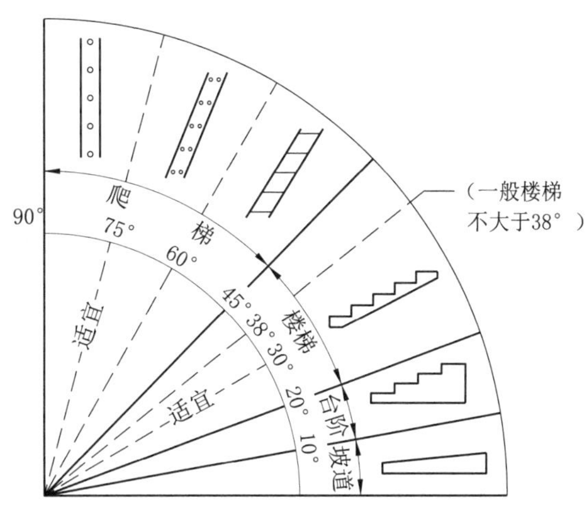

图 6–4 竖向交通设施的坡度范围

3. 踏步尺寸

楼梯坡度在梯段上体现为踏步的高宽比。而踏步尺寸与人体尺度密切相关，由人行步幅决定。

表 6–1 楼梯踏步最小宽度和最大高度（m）

楼梯类别		最小宽度	最大高度
住宅楼梯	住宅公共楼梯	0.260	0.175
	住宅套内楼梯	0.220	0.200
宿舍楼梯	小学宿舍楼梯	0.260	0.150
	其他宿舍楼梯	0.270	0.165
老年人建筑楼梯	住宅建筑楼梯	0.300	0.150
	公共建筑楼梯	0.320	0.130
托儿所、幼儿园楼梯		0.260	0.130
小学校楼梯		0.260	0.150
人员密集且竖向交通繁忙的建筑和大、中学校楼梯		0.280	0.165
其他建筑楼梯		0.260	0.175
超高层建筑核心筒内楼梯		0.250	0.180
检修及内部服务楼梯		0.220	0.200

注：本表选自《民用建筑设计统一标准》GB 50352—2019。

同一梯段内每个踏步高度、宽度应一致，相邻梯段的踏步高度、宽度宜一致，以防止摔跤；如因各层层高不同导致相邻梯段踏步高度无法一致，也应使其尺寸尽量接近。

当同一梯段连接的上下楼面装修层厚度与踏步装修层厚度不同时，首末两级踏步应注意调整结构的级高尺寸，避免出现高低不等（图 6–5）。

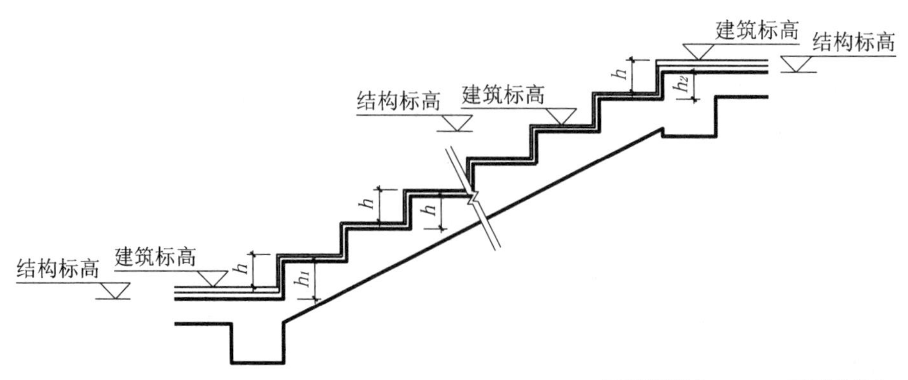

图 6–5　结构标高调整示意

4. 净空高度

建筑各部位净高均需保证人行进时不碰头，规范规定楼梯平台上部及下部过道处的净高不应小于 2.0m，梯段净高应以人在楼梯上伸直手臂向上旋升时手指刚触及上方突出物下缘为限，不应小于 2.2m。

楼梯净空高度的测量位置与其他部位相比有其特殊性，在梯段上净高为自踏步前缘量至上方突出物下缘间的垂直高度，而梯段最低和最高一级踏步前缘线以外 0.3m 范围内如有突出物，则净高应量至该突出物下缘（图 6–6）。

5. 扶手栏杆（板）

楼梯应至少有一侧设置扶手，梯段净宽达三股人流时应两侧设扶手，达四股人流时宜加设中间扶手。

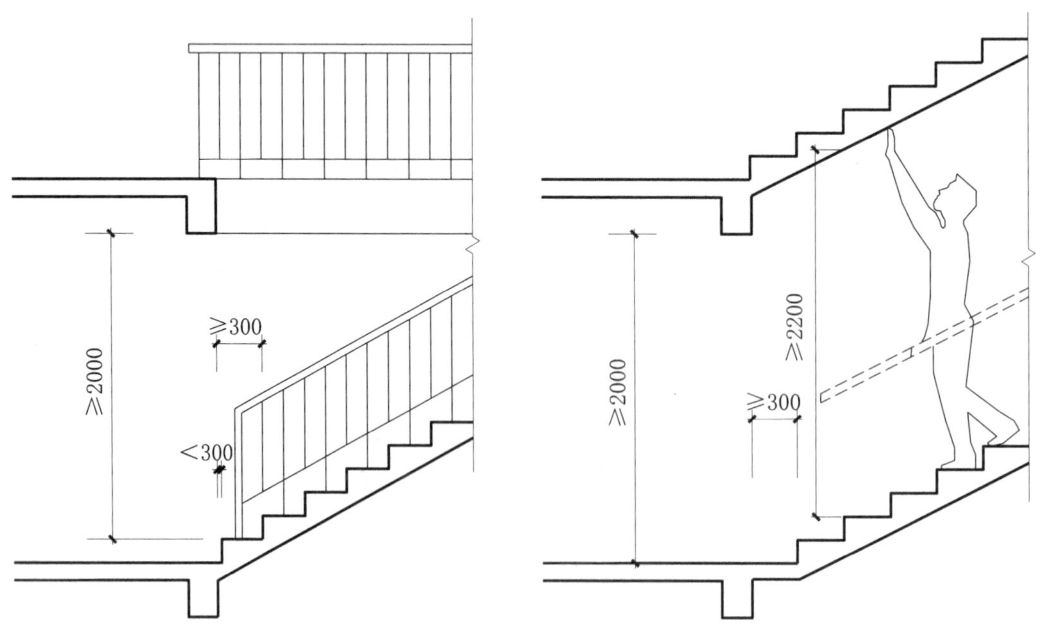

图 6–6　楼梯及平台部位净高要求

室内楼梯扶手高度，即自踏步前缘线量起到扶手表面的垂直距离，不宜小于0.9m；水平栏杆或栏板长度大于0.5m时，其高度不应小于1.05m。托儿所、幼儿园楼梯除了成人扶手外，还应在梯段两侧设幼儿扶手，其高度宜为0.60m。住宅、托儿所、幼儿园、中小学及其他少年儿童专用活动场所的栏杆必须采取防止攀爬的构造，栏杆如采用垂直杆件，其杆件净距不应大于0.11m。另外，公共场所栏杆离地面0.1m高度范围内不宜留空。

6.3　楼梯设计

建筑物中楼梯的数量、位置、踏步尺寸、梯段宽度和楼梯间形式均应满足使用方便和安全疏散的要求。在建筑物的层高与平面布局基本确定后，便可以进行楼梯的详细设计。

首先需要确定单个踏步高度与整部楼梯的踏步数量，经过对建筑层高进行试商，可以得出符合规范规定的结果。然后就能针对建筑具体布局，选择适合的踏面宽度，最终决定楼梯平面形式及各梯段踏步数量。以普通多层住宅为例（图6-7），建筑层高为2.80m，通过计算得出踏步高度为175mm，选择踏面宽度260mm，楼梯使用常见的对折楼梯形式，层间共16步，标准层分为8步+8步两个梯段。

当建筑出入口设置在底层楼梯间内时，为满足通行要求，楼梯需要进行相应设计，以保证各处净空高度符合规范，构件交汇合理。例如底层楼梯可以采取长短跑的做法，将起步第一跑调整为12步，以此提高中间平台标高。同时，利用室内外高差，局部降低底层中间平台下的地坪标高，再将此处平台梁移至外墙处并令其上翻，使净高达到通行要求。另一种处理方法就是底层采用直跑楼梯，由于踏步级数不超过18级，所以中间无须增加休息平台。注意入口雨篷处梯段上净高至少应达到2.2m，为此需要将楼梯间外墙内的一层圈梁升高。

6.4　钢筋混凝土楼梯构造

钢筋混凝土楼梯具有坚固、耐久、防火性好、可塑性强的优点，在建筑中应用最广泛。按施工方式的不同，钢筋混凝土楼梯分为现浇整体式和预制装配式两类。

6.4.1　现浇整体式钢筋混凝土楼梯

现浇整体式钢筋混凝土楼梯施工时在现场将梯段、楼梯平台等构件支模板、绑扎钢筋，再浇筑混凝土成型。其整体性好，刚度大，有利于抗震，还为复杂形式的楼梯制作提供了方便，不过现场工作量较大，施工周期长，模板耗费多，且施工容易受到季节限制。

现浇钢筋混凝土楼梯的结构形式根据楼梯梯段的传力及形态特征，主要分为板式楼梯和梁板式楼梯两种（图6-8）。

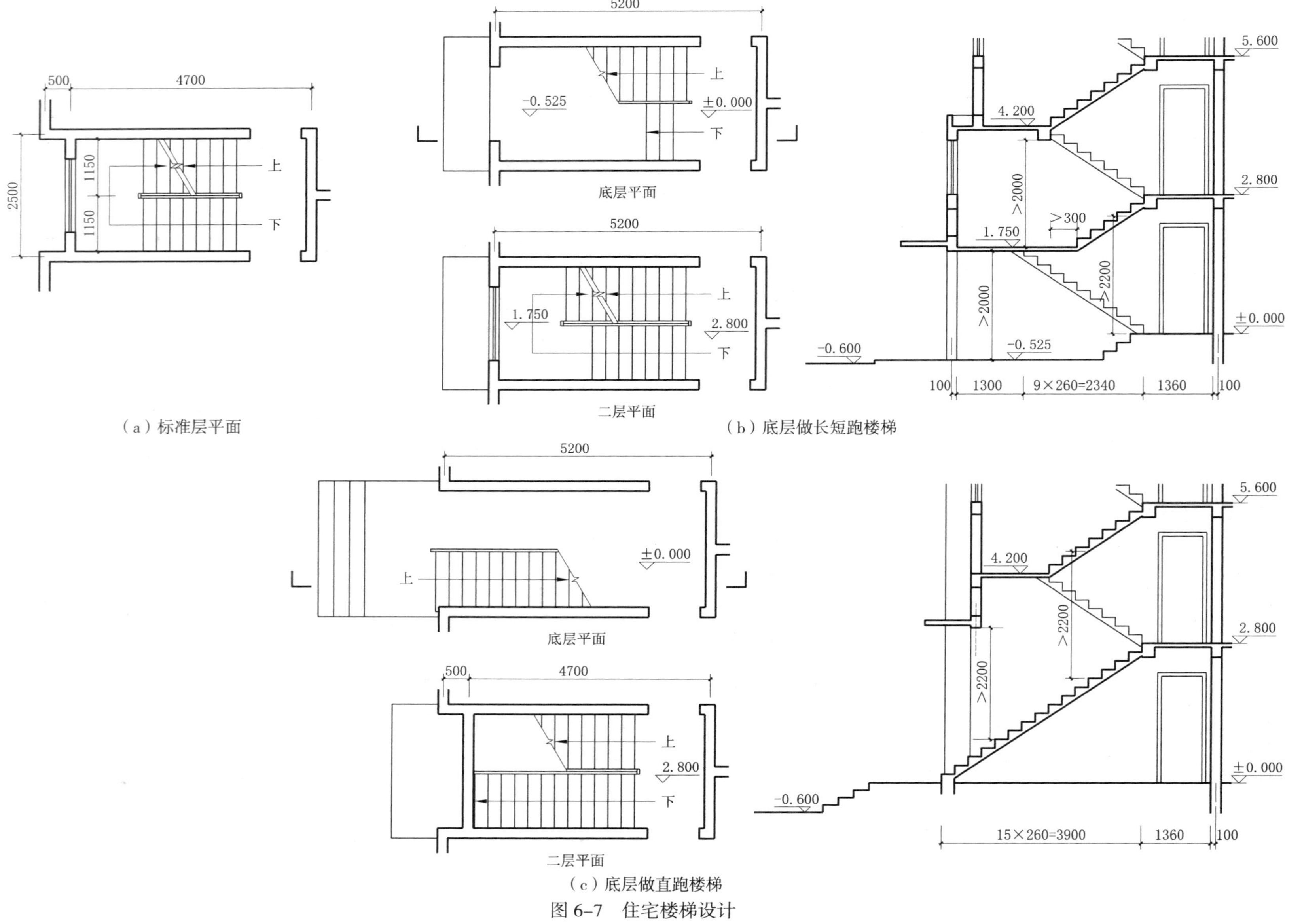

（a）标准层平面

（b）底层做长短跑楼梯

（c）底层做直跑楼梯

图 6-7　住宅楼梯设计

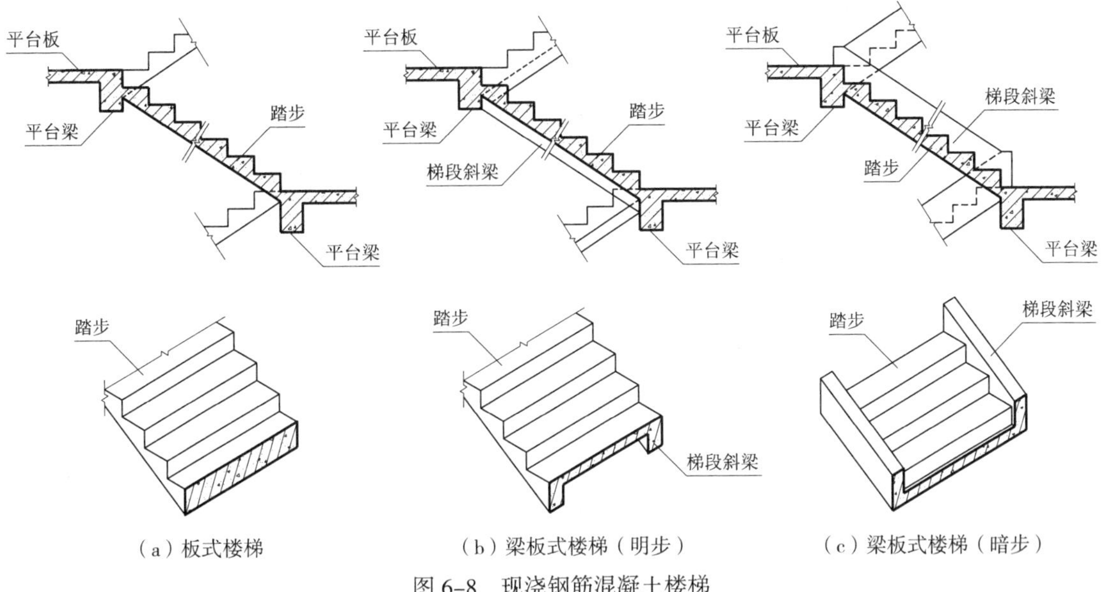

（a）板式楼梯　　（b）梁板式楼梯（明步）　　（c）梁板式楼梯（暗步）

图 6-8　现浇钢筋混凝土楼梯

板式楼梯的梯段是一块板，梁板式楼梯的梯段包括踏步板和梯段梁（斜梁）两部分。板式楼梯底面平整，结构简单，施工方便；梁板式楼梯的梯段板跨小，故板厚可以减薄。梁板式楼梯又分两种：一种是斜梁在踏步板以下，踏步上面露明，称为明步；另一种是将斜梁向上翻，使板底平整，踏步包在梁内，称为暗步。

在梯段与平台交接处通常需设置平台梁，以传递荷载。板式楼梯上的荷载通过梯段板传递到两端的平台梁，梁板式楼梯上的荷载先由踏步板传递到斜梁，再通过斜梁传递到平台梁，平台梁再将来自梯段和平台的荷载传递到承重墙、框架柱、梁等结构构件上。

在钢筋混凝土框架结构建筑中，楼梯半平台下的平台梁高度通常无法与周围框架梁取齐，这时需要在其下专门加设短柱，支承在下部框架梁上（图 6-9）。

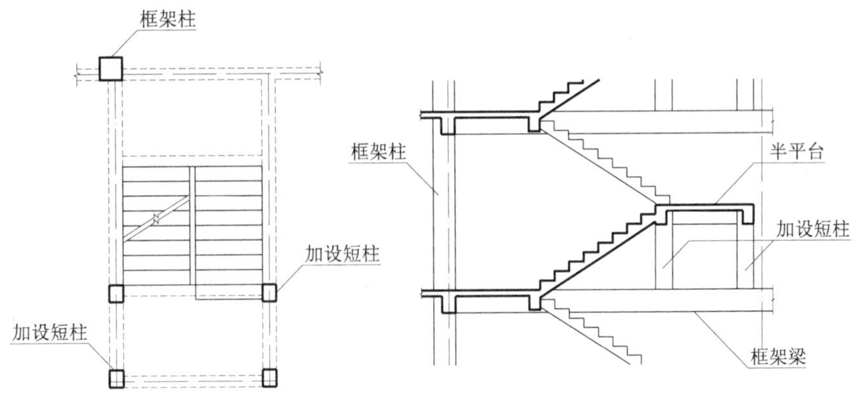

图 6-9　框架结构中楼梯半平台下加设短柱

6.4.2　预制装配式钢筋混凝土楼梯

预制装配式钢筋混凝土楼梯是将组成楼梯的梯段板、梯段梁、平台板等构件在工厂或施工现场事先进行预制，施工时再将这些构件装配组合。与现浇做法相比，它施工速度快，节约模板，但整体性、抗震性略差。预制装配式钢筋混凝土楼梯根据构件尺度的不同分为两大类，即小型构件装配式楼梯和中、大型构件装配式楼梯。

1. 小型构件装配式楼梯

小型构件装配式楼梯制作、运输、安装灵活方便，不需大型起重设备即可施工。它将梯段分解为若干预制踏步板，断面形式有一字形、L 形和三角形等几种。按照不同的支承结构形式，小型构件装配式楼梯分为梁承式和墙承式两种。

梁承式楼梯的预制构件包括梯段梁、踏步板、平台梁、平台板。踏步板安装在梯段梁上，梯段梁有矩形截面、L 形截面以及变截面（锯齿形轮廓）几种，其中 L 形截面梁可以让梯段成为暗步形式（图 6–10）。

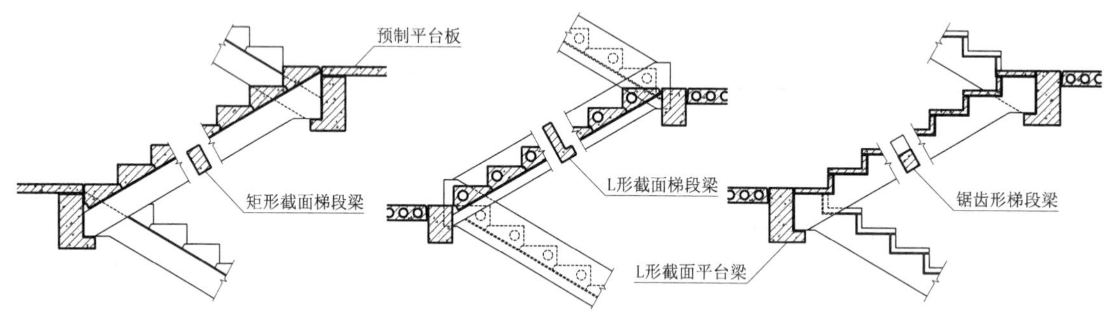

图 6–10　预制装配梁承式楼梯

墙承式楼梯一种是将踏步板两端直接搁置在墙上，一般采用一字形、L 形踏步板；另一种是将踏步板一端嵌入楼梯间侧墙，另一端悬挑（图 6–11）。墙承式楼梯不需梯段梁，用料节省，但由于踏步板直接安装入墙体，对墙体砌筑和施工速度影响较大，对抗震也不利，现较少使用。

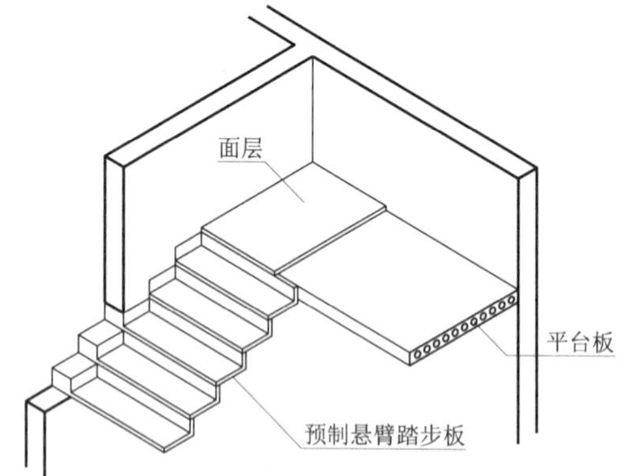

图 6–11　悬臂式墙承楼梯

2. 中、大型构件装配式楼梯

中型构件装配式楼梯一般以楼梯梯段、楼梯平台和平台梁等构件装配而成，还可以将平台板和平台梁合并在一起制成槽形断面的带梁平台板；而大型构件装配式楼梯则是以整个楼梯间或梯段连平台的形式进行预制加工的，构件重量较重，尺度较大，对运输、吊装均有一定要求（图 6–12）。

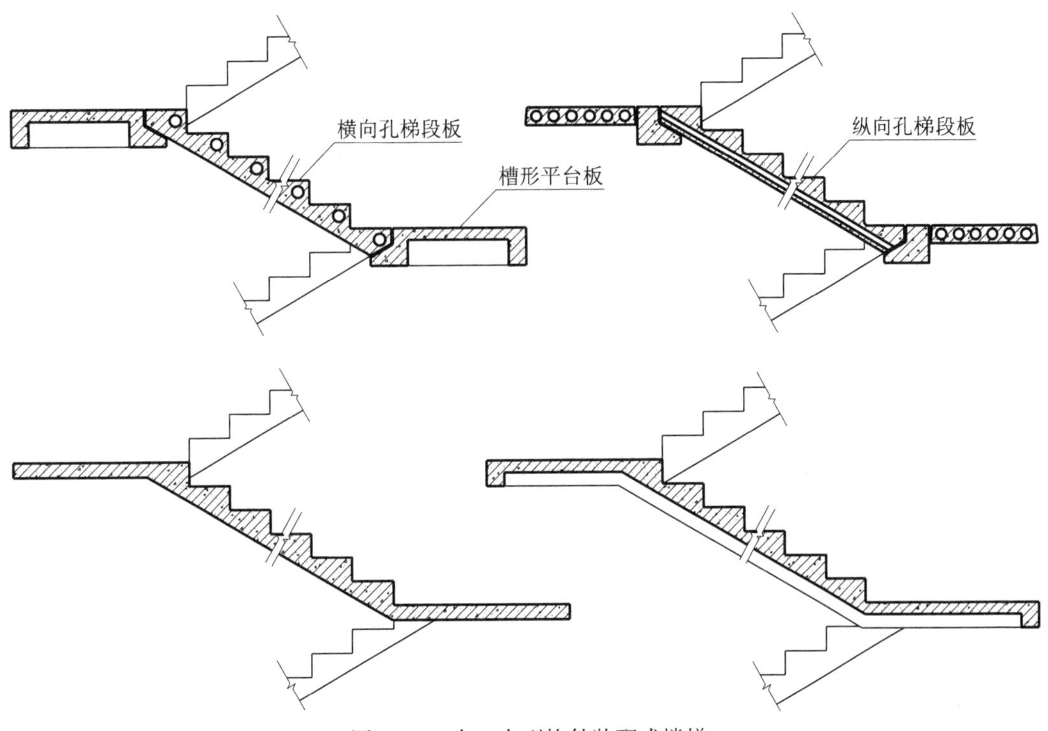

图 6-12　中、大型构件装配式楼梯

6.4.3　构件连接节点

由于预制装配式楼梯将梯段板、梯段梁、平台板等构件分别预制再装配组合，它们之间的连接节点便成为构造设计的重点。这些钢筋混凝土构件可以通过预埋件和预埋孔相互套接完成安装，插接后需用高标号水泥砂浆填实，也可以采用预埋件焊接的方式（图 6-13）。

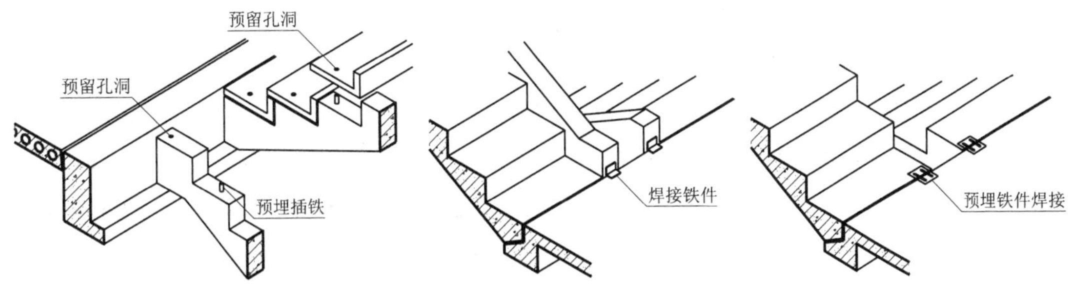

图 6-13　装配式楼梯平台梁处构件连接

底层楼梯与地坪交接处，梯段板或梯段梁尽端可设置基础梁（相当于埋地平台梁）或条形基础传递荷载。预制装配式楼梯的底层两梯段不等长时，为减少预制构件种类，可仍然采用标准梯段，在其下部以砖砌或现浇混凝土踏步接至地面（图 6-14）。

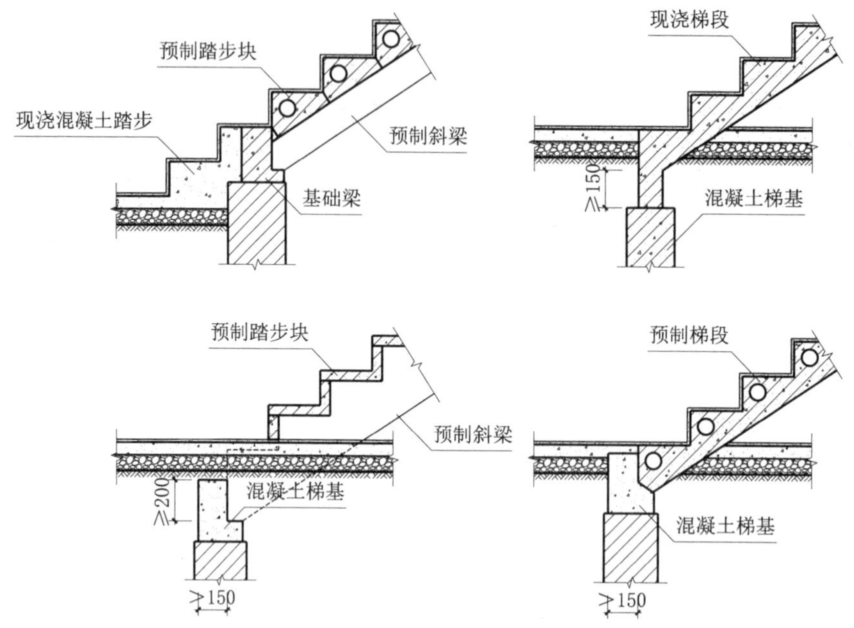

图 6–14　底层楼梯起步处构件连接

6.5　楼梯细部装修构造

6.5.1　踏步面层及防滑措施

楼梯踏步的面层构造与楼板面层基本相同，常采用花岗岩、大理石、瓷砖、预制水磨石等块料面层铺贴，亦可做成水泥砂浆、现制水磨石等整体面层以及地毯面层等。要求行走舒适，耐磨、便于清洁，同时考虑到安全原因，踏面材料必须防滑，特别在踏步的前缘部位，应当设置防滑条或防滑包口，也可以通过铺设地毯或对花岗岩地面局部烧毛达到防滑目的（图 6–15）。

6.5.2　栏杆、栏板与扶手

栏杆、栏板作为上下楼梯的安全围护设施，在使用中受到人的背靠、俯靠以及手的推、拉等直接作用，所以设计选用材料必须具有一定强度，能够承受一定的水平荷载。对于中小学校、宿舍建筑，防护栏杆最薄弱处承受的水平荷载不应小于 1.50kN/m；其他类型建筑，栏杆顶部承受的水平荷载值应取 1.0kN/m。这一标准同样适用于看台、阳台和上人屋面的栏杆。

在建筑物中栏杆、栏板属于装饰性较强的构件，具有多种多样的外观。透空式栏杆以竖杆作为主要受力构件，一般使用钢材、木材、铝合金型材、不锈钢材、钢筋混凝土等制作。栏板有跟梯段一起现浇的钢筋混凝土栏板以及钢丝网水泥栏板、砖砌栏板等，而空透简洁的玻璃栏板，应使用厚度、面积符合规定的夹层玻璃，用于室外时还要考虑抗风、抗震。

楼梯栏杆、栏板一般由立柱、栏杆或栏板主体和扶手三部分构成。立柱有两种安装方式，即安装于梯段上面的正装式和安装于梯段侧面的侧装式。正装式使用最多，而侧装式可以充分利用梯段宽度。安装时可以通过插入梯段上的预留孔固定，或者焊接在预埋钢板上，还可以使用螺栓固定（图 6–16）。

楼梯扶手一般用硬木、塑料、金属等材料制作，断面设计应充分考虑人的手掌尺寸、手感及造型美观。扶手与栏杆的连接构造必须保证安全、牢固。靠墙需设置扶手时，

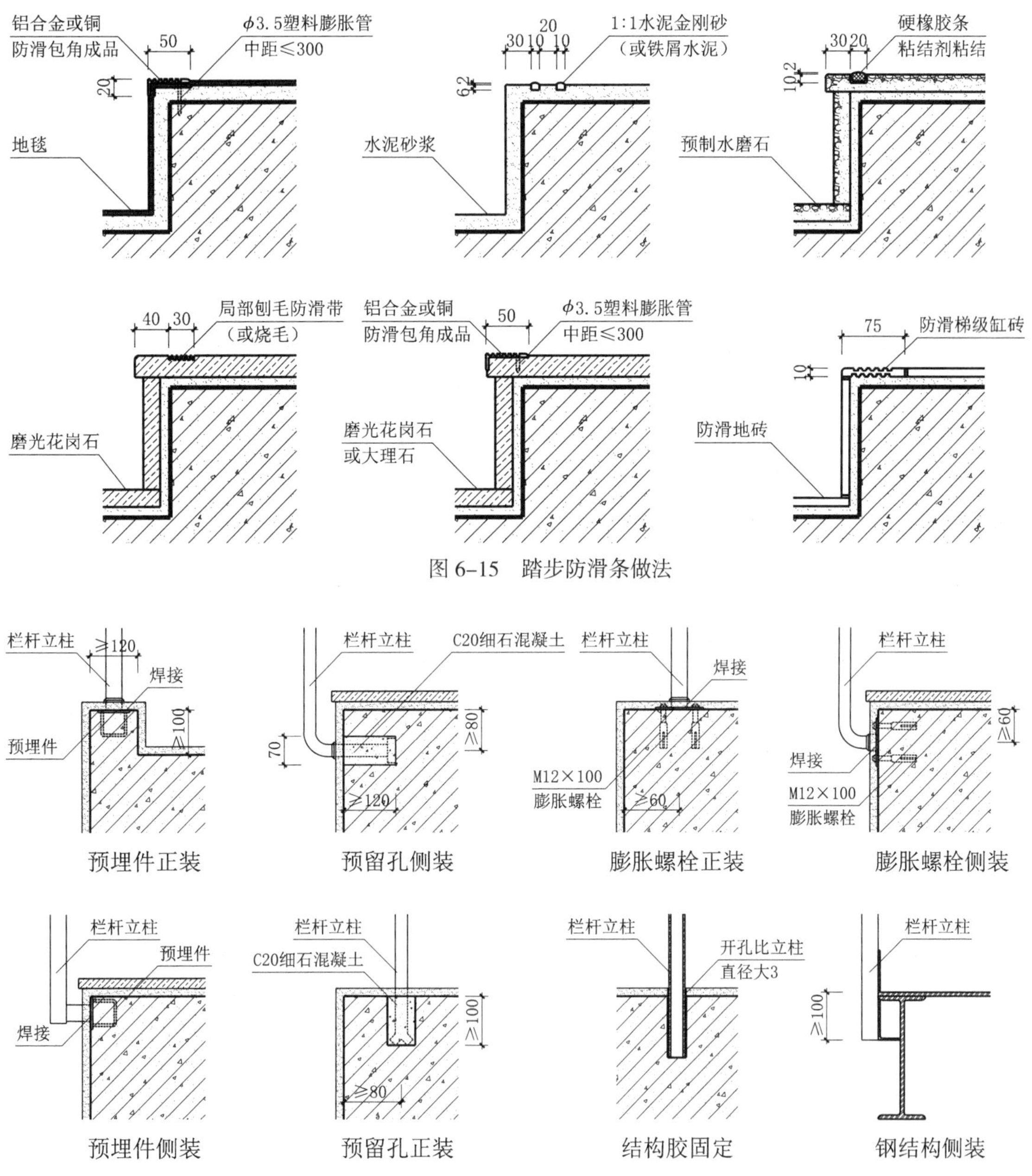

图 6–15 踏步防滑条做法

图 6–16 栏杆与梯段的连接构造

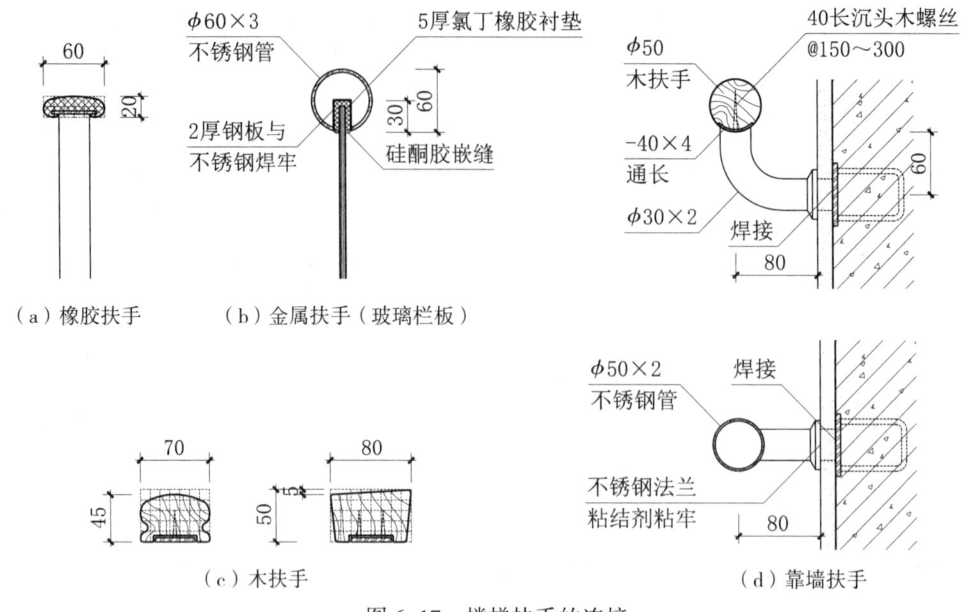

图 6-17 楼梯扶手的连接

常通过铁脚使扶手与墙体相互连接。金属栏杆上的硬木扶手可以通过木螺丝拧在栏杆上部的通长扁铁上；塑料扶手一般通过预留的卡口直接卡在扁铁上；金属扶手可以直接焊接在金属栏杆的顶面上（图 6-17）。

在楼梯转折处，上下梯段的扶手连接常因高差的存在而需要进行一定处理，例如踏步错位、扶手伸出或使用鹤颈弯头、栏杆大柱等（图 6-18）。

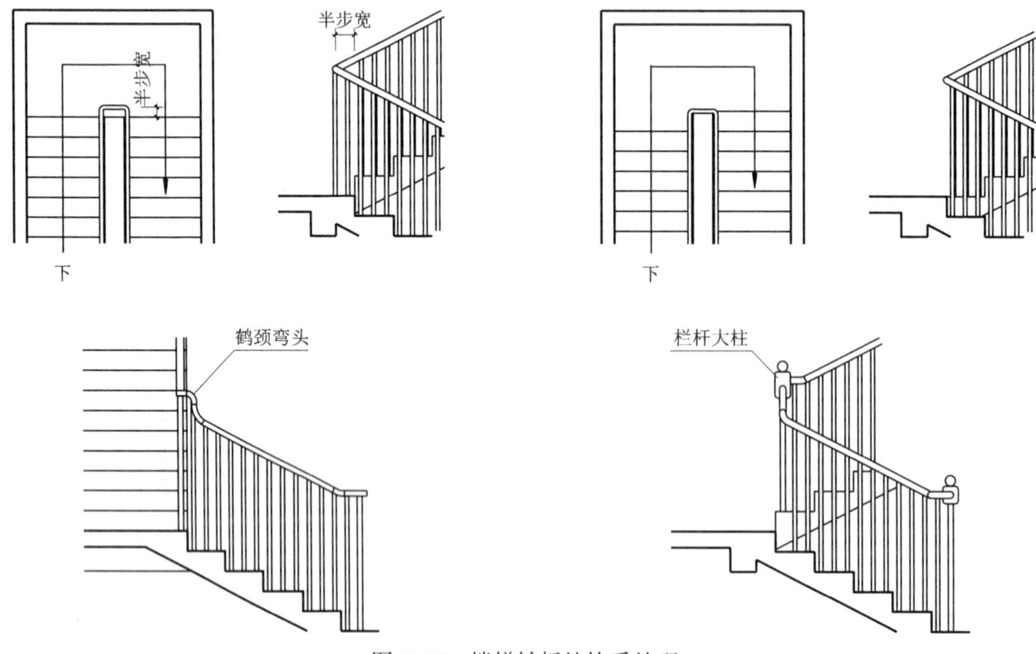

图 6-18 楼梯转折处扶手处理

6.6　台阶和坡道

台阶与坡道用于连接室外或室内不同标高的楼面、地面，台阶是供人行的阶梯式交通道，坡道是供人行或车行的斜坡式交通道。

6.6.1　台阶

与楼梯相同，台阶也是由踏步、平台两部分组成。

台阶的坡度一般比室内楼梯平缓，公共建筑室内外台阶踏步宽度不宜小于300mm，踏步高度不宜大于150mm，且不宜小于100mm。室内台阶踏步数不宜少于2级，若地面高差不足2级，宜改用坡道。当台阶总高度超过700mm时，在临空侧面应采取防护设施。

踏步较少的地面台阶，垫层作法与地坪垫层类似。当踏步较多或地基土质太差时，还可以做成架空式，即在地垄墙或钢筋混凝土梁上架设踏步块，或整体采用钢筋混凝土板（图6–19）。为避免因建筑物主体沉降导致台阶开裂、倾斜等情况，台阶平台与建筑物外墙之间需设变形缝，缝内填嵌建筑密封膏。如果能够通过加强两者的连接形成整体沉降，也可以不设缝。

6.6.2　坡道

在建筑物的出入口处，为方便车辆出入或因无障碍设计需要，常使用坡道解决地面高差。室外坡道坡度不宜大于1∶10，室内坡道坡度不宜大于1∶8。室内坡道当水平投影长度超过15m时，宜设休息平台，平台宽度尺寸应根据使用功能或设备所需缓冲空间而定。坡道总高度超过0.7m时，临空面应采取防护设施。

坡道一般选用表面结实的材料，用于室外时还需要考虑抗冻性。为保证使用安全，坡道应采取防滑措施，如在坡道表面设置防滑条、防滑锯齿或刷防滑涂料等。室外坡道跟台阶一样，也需考虑在与外墙交接处设缝或通过设计形成整体沉降，来避免建筑物主体沉降可能导致的破坏（图6–20）。

6.6.3　无障碍设计

建筑物中的地面高差对于一部分在肢体、感知和认知方面存在障碍的人群造成的不便，比起对于普通人更加明显。为了创造一个通行顺畅的环境，国家颁布了《无障碍设计规范》，为行为障碍者以及所有需要使用无障碍设施的人们提供了必要的基本保障。有高差处的无障碍设计，内容主要针对视觉障碍者以及下肢障碍者（包括偏瘫者、独立乘轮椅者、拄杖者等）。

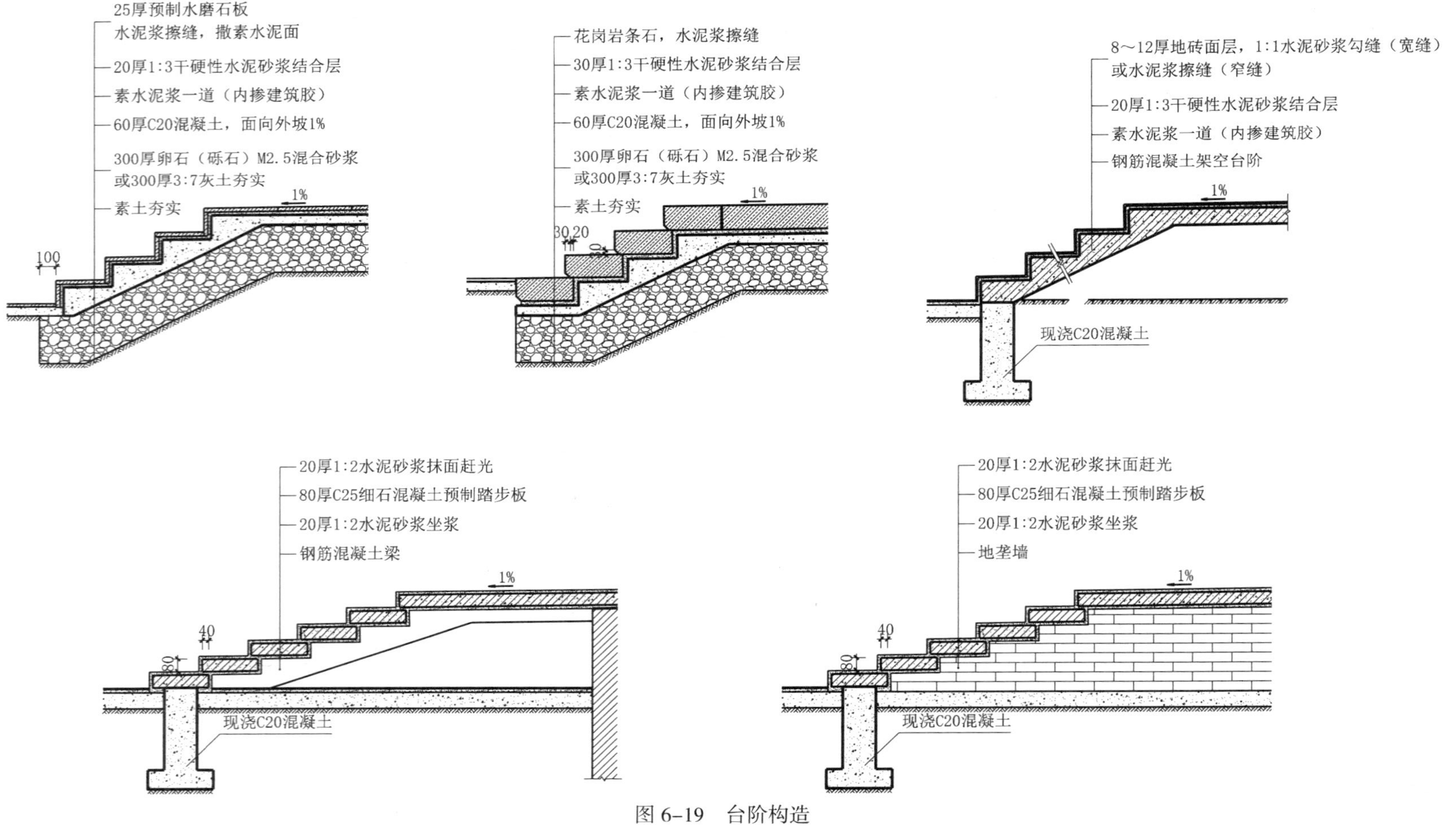
25厚预制水磨石板
水泥浆擦缝，撒素水泥面
20厚1:3干硬性水泥砂浆结合层
素水泥浆一道（内掺建筑胶）
60厚C20混凝土，面向外坡1%
300厚卵石（砾石）M2.5混合砂浆
或300厚3:7灰土夯实
素土夯实
1%
100
花岗岩条石，水泥浆擦缝
30厚1:3干硬性水泥砂浆结合层
素水泥浆一道（内掺建筑胶）
60厚C20混凝土，面向外坡1%
300厚卵石（砾石）M2.5混合砂浆
或300厚3:7灰土夯实
素土夯实
1%
30
20
8～12厚地砖面层，1:1水泥砂浆勾缝（宽缝）
或水泥浆擦缝（窄缝）
20厚1:3干硬性水泥砂浆结合层
素水泥浆一道（内掺建筑胶）
钢筋混凝土架空台阶
1%
现浇C20混凝土
20厚1:2水泥砂浆抹面赶光
80厚C25细石混凝土预制踏步板
20厚1:2水泥砂浆坐浆
钢筋混凝土梁
1%
40
80
现浇C20混凝土
20厚1:2水泥砂浆抹面赶光
80厚C25细石混凝土预制踏步板
20厚1:2水泥砂浆坐浆
地垄墙
1%
40
80
现浇C20混凝土

图 6-19　台阶构造

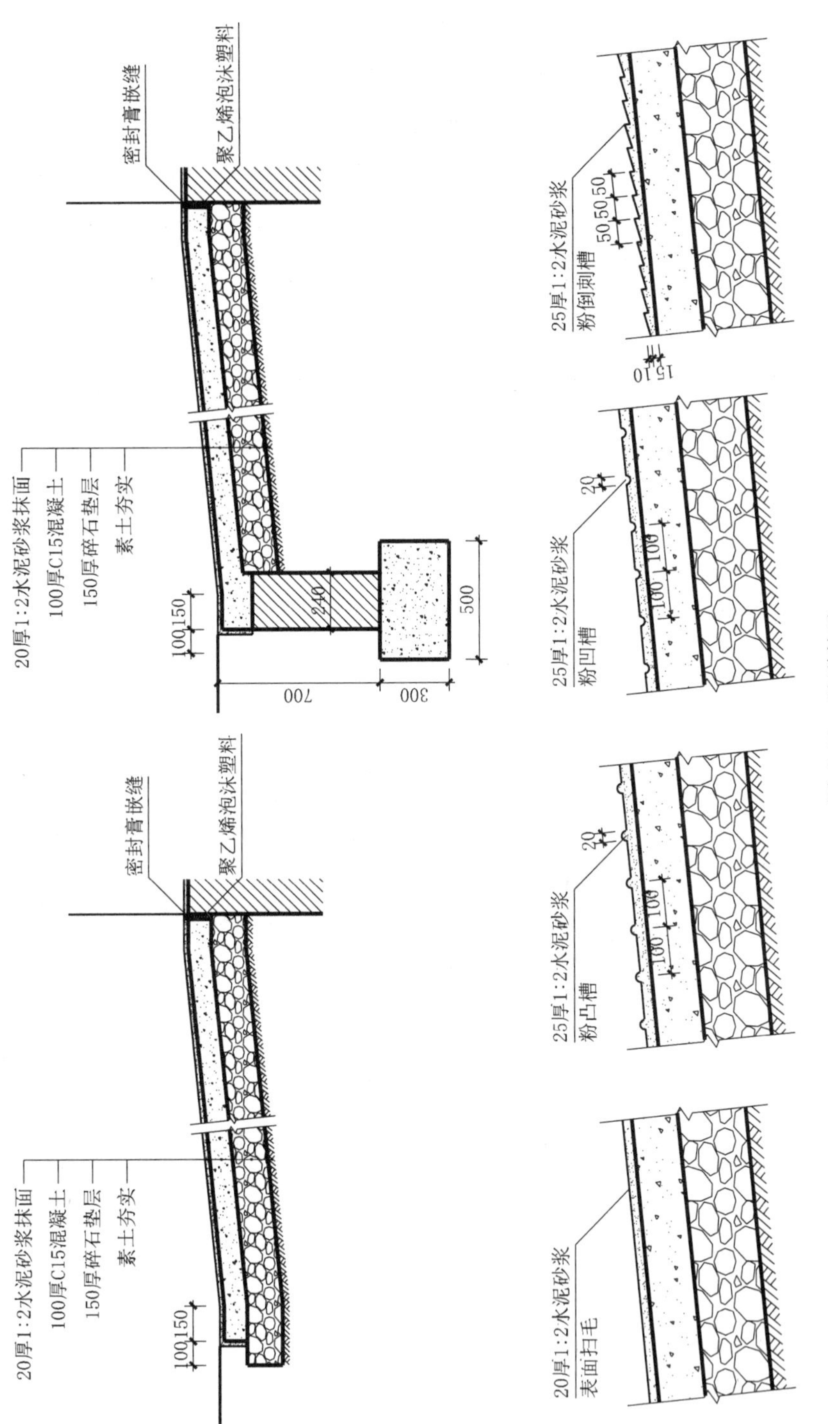

密封膏嵌缝
聚乙烯泡沫塑料
20厚1:2水泥砂浆抹面
100厚C15混凝土
150厚碎石垫层
素土夯实
100 150
240
500
700
300
25厚1:2水泥砂浆
粉倒刺槽
50 50 50
15 10
25厚1:2水泥砂浆
粉凹槽
20
100 100
25厚1:2水泥砂浆
粉凸槽
20
100 100
20厚1:2水泥砂浆
表面扫毛

图6-20 坡道构造

1. 坡道

坡道是最适合下肢障碍者的轮椅通过的途径。轮椅坡道坡面应平整、防滑、无反光，面层材料可以选用细石混凝土、环氧防滑涂料、水泥防滑面层、地砖、花岗岩等。为保证乘轮椅者行驶通畅，坡面不宜加设防滑条或做成礓蹉形式。

无障碍坡道宜设计成直线形、直角形或折返形，不宜设计成圆形或弧形，以免乘轮椅者在坡面上重心倾斜发生危险。无障碍坡道净宽度应≥ 1.00m，出入口处净宽度应≥ 1.20m，起点、终点和中间休息平台的水平长度应≥ 1.50m（图 6–21）。无障碍坡道的最大高度和水平长度应符合表 6–2 的规定，条件允许的情况下将坡度做到小于 1∶12，将会使通行更加安全舒适。

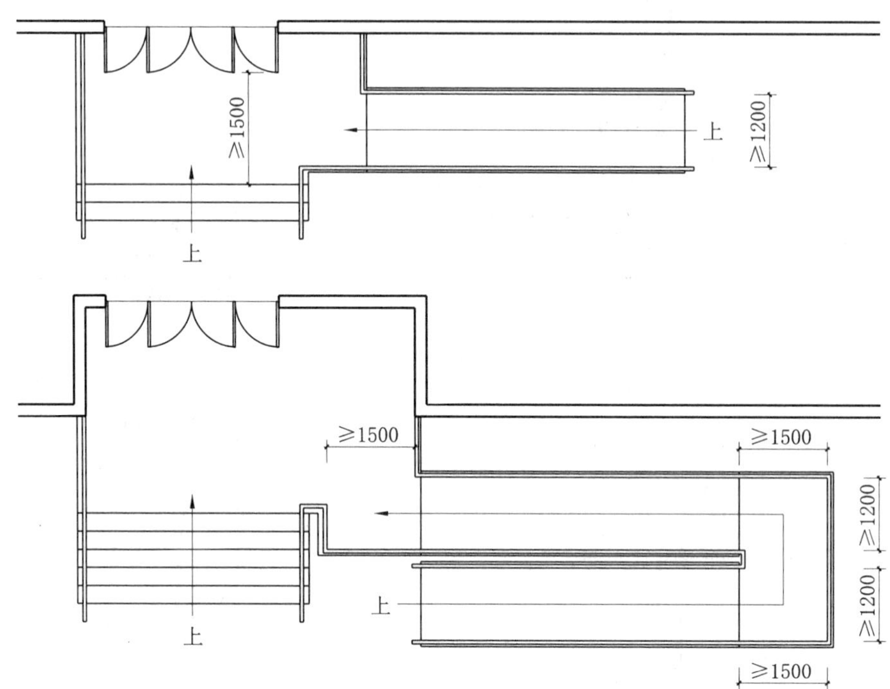

图 6–21　出入口无障碍坡道

表 6–2　无障碍坡道的最大高度和水平长度

坡度	1∶20	1∶16	1∶12	1∶10	1∶8
最大高度（m）	1.20	0.90	0.75	0.60	0.30
水平长度（m）	24.00	14.40	9.00	6.00	2.40

注：1. 本表选自《无障碍设计规范》GB 50763—2012。

2. 其他坡度可用插入法进行计算。

2. 楼梯与台阶

无障碍楼梯与台阶可供视觉障碍者和拄杖者使用。在公共建筑中，楼梯踏步宽度应≥ 280mm，踏步高度应≤ 160mm；室内外台阶踏步宽度宜≥ 300mm，踏步高度宜≤ 150mm，并应≥ 100mm。

无障碍楼梯宜采用直线形，不应采用无踢面的踏步，踏面前缘如有突出部分应设计成圆弧形，以防对鞋面刮碰或将拐杖头绊落。踏面应平整防滑或前缘设防滑条，距踏步起点和终点 250 ～ 300mm 处宜设提示盲道。为了便于弱视者辨别，楼梯踏面和踢面的颜色宜有区分和对比，并且上行及下行的第一阶在颜色或材质上宜与平台有明显区别。台阶的第一阶同样宜在颜色或材质上与其他阶有明显区别。

3. 栏杆与扶手

无障碍坡道当高度超过 300mm 且坡度大于 1∶20 时，无障碍台阶当级数在三级及以上时，应在两侧设置扶手；无障碍楼梯也宜在两侧设置扶手。

无障碍单层扶手的高度应为 850 ～ 900mm，双层扶手的上层扶手高度应为 850 ～ 900mm，下层扶手高度应为 650 ～ 700mm。扶手应保持连贯，靠墙面扶手在起始和终结处水平延伸长度应≥ 300mm，扶手末端应向内拐到墙面或向下延伸≥ 100mm，栏杆式扶手应向下成弧形或延伸到地面（图 6–22）。

扶手宜选用防滑、热惰性指标好的材料，应安装坚固并易于抓握。扶手内侧与墙面的距离不应小于 40mm，圆形扶手的直径应为 35 ～ 50mm，矩形扶手的截面尺寸应为 35 ～ 50mm。

透空栏杆下方需采取安全阻挡措施，以防止拐杖头和轮椅前端小轮滑出。阻挡构件可以是高度≥ 50mm 的安全挡台，也可以是与地面空隙≤ 100mm 的斜向栏杆等。

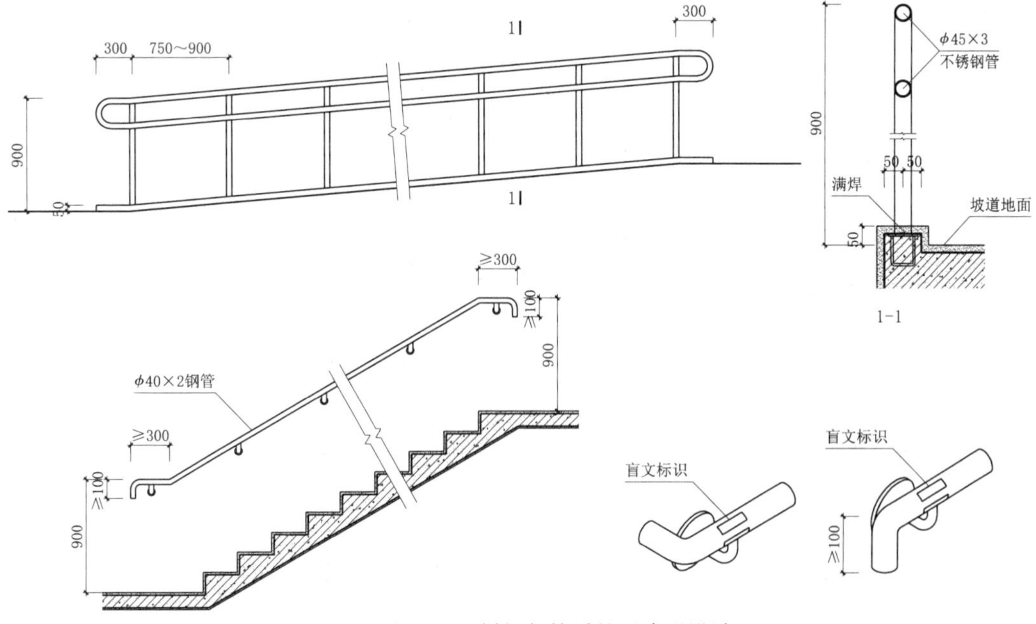

图 6–22　栏杆与扶手的无障碍设计

6.7　电梯和自动扶梯

电梯和自动扶梯是使用沿刚性导轨运行的箱体和沿固定路线运行的梯级进行升降运送人和货物的、有动力驱动的机电设备。

6.7.1　电梯

1. 主要类型

在多层和高层民用建筑中，电梯是一种快捷、便利的垂直交通设施，按国家标准电梯分为以下六类。

Ⅰ类，乘客电梯：运送乘客。

Ⅱ类，客货电梯：运送乘客，同时亦可运送货物。

Ⅲ类，医用电梯：运送病床、病人和医疗设备。

Ⅳ类，载货电梯：运送通常有人伴随的货物。

Ⅴ类，杂物电梯：运送杂物，因结构型式和尺寸关系，轿厢不能进人。

Ⅵ类，频繁使用电梯：为适应大交通流量和频繁使用而特别设计的电梯，如速度为 2.5m/s 以及更高速度的电梯。

其中Ⅱ类电梯与Ⅰ、Ⅲ和Ⅵ类电梯的本质区别在于轿厢内的装饰。在进行建筑设计时，应根据使用功能选择电梯的种类、载重量和运行速度，并按所需的运载量确定电梯的数量（图 6–23）。

2. 设计要求

高层建筑应设置电梯，高层公共建筑和高层宿舍建筑宜设不少于两台电梯；七层及以上的住宅（含底层为商店或架空层）或最高住户入口层楼面距室外地面高度超过 16m 时，必须设置电梯，且十二层及以上的住宅电梯台数不应少于两台。其他类型建

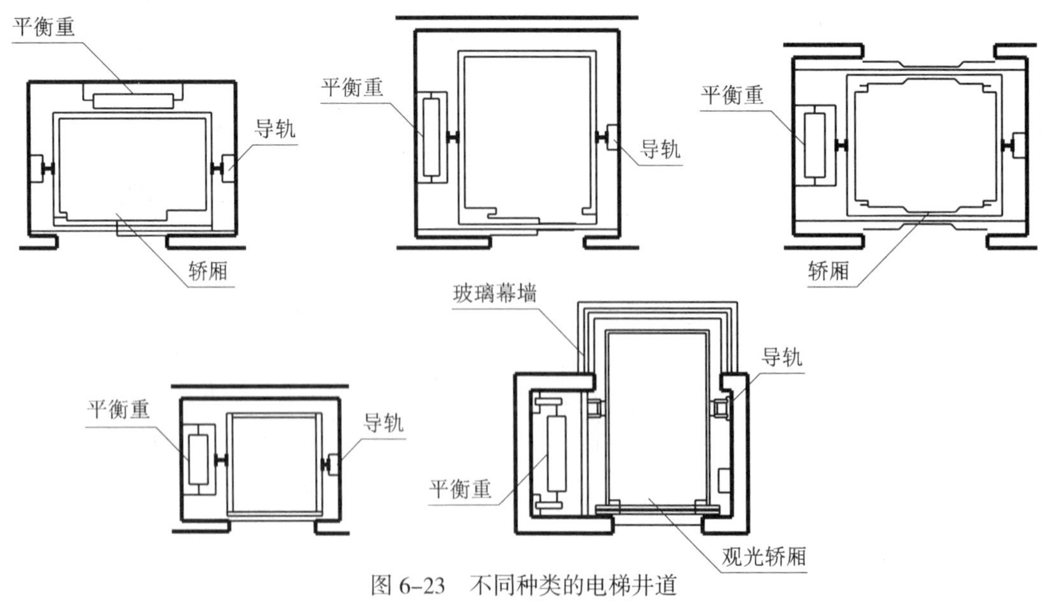

图 6–23　不同种类的电梯井道

筑应设电梯的条件如下：

（1）四层及以上或楼面距室外设计地面高度超过 12m 的办公建筑；

（2）四层及以上的图书馆建筑、档案馆建筑；

（3）三层及以上的医疗用房（应设不少于两台电梯）；

（4）两层及以上楼层、地下室、半地下室设置老年人用房的老年人照料设施；

（5）两层及以上供疗养员使用的疗养院建筑；

（6）高度＞ 18m 的宿舍建筑；

（7）四层及以上的一级、二级、三级旅馆建筑，三层及以上的四级、五级旅馆建筑。

高层、超高层建筑中乘客数量、行程高度和停站数量是影响电梯使用的关键因素，设计时需要根据建筑物的性质、标准及总高度采取相应策略。十层以下的建筑电梯可以每层停站，层数更多时可以考虑采取跃层或奇偶数停站方式，而超高层建筑一般采取分区布置方式，即按每 15 ～ 16 层作为一个区段在垂直方向划分高中低区，每个层区有一组电梯服务，还可以加设中间转换厅，乘客通过高速穿梭电梯由地面抵达中间转换厅，再转乘层区电梯（图 6–24）。

电梯在建筑物中所处位置应易于识别，使人们能从楼层各处快捷到达，并应留有足够的集散空间。单侧排列的电梯不宜超过 4 台，双侧排列时不宜超过 2 排 ×4 台，

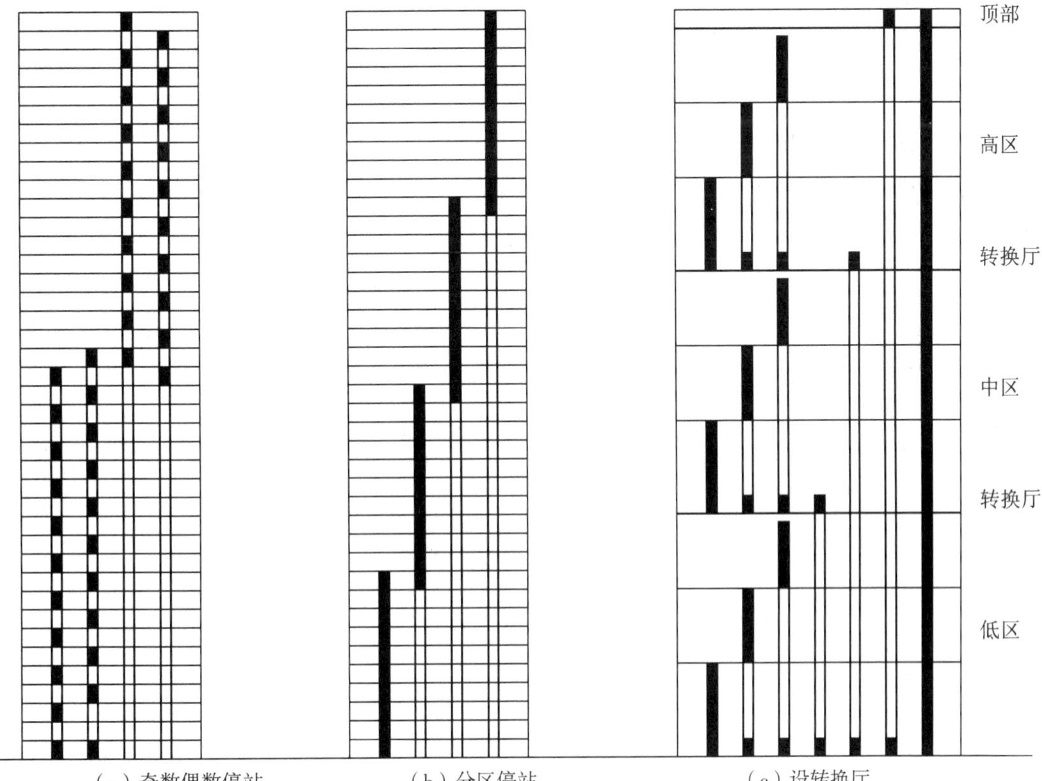

（a）奇数偶数停站　　（b）分区停站　　（c）设转换厅

图 6–24　高层、超高层办公楼电梯分区方式

且不应在转角处贴邻布置。电梯附近宜设楼梯，以备不乘电梯时能够就近上下楼，但电梯井不宜被楼梯环绕。电梯不应作为安全出口，设有电梯的建筑物仍应按安全疏散距离设置疏散楼梯。

按照防火规范规定，高度超过 33m 的住宅建筑、一类高层公共建筑和高度超过 32m 的二类高层公共建筑、五层及以上且总建筑面积大于 3000m^2（包括设置在其他建筑内五层及以上楼层）的老年人照料设施，以及设置消防电梯的建筑的地下或半地下室、埋深大于 10m 且总建筑面积大于 3000m^2 的其他地下或半地下建筑，均应设置消防电梯。消防电梯布置在建筑的耐火封闭结构内，具有前室和备用电源，平时与普通电梯一样供乘客使用，而当发生火灾时，由于加设了保护、控制和信号等功能，它能够专供消防员使用。建筑物中消防电梯应分别设置在不同防火分区内，以保证每个防火分区至少有一台消防电梯。

3. 组成与构造

电梯本身分为机械装置和电气控制系统两大部分。机械装置包括曳引系统、导向系统、轿厢系统、重量平衡系统、门系统、安全保护系统等，电气控制系统包括控制柜、操纵箱等一系列部件及电气元件。而建筑必须提供容纳和安装这些设备的空间，它一般分为机房、井道和底坑三个部分（图 6–25）。

电梯机房一般设在电梯间顶部井道顶板之上，这种电梯称为顶部机房电梯。当机房出屋面受限制时，也可以使用下部机房电梯，将机房设在井道一侧（液压电梯机房通常设在底层）。此外还有驱动主机安装在井道上部空间或轿厢上的无机房电梯（速度和提升高度不如有机房电梯）。

电梯机房、井道、底坑的平立剖面及候梯厅设计必须结合工程的情况作出具体方案，各部位常见尺寸可参考表 6–3，施工图设计仍应以实际选用电梯型号为准。

表 6–3　常见办公楼、旅馆乘客电梯技术参数

载重量 [kg（人）]	速度（m/s）	轿门（mm）		轿厢尺寸（mm）	井道尺寸（mm）	机房尺寸（mm）	底坑深（mm）	顶层高（mm）
		形式	宽 × 高	宽 × 深 × 高	宽 × 深	宽 × 深 × 高		
800（10）	1.00	中分门	800（900）× 2100	1350 × 1400 × 2200	1900（2000）× 2200	3200 × 4900 × 2200	1400	3800
	1.60					3200 × 4900 × 2400	1600	4000
	2.50					2700 × 5100 × 2800	2200	5000
1000（13）	1.00	中分门	900（1100）× 2100	1600 × 1400 × 2300	2200（2400）× 2200	3200 × 4900 × 2200	1400	4200
	1.60					3200 × 4900 × 2400	1600	4200
	2.50					3200 × 4900 × 2800	2200	5000
1350（18）	1.00	中分门	1100 × 2100	2000 × 1500 × 2500	2550 × 2350	3200 × 4900 × 2800	1400	4200
	1.60					3200 × 4900 × 2400	1600	4200
	2.50					3000 × 5300 × 2800	2200	5200
1600（21）	1.75	中分门	1100 × 2400	2100 × 1600 × 2400	2700 × 2500	3200 × 4900 × 2800	*c*	*c*
	3.50					3200 × 5700 × 3000	3400	5700
	6.00					3000 × 5700 × 3400	4000	6200

注：1. 本表选自《电梯　自动扶梯　自动人行道》13J404，可作为方案设计时参考数据。

2. *c* 值需咨询电梯厂家。

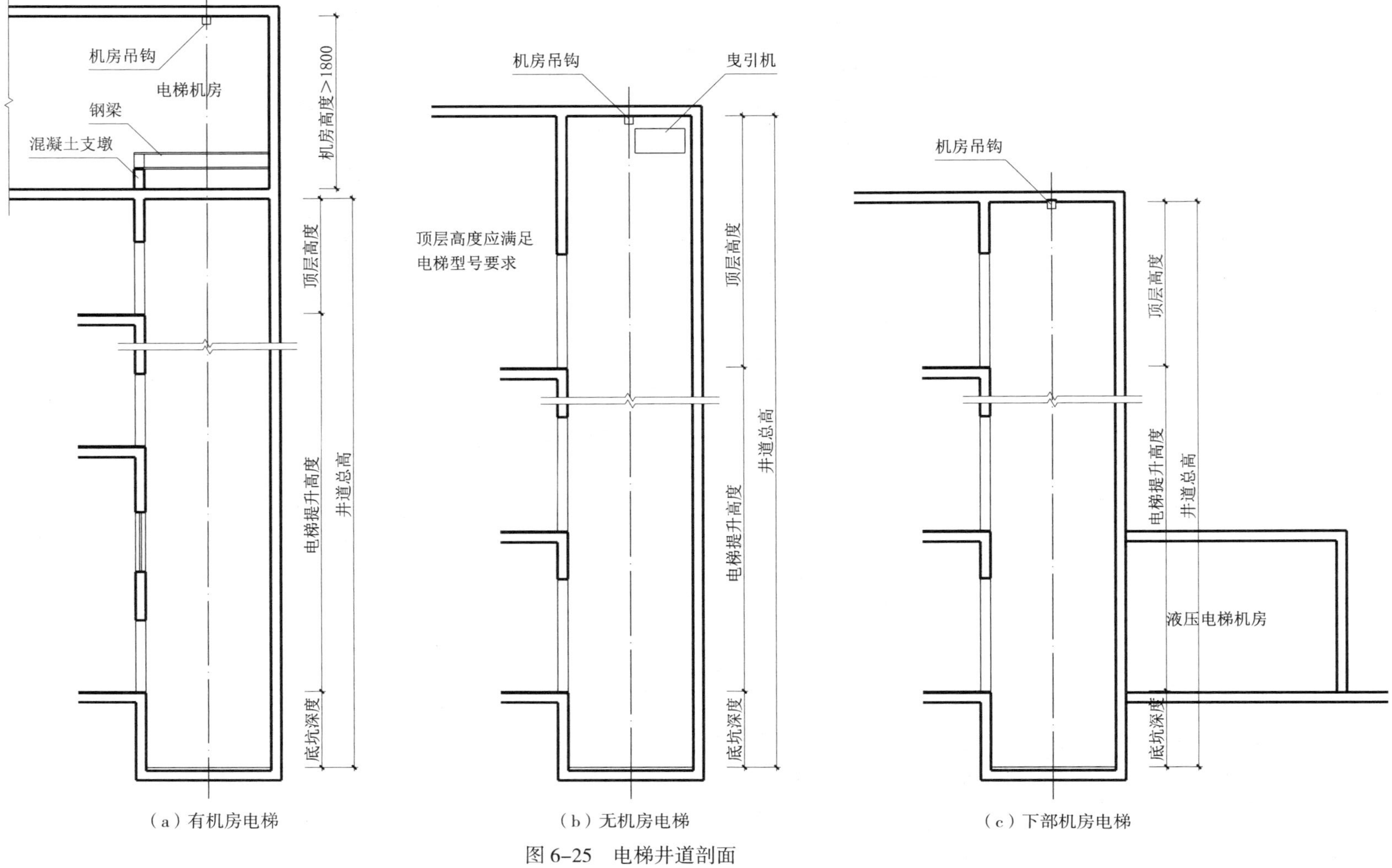

（a）有机房电梯 （b）无机房电梯 （c）下部机房电梯

图6-25 电梯井道剖面

电梯井道和机房不宜与有安静要求的房间贴邻布置。当需要隔声时，应对机房的墙壁和顶棚做吸声处理，对机房地面和井道壁做隔声处理，以隔绝电梯运行所产生的噪声。

电梯井道为电梯专用通道，应单独设置，井道内不得装设无关的管线、管道等。电梯井道壁、底板和顶板应为有足够强度的不燃烧体。同一井道装有多台电梯时，不同的电梯运动部件之间应设置安全隔障，隔障可以使用墙体或隔障梁（钢梁或钢筋混凝土梁）。

底坑底面应不渗水、不漏水，可设置排水装置，但不得作积水坑使用。

6.7.2 自动扶梯

自动扶梯是带有循环运行梯级、用于向上或向下倾斜输送乘客的固定电力驱动设备，适用于商场、车站、码头、空港等人流量大的场所，是建筑物层间连续运输效率最高的载客设备。自动扶梯的人员运载面保持水平，可以正、逆方向运行。但不应作为安全出口，并且即使在非运行状态下，也不能当作固定楼梯使用。

自动扶梯的坡度通常有 27.3°、30° 和 35° 三种（图 6–26）。倾斜角度过大会造成人的心理紧张，对安全不利，设计时宜选择倾斜角不超过 30° 的自动扶梯。当提升高度不超过 6.0m，额定速度不大于 0.5m/s 时，允许倾斜角增至 35°。只考虑单人通行的扶梯宽度为 600mm，单人携物时为 800mm，双人通行时为 1000mm 或 1200mm。

自动扶梯出入口需设置畅通区，以避免拥堵，使人流能安全过渡和转换。其宽度从扶手带端部算起不应小于 2.5m，人员密集的公共场所其畅通区宽度不宜小于 3.5m。

扶手带顶面距自动扶梯前缘的垂直高度不应小于 0.9m。当自动扶梯相邻平行交叉设置时，两梯间扶手带中心线的水平距离不应小于 0.5m，否则应采取措施防止障碍物引起人员伤害。自动扶梯的梯级上空，垂直净高不应小于 2.3m。

由于自动扶梯连通建筑上、下层空间，防火分区的建筑面积应按上、下层相连通的面积叠加计算。按防火规范要求应划分防火分区时，须在室内自动扶梯开口处，四周敞开部位设置防火卷帘或自动喷水灭火系统。

除了电梯和自动扶梯，建筑中使用的升降设备还有垂直、斜向升降平台，一般用于场地有限的改造工程。升降平台应设扶手和挡板，方便行动不便人员使用。

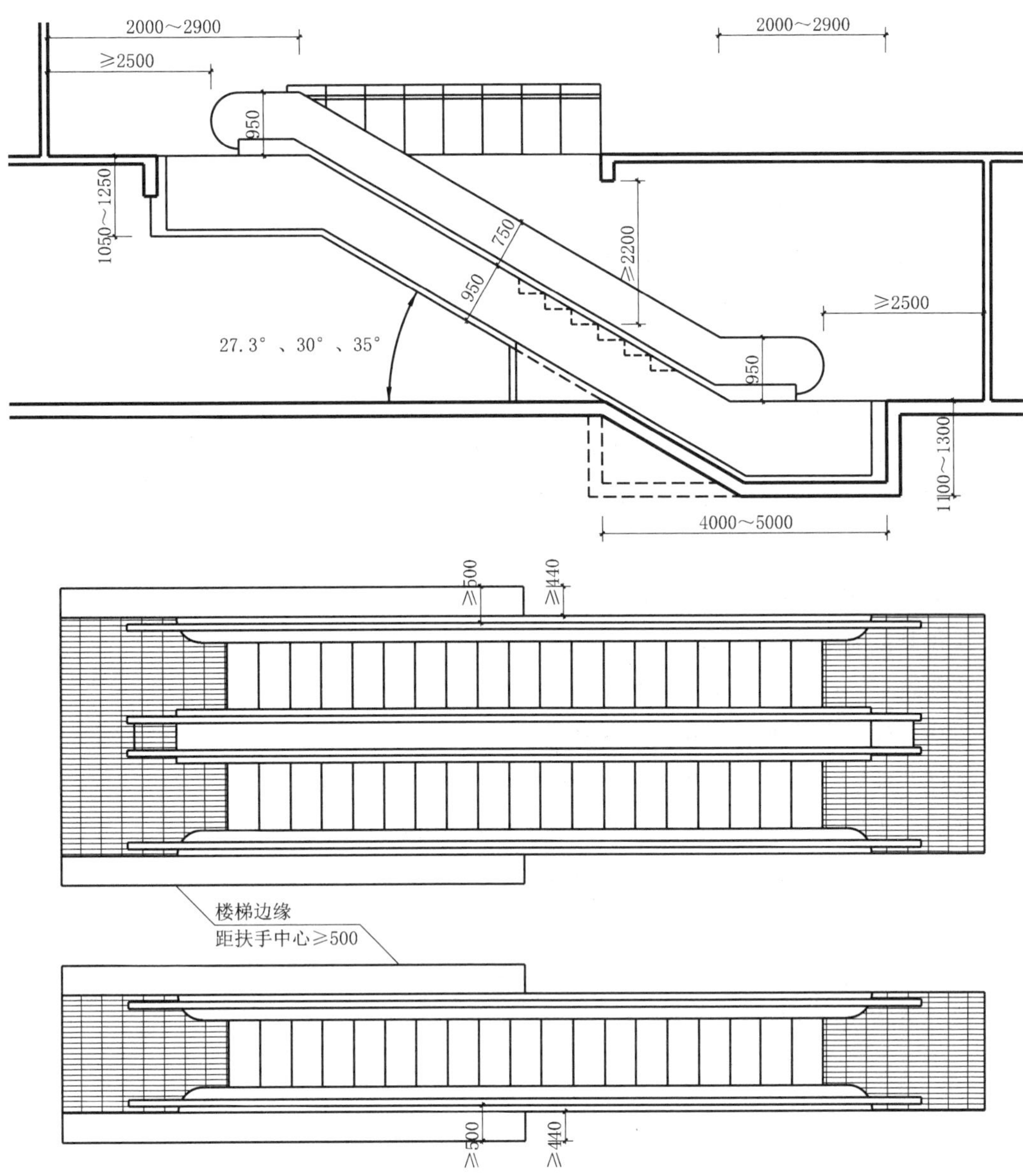

图 6-26　自动扶梯平面及剖面示意

本章引用的规范性文件

《全国民用建筑工程设计技术措施—规划・建筑・景观》2009JSCS—1

《室外装修及配件》11ZJ901

《室外工程》12J003

《无障碍设计》12J926

《电梯 自动扶梯 自动人行道》13J404

《现浇混凝土板式楼梯》15G307

《楼梯 栏杆 栏板（一）》15J403—1

《建筑专业设计常用数据（按 2020 年 3 月 31 日前出版的标准、规范编制）》17J911

《自动扶梯和自动人行道的制造与安装安全规范》GB 16899—2011

《消防电梯制造与安装安全规范》GB 26465—2011

《建筑结构荷载规范》GB 50009—2012

《住宅设计规范》GB 50096—2011

《建筑设计防火规范》GB 50016—2014

《中小学校设计规范》GB 50099—2011

《民用建筑设计统一标准》GB 50352—2019

《无障碍设计规范》GB 50763—2012

《综合医院建筑设计规范》GB 51039—2014

《电梯主参数及轿厢、井道、机房的型式与尺寸》GB/T 7025—2008

《预制混凝土楼梯》JG/T 562—2018

《建筑玻璃应用技术规程》JGJ 113—2015

《宿舍建筑设计规范》JGJ 36—2016

《托儿所、幼儿园建筑设计规范》JGJ 39—2016（2019 年版）

《老年人照料设施建筑设计标准》JGJ 450—2018

《商店建筑设计规范》JGJ 48—2014

《旅馆建筑设计规范》JGJ 62—2014

《疗养院建筑设计标准》JGJ/T 40—2019

《办公建筑设计标准》JGJ/T 67—2019

第7章　门　窗

在建筑物中，门和窗都是起到围护与分隔作用的非承重构件，不同材料、形式的门和窗可以分别满足不同的采光、通风、交通、节能等方面的功能要求，设计时需要根据使用情况和相关规范来选择决定。本章还将简单介绍建筑遮阳的做法。

7.1　门窗的作用与要求

7.1.1　门窗的作用

门的主要功能是满足人们的通行需要，它在建筑物中起到交通联系作用，保证建筑空间使用方便。窗的主要功能除了采光、通风以外，还包括满足视线交流的需要。同时门窗也是决定建筑视觉效果的非常重要的因素。

7.1.2　设计要求

1. 采光和通风

按照建筑物的照度标准，建筑门窗应当选择适当的形式以及面积。

国家相关规范对于各种类型建筑的采光标准值、窗地面积比和采光有效进深都有明确规定。进行建筑方案设计时窗地面积比可以用来初步估计采光效果，例如在常规侧面采光方式下符合要求的窗地面积比，对于住宅的起居室、卧室、厨房不小于1/7，办公室、教室不小于1/5，绘图室不小于1/4等。一般民用建筑中距楼地面高度低于0.75m、住宅中距楼地面高度低于0.50m的窗洞口不应计入有效采光面积。窗地面积比只能在采光设计初步估计时用，最终采光窗尺寸仍需由采光计算确定。

另外，规范中规定的采光标准值、窗地面积比和采光有效进深均以Ⅲ类光气候区为标准，其他光气候区的窗地面积比应乘以相应的光气候系数K，Ⅰ～Ⅴ类光气候区的K值分别为0.85、0.90、1.00、1.10和1.20。

建筑物内各类用房均有通风需求，以引入新风，驱除室内污染物，改善空气质量，保证人员健康。在过渡季节，建筑通风还可以带走室内余热，起到降温作用。为满足通风要求，设计中首先考虑设置与室外空气直接流通的窗口（或洞口），生活、工作房间的通风开口有效面积不应小于该房间地面面积的1/20，厨房的通风开口有效面积不应小于该房间地板面积的1/10，并不得小于$0.6m^2$。同时，门窗洞口的相对位置对通风也有明显影响（图7-1），为获得良好的空气对流，设计时需注意空间组合方式及门窗位置的合理性。

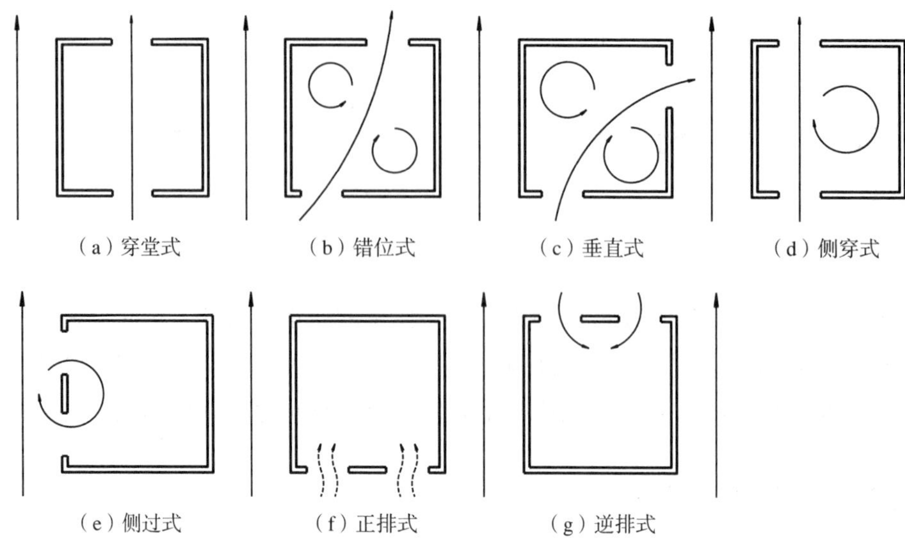

图 7–1　门窗位置影响通风效果

2. 密闭和节能

与其他围护构件相比，门窗构件之间缝隙较多，并且使用中经常受到震动，与建筑主体结构之间可能因结构变形而出现裂缝。为了防止雨水、风沙、烟尘的渗漏，以及室外温度、噪声等对建筑的不良影响，门窗必须具有较好的气密、水密、抗风压性能以及空气声隔声性能。

门窗制作中需要选择合适的材料及合理的构造方式，建筑各个朝向的立面也应按规定的窗墙面积比进行设计，还可以设置外部遮阳，提高门窗的节能效果。

3. 使用安全

门窗多方面涉及建筑的使用安全。例如，门的位置、数量、宽度应满足人员疏散要求，并保证开启方向正确，开向疏散走道及楼梯间的门扇打开后，不应影响走道及楼梯平台的疏散宽度，公共走道的窗扇开启不得影响人员通行等。

4. 视觉效果

作为建筑立面和室内界面的基本组成元素，门窗的形状、材质、色彩、数量及组合方式能够对建筑室内外视觉效果产生关键影响，所以是立面与室内设计中需要处理的重点。

7.2　门窗的开启方式及应用

门窗的开启方式有多种，它们具有多样的使用效果，可以满足不同的需求。

7.2.1　门窗开启线画法

门窗的开启方式不仅决定了自身的使用方法，还直接影响到建筑的使用功能，故需在相关图纸中清晰表现。

建筑平面图中需要表达门的开启方向，一般将门绘制成 90°、60° 或 45° 开启状态，并宜将开启弧线绘出。而门窗立面图中的开启线画法，应以细实线表示外开，以细虚线表示内开，开启线交角一侧为门窗转轴一侧。门窗若为平移开启，则以箭头表示。双向开启的门，开启线画作一虚一实。详见图 7–2、图 7–3。

7.2.2　门的开启方式

1. 平开门

平开门转动轴位于门侧边，门扇向门框平面外旋转开启。其门扇可单扇或双扇，可内开或外开，见图 7–2（a）、（b）。平开门由于构造简单，开启灵活，制作方便，易于维修，所以在建筑中使用最为广泛，大量用于人行及车辆通行。但其门扇受力状态较差，易下垂变形，所以门洞尺寸不宜过大。

平开门如采用弹簧铰链或地弹簧传动即为弹簧门。弹簧门借助弹簧的力量使得门扇可以单向或双向开启，并能够自动关闭。双向弹簧门应在可视高度部分装透明安全玻璃，避免人们进出时发生碰撞，见图 7–2（c）、（d）。

2. 推拉门

门扇在平行门框的平面内沿水平方向移动启闭的门。使用时门扇沿轨道左右滑行，一般为单扇或双扇，也有双轨多扇或多轨多扇的。开启后门扇可贴在墙面外或藏在墙内，故占用空间少，见图 7–2（e）、（f）。在一些人流众多的公共建筑中，还可以采用传感控制推拉门自动启闭。推拉门导轨可设于上方，称为上挂式；门扇高度较大时需在地面再增设导轨，即为下滑式。

3. 折叠门

以合页（铰链）连接多个门扇折叠开启的门，适用于宽度较大洞口，包括平开式和推拉式两种类型。平开式折叠门开启时门扇向门框平面外折叠旋转，见图 7–2（g），推拉式折叠门在门扇侧边或中间安装导轮，沿导轨在水平方向折叠移动开启，见图 7–2（h）、（i）。折叠门适合建筑室内作灵活分隔空间之用，但其五金件制作相对复杂，安装要求较高。

4. 转门

多扇或单扇沿竖轴逆时针转动的门。常见为两个到四个门扇连成风车形，在两个固定弧形门套内旋转，见图 7–2（j），对隔绝内外空气对流有一定作用，可减少建筑热量损失。转门加工制作复杂，造价高，且通行能力较弱，不能作疏散用，人流较多时在其两旁应另设平开门或弹簧门。

5. 卷帘门

由导轨、卷轴、卷帘及驱动装置等组成，可向上下或左右卷动开启的门，见图 7–2（k）、（l）。卷帘门防盗、防火性能好，开启不占用空间，适用于较大且不需要经常开关的门洞，如用于商店大门以及作为建筑防火分区的构件等。卷帘门五金件制作复杂，

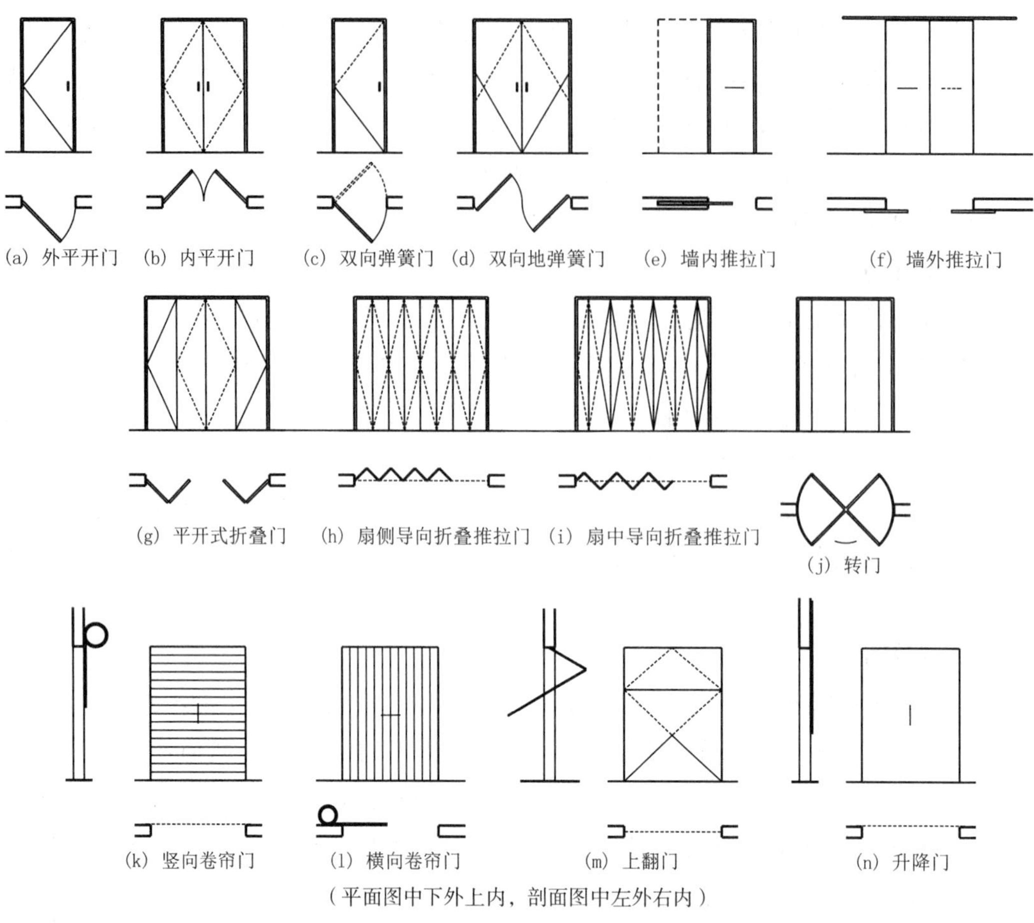

图 7–2 门的开启方式

造价较高。帘片材料常见有钢质材料（镀锌钢板、彩色钢板、不锈钢板）、无机防火布、软质防水布、有机玻璃、聚碳酸酯、铝合金复合板等。帘片与卷轴连接，开启时沿着洞口两侧的导轨运动，卷在卷轴上。传动装置有手动和电动两种。

6. 上翻门

开启不占用使用面积，适用于不经常开关的车库、仓库等建筑。五金件及安装要求高，可以按需要设遥控装置，见图 7–2（m）。

7. 升降门

多用于空间较高、不经常开关的工业建筑，并且需要设置传动装置及导轨，见图 7–2（n）。有时也称为吊门。

关于门的开启方式及其设计还应注意以下几个问题：

（1）位于公共出入口的外门应为外开，或使用双向开启的弹簧门；位于疏散通道上的门应向疏散方向开启。

（2）推拉门、旋转门、电动门、卷帘门、升降门、折叠门不应作为疏散门，建筑出入口使用上述类型的门时附近应另设平开的疏散门。

（3）托儿所、幼儿园、小学或其他儿童集中活动的场所不得使用弹簧门。

（4）中小学除音乐教室外，各类教室的门均宜设置上亮窗；除心理咨询室外，教学用房门扇上均宜附设观察窗。

（5）住宅厨房和卫生间的门应在下部设置有效截面积不小于 $0.02m^2$ 的固定百叶，或留出距地面不小于 30mm 的缝隙，以保证有足够的进风通道进行排气。

（6）手动开启的大门扇应有制动装置，推拉门应有防脱轨的措施。

（7）门的开启不应跨越变形缝。

7.2.3　窗的开启方式

1. 固定窗

无窗扇，玻璃直接镶嵌于窗框上，不能开启，见图 7–3（a）。供采光和眺望之用，不能通风。固定窗构造简单，密闭性好。

2. 平开窗

窗扇通过装在侧边的合页（铰链）与窗框相连，沿水平方向向内或向外旋转开启，见图 7–3（b）。外开可以避免雨水侵入室内，且不占用室内面积，故常采用。平开窗一般使用普通五金，构造简单，安装维修方便，并且适宜装纱窗。

还有一种滑轴平开窗，在窗扇上下装有折叠合页（滑撑），向室外或室内旋转并同时平移开启，见图 7–3（c）。外开时可以利用窗扇与窗框之间形成的空隙，对外侧玻璃进行清洁。

3. 推拉窗

窗扇在窗框平面内沿水平或垂直方向移动启闭的窗，见图 7–3（d）、（e）。水平推拉窗一般在窗扇上下设导轨或滑槽，窗扇受力状态好，适合安装较大玻璃；垂直推拉窗需要升降及制约措施。推拉窗开启时不占室内空间，但通风面积受限制，五金件及其安装也比较复杂，窗扇还必须有防脱落措施。

4. 悬窗

有上悬、下悬和中悬之分，合页（铰链）装于窗上侧或下侧，或在窗扇中部安装水平旋转轴。上悬窗外开防雨效果好，但受开启角度限制通风效果不佳；下悬窗如作外窗，外开时不能防雨，故可内开或用作内窗，特别是内墙高窗及门上亮子（也称亮窗、腰头窗）；中悬窗安装纱窗不便，上部向内、下部向外开启时，有利于防雨、通风，见图 7–3（f）～（i）。

5. 立转窗

窗扇上下两侧中部安装垂直旋转轴，绕轴转动启闭，见图 7–3（j）。垂直旋转轴可位于窗扇竖向中心线，也可偏离中心线而成为偏心轴。立转窗采光和通风效果好，但安装纱窗不便，密闭和防雨性能较差。

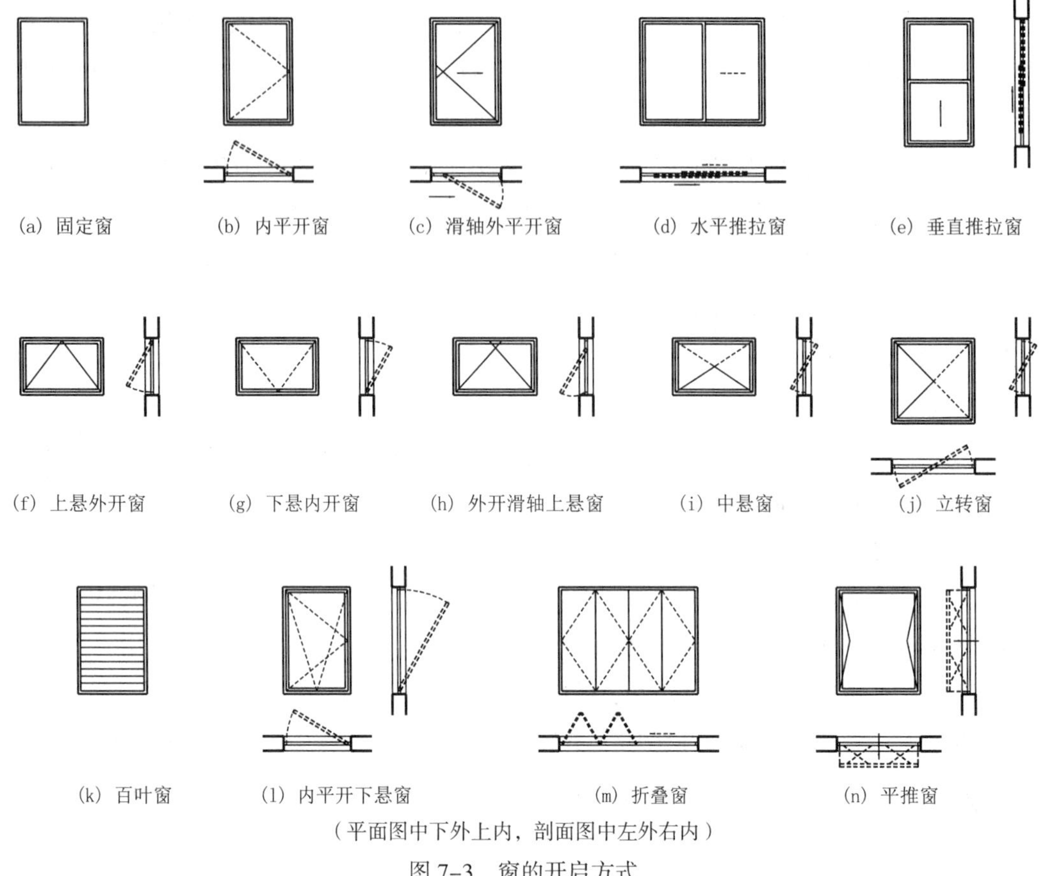

（平面图中下外上内，剖面图中左外右内）

图 7–3　窗的开启方式

6. 百叶窗

分为固定百叶窗和活动百叶窗两类，百叶采用的材料包括钢材、不锈钢、铝合金、塑料、玻璃、木材等。活动百叶窗可以通过手动或电动方式控制百叶片启闭角度，调节通风量，具有较好的采光效果和遮阳作用，见图 7–3（k）。

7. 内平开下悬窗

窗扇既可内平开也可下悬开启，实现两种开启方式的互补，见图 7–3（l）。当把手转动至向上、向下和水平位置时，窗扇分别为下悬、内平开和锁住状态。内平开下悬窗下悬开启可通风、挡雨、防盗，内平开则方便擦窗清洁。不过需用特殊五金件。

8. 折叠窗

多个用合页（铰链）连接的窗扇沿水平方向折叠移动开启的窗，见图 7–3（m）。全部开启时视野开阔，通风效果好。需用特殊五金件。

9. 平推窗

在窗框四周安装滑撑，左右两侧为承重滑撑，上下两侧为导向滑撑，窗扇沿着窗平面法线方向平行开启，见图 7–3（n）。平推窗可以保持建筑立面整齐，且利于采光和通风，多用于建筑幕墙。不过对滑撑质量有一定要求，如摩擦力过大，手动启闭会较费力。

关于窗的开启方式及其设计还应注意以下问题：

（1）窗的选型首先应考虑安全性、方便使用和易于清洁。多层居住建筑可采用外平开窗、推拉窗或内平开下悬窗，高层建筑不应采用外平开窗。

（2）公共走道上的窗扇开启时，底面距走道地面高度不应低于 2.0m，以免影响人员通行。

（3）居住建筑、中小学校教学用房及托儿所、幼儿园建筑临空外窗的窗台距楼地面净高低于 0.9m 时应设置防护设施，其高度由地面起算不应低于 0.9m；其他公共建筑临空外窗的窗台距楼地面净高低于 0.8m 时应设置防护设施，其高度由地面起算不应低于 0.8m。

（4）中、小学教学用房二层及以上的临空外窗不得外开，应采用内平开窗或内平开下悬窗，方便擦窗（装有擦窗安全设施时不受此限）。并且为防止撞头，当开启扇下缘低于 2.0m 时，应采用长脚铰链等五金配件，使窗扇能 180° 开启，平贴于固定扇上或墙上，不占用室内空间。

（5）有卫生要求以及经常有人员居住、活动房间的外门窗宜设置纱门、纱窗。

7.2.4　门窗的尺度

门的尺度应当根据人员通行、设施搬运和安全疏散等要求确定，窗的尺度则应当考虑采光、通风、安全及构造形式等因素。门窗尺度还需要与建筑造型协调，在视觉上取得恰当的比例关系。

门窗的尺寸通常是指门窗洞口的高宽尺寸，它们应符合模数制要求。一般民用建筑供人们日常活动进出的门，高度不宜小于 2.1m，加设 0.3 ～ 0.6m 高的亮子时，门洞高度一般为 2.4 ～ 3.0m。门的宽度，单扇门一般为 0.9 ～ 1.0m，用于辅助用房时可为 0.7 ～ 0.8m；双扇门应≥ 1.2m，一般为 1.2 ～ 1.8m，当为 1.2m 时宜采用大小扇的形式；门洞宽度在 2.1m 以上时一般做成多扇门。

公共建筑和工业建筑使用的门，尺寸可根据需要适当加大，并且应当满足相关规范的特定要求。例如，体育馆或运动员经常出入的门扇净高应≥ 2.2m；托儿所、幼儿园的活动室、寝室、多功能活动室等幼儿使用的房间应设双扇平开门，门净宽应≥ 1.2m；宿舍建筑居室和辅助房间的门净宽应≥ 0.9m，阳台门和居室内卫生间门净宽应≥ 0.8m，门洞口高度应≥ 2.1m，居住人数超过 4 人时，居室门应带亮子且门洞口高度应≥ 2.4m；旅馆客房门净宽应≥ 0.9m，门洞净高应≥ 2.0m，卫生间门净宽应≥ 0.7m，净高应≥ 2.1m，无障碍客房卫生间门净宽应≥ 0.8m；观众厅、商店营业厅的出口门净宽应≥ 1.4m。

平开窗的开启扇，一般净宽宜≤ 0.6m，净高宜≤ 1.4m；推拉窗的开启扇，一般净宽宜≤ 0.9m，净高宜≤ 1.5m。

7.2.5 特种门窗

特种门窗是指专门针对特殊功能要求的门窗，常见的有防火门窗、隔声门窗、隔声通风门窗、避光通风门窗、通风防雨百叶门窗、防射线门窗、保温门窗、防盗门窗、人防密闭门及防护密闭门等。

防火门窗必须能够在规范规定时间内，满足耐火完整性（防止火焰和热气穿透或在背火面出现火焰的能力）要求。根据其耐火隔热性（保持背火面温度不超过规定值的能力），防火门分为 A 类（隔热防火门）、B 类（部分隔热防火门）、C 类（非隔热防火门）三个类别，防火窗分为 A 类（隔热防火窗）、C 类（非隔热防火窗）两个类别。防火门窗按照耐火极限，从 3.00 小时至 0.50 小时又分为若干级别，设计时应按规范要求选用。常见的防火门窗有钢质防火门窗、木质防火门窗和钢木复合防火门窗，所用防火玻璃必须达到相关规范要求。

防火门主要为平开式，并且能自行关闭，人流出入频繁处防火门宜常开，位于其他位置时应常闭。公共场所需控制人员进入的疏散门（只出不进），应安装无须任何工具即可开启的逃生装置，例如逃生推杠、逃生压杆等（图 7–4），并应有显著标识及使用提示。防火窗应使用不可开启的窗扇，或具有火灾时自行关闭的功能。

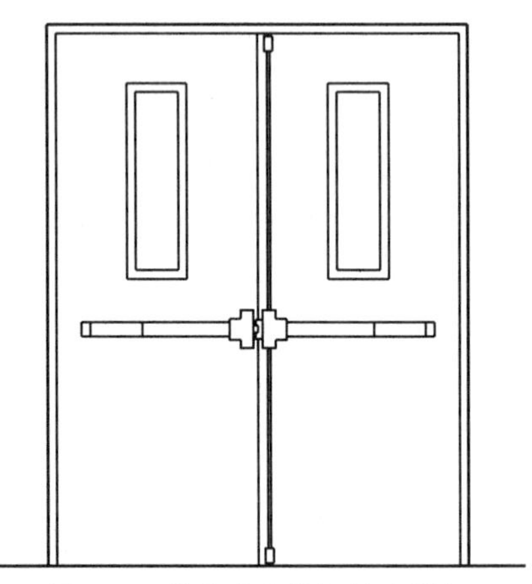

图 7–4 装有逃生推杠的疏散门

室温控制在 0℃以上并有保温要求的工房和库房采用的保温门，以及库体温度为 0 ～ –50℃的冷库采用的冷库门，常用聚氨酯和聚苯乙烯泡沫塑料等保温材料填充，外覆盖金属面板。保温门也有使用胶合板面板者。

对声学环境要求比较高的厅室，如播音室、录音室、礼堂、办公室、会议室、影剧院、体育馆等，以及某些产生高噪声的工业建筑，如印刷车间、发电机房、通风机房、冷冻机房、空调机房等，需要安装隔声门窗。隔声门窗填充材料一般使用玻璃布包中级玻璃棉纤维或岩棉制品，密度及厚度应由专业厂家根据噪声频谱的隔声量及防火要求确定，密封条采用三元乙丙橡胶制品。而在普通民用建筑中常用的门窗隔声做法，是使用隔声性能好的中空玻璃以及采取双层窗构造。

放射线对人体有一定程度损害，因此科研、实验、医疗、检验和生产等有辐射源的建筑需要安装防射线门窗，防护材料为铅板和铅玻璃，其厚度应根据 X 射线管电压大小和使用环境确定。

7.3 门窗的组成与构造

门窗主要由门窗框、门窗扇和门窗五金三个部分组成，有时还会增加披水板、贴

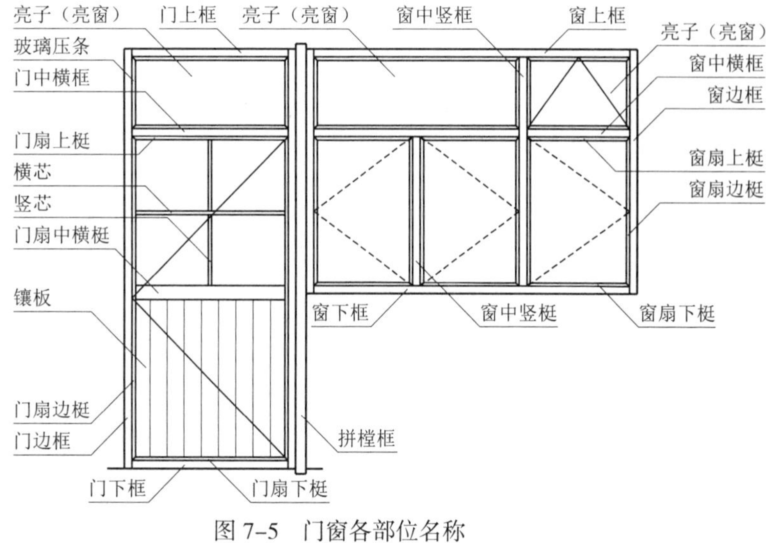

图 7–5 门窗各部位名称

脸板、筒子板、卷帘盒等附件，目的在于提高密闭性能，改善装修效果。门窗各部位名称见图 7–5。

7.3.1 门窗材料

门窗框料材质有多种，常见的如木、钢、彩色钢板、不锈钢、铝合金、塑料（内带钢衬或铝衬）、玻璃钢以及复合材料（如铝木、塑木）等等。

木制门窗多用于室内，且不宜用于潮湿房间，因为许多种木材遇水都容易产生翘曲变形。木门窗按框和扇的主要材料分为实木门窗、实木复合门窗和木质复合门窗三种，实木门窗以木材、集成材（含指接材）制作，实木复合门窗是在面层覆贴装饰单板（薄木）或以单板层积材制作，木质复合门窗以各种人造板或以木材和人造板为基材，表面再进行涂饰或覆贴饰面（图 7–6）。内芯填充材料还可以使用蜂窝纸芯等。

国内传统的 25 系列、32 系列、40 系列实腹钢门窗作为早期产品，由于节能效果和整体刚度都较差，民用建筑中目前已不再使用，只用于要求较低的工业建筑。现在使用的空腹钢门窗，主要产品以镀锌钢板制作，型材均为专用异型管材，55 系列以上，可安装中空玻璃。此外还有多种系列的彩板门窗和不锈钢门窗可以选用，但普通碳素钢制作的空腹钢门窗 25 系列单玻门窗和 35 系列双玻门窗也属早期产品，已不能用于民用建筑。

铝合金门窗是目前常用的门窗之一，采用铝合金挤压型材为框、梃、扇料制作而成，具有重量轻、不易变形、密封性较好的特点，而且框料经过氧化着色处理，无须再进行表面修饰，但它不适用于强腐蚀环境。

PVC 塑料门窗是目前广泛使用的门窗类型，基材为未增塑聚氯乙烯（缩写为 PVC–U 或 UPVC）型材，由于其线性膨胀系数较大，制作门窗框时需要内衬增强型钢以提高抗弯曲变形能力，故也称为塑钢门窗。它具有密闭性强、保温性好、外表美观、耐

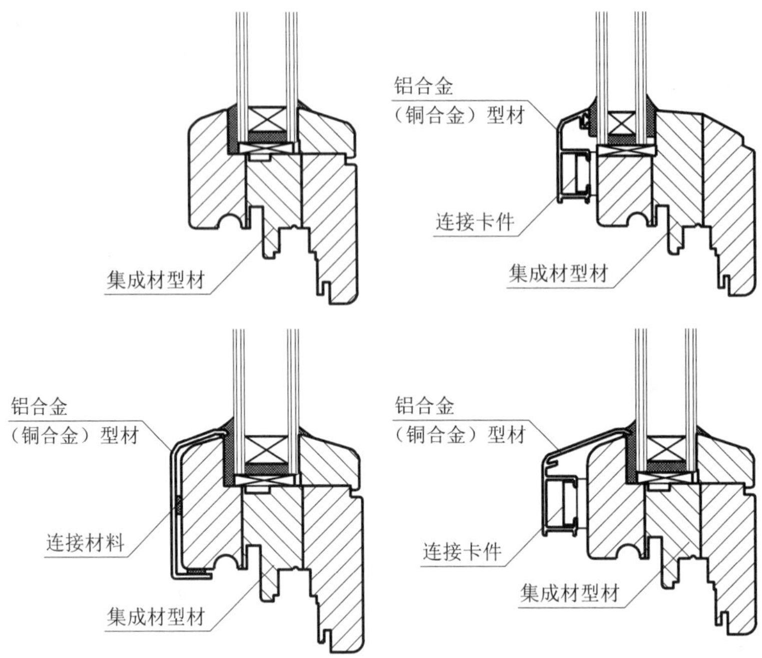

图 7-6　集成材木门窗截面示意图

腐蚀等优点，特别适用于沿海地区、潮湿房间及寒冷和严寒地区。通过 UPVC 树脂与着色聚甲基丙烯酸甲酯（PMMA）或丙烯腈－苯乙烯－丙烯酸酯共聚物（ASA）的共挤出，或者在白色型材上覆膜、喷涂，可获得多样的质感和色彩。PVC 塑料门窗在节约生产能耗、使用能耗以及材料回收再利用方面优势明显，在保温节能方面也有优良的性价比。

塑料门窗中还有一类玻璃纤维增强塑料门窗，采用热固性树脂为基体材料，以玻璃纤维作为主要增强材料，再加入一定量助剂和辅助材料，拉挤时经模具加热固化成型，便成为门窗框杆件。此类门窗型材有很高的纵向强度，一般情况下可不用增强型钢，只有门窗尺寸过大或抗风压要求高时，才需要根据具体情况确定增强方式。

另外还有以铝合金作受力杆件基材与木材、塑料复合的门窗，简称铝木复合门窗、铝塑复合门窗或称铝塑共挤门窗（图 7-7）。

玻璃也是门窗的重要组成部分。规范规定在门窗工程中以下情况必须使用安全玻璃：面积大于 1.5m^2 的窗玻璃；距地面 0.9m 以下的窗玻璃；与水平面夹角≤ 75° 的倾斜窗（含天窗、采光顶等在内的顶棚）；7 层及 7 层以上建筑的外开窗；公共建筑物的出入口、门厅等部位。安全玻璃是指符合现行国家标准的钢化玻璃、夹层玻璃及由钢化玻璃或夹层玻璃组合加工而成的其他玻璃制品。

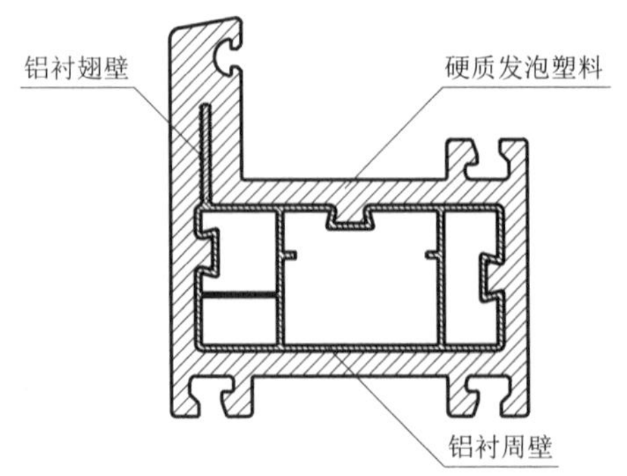

图 7-7　铝塑共挤型材示意图

全玻璃门应选用安全玻璃或采取防护措施，并应设防撞提示标志；中小学校教学用房及教学辅助用房的窗玻璃应满足教学要求，不得使用彩色玻璃；在卫生间、盥洗室等房间为避免外部视线干扰，可采用磨砂玻璃或压花玻璃，磨砂玻璃的毛面应面向室内，压花玻璃的花纹宜面向室外。

对玻璃有热工性能要求时应选用中空玻璃或真空玻璃，热工要求较高或对中空玻璃表面变形要求较高时，可采用达到厚度要求的三玻两腔中空玻璃、低辐射镀膜玻璃或填充惰性气体。

7.3.2　木门窗构造

木门种类很多，根据门扇构造分为夹板门、镶板门、镶玻璃门、百叶门、纱门等（图 7–8）。夹板门门扇用实木、实木拼板或单板层积材做成骨架，两面粘贴胶合板、硬质纤维板及塑料板等人造板材；镶板门是在门梃间镶嵌门芯板，门芯板一般采用厚木板拼成，也可使用与夹板门同样的各类板材，当采用玻璃时（玻璃厚度应大于 3mm）即为镶玻璃门，换成塑料纱或铁纱时即为纱门。室内木门门扇常规厚度为 35mm、38mm、40mm、45mm、50mm、55mm、60mm。

为了控制门窗扇关闭时的位置和开启时的角度，门窗框需要做裁口，也称为铲口；为了避免门窗框靠墙一面受潮变形，还需要门窗框背面做背槽。

夹板门在安装门锁处必须局部附加实木框料，并应避开边梃与中梃结合部位。用于学校教室、医院病房、手术室等公共场所的木门应在门扇中部和下部增设金属护板。木窗玻璃可用 4mm 厚平板玻璃，最大许用面积 $0.3m^2$，如为 5mm 厚则最大许用面积为 $0.5m^2$。

7.3.3　钢门窗构造

彩板门窗，即彩色涂层钢板空腹钢门窗，型材的基材是镀锌钢板，经连续冷弯咬口工艺滚压而成，具有较好的防腐能力和密封性能，有红色、白色、绿色、蓝色、灰色、茶色等多种色彩供选择，可满足一般民用建筑的需求。彩板门窗采用组装工艺，通常在出厂前玻璃已装好，然后到施工现场进行成品安装。

目前的新型空腹钢门窗，最突出的特点是强度高，无隔热断桥结构者可作为仅有防火完整性要求的（次级防火分区）玻璃门窗隔断的框架系统，有隔热断桥且采用的是防火材料者，可作为有防火隔热性要求的玻璃门窗隔断的框架系统。钢门窗常见构造见图 7–9。

使用普通碳钢材料制作的门窗及五金配件应进行防腐处理，镀锌或涂防锈漆前还应按规范要求进行磷化处理；使用彩色涂层钢板制作的门窗，型材切口部位宜进行防腐处理；钢材和其他金属直接接触部位应有防腐绝缘隔层，以防止电化腐蚀。

钢门窗在安装玻璃时需注意，玻璃与型材、压条不能直接接触，前后缝隙应根据具体条件采用密封胶、密封条或塑性填料密封。

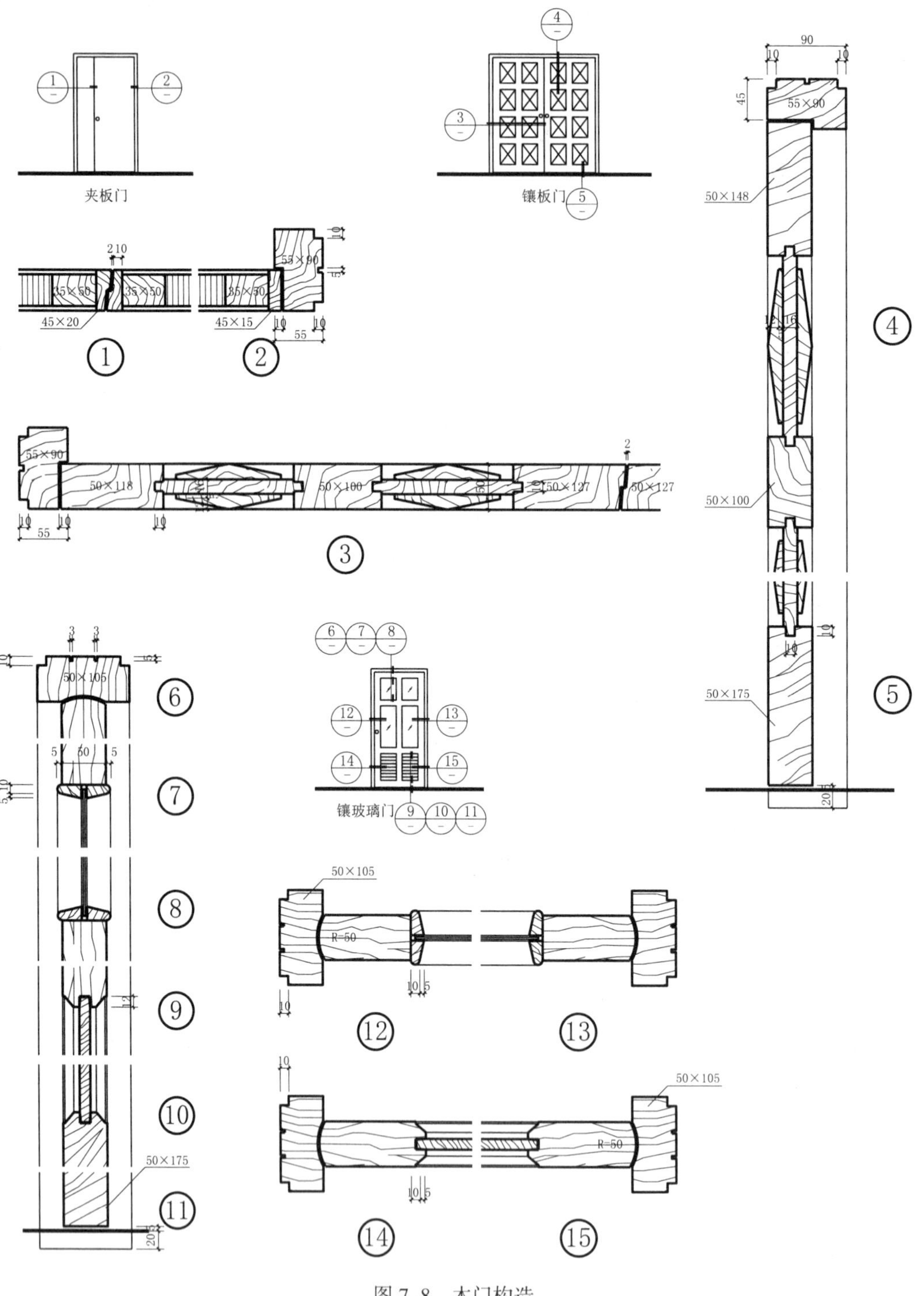
夹板门
镶板门
镶玻璃门
55×90
35×50
45×20
45×15
50×118
50×100
50×127
50×148
50×175
50×105
R=50

图 7-8　木门构造

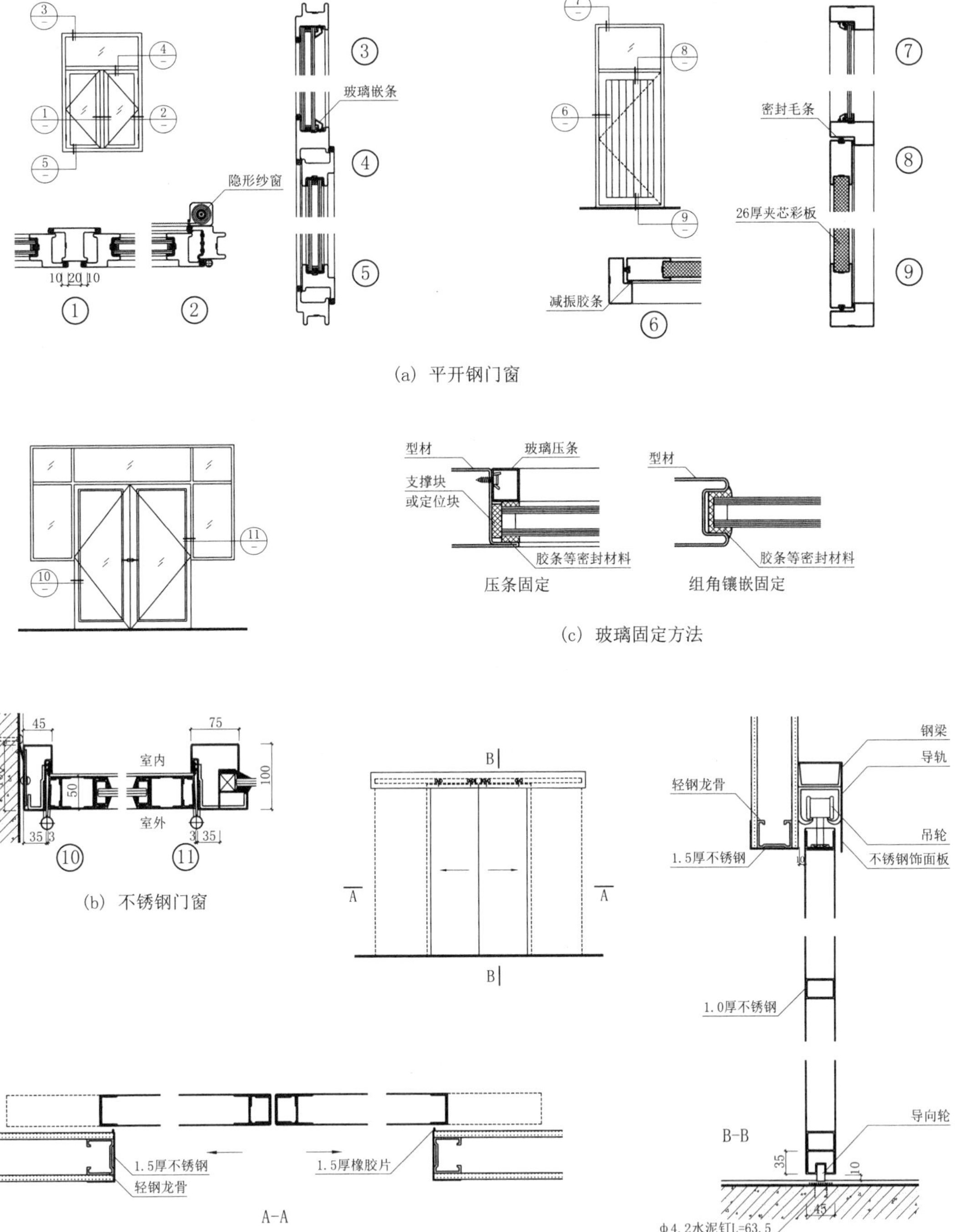
玻璃嵌条
隐形纱窗
10 20 10
密封毛条
26厚夹芯彩板
减振胶条
(a) 平开钢门窗
型材
玻璃压条
支撑块
或定位块
胶条等密封材料
压条固定
组角镶嵌固定
(c) 玻璃固定方法
室内
室外
(b) 不锈钢门窗
钢梁
导轨
轻钢龙骨
吊轮
1.5厚不锈钢
不锈钢饰面板
1.0厚不锈钢
导向轮
B-B
1.5厚橡胶片
A-A
ф4.2水泥钉L=63.5
(d) 不锈钢推拉门

图 7-9　钢门窗构造

7.3.4 铝合金门窗构造

铝合金门窗型材用料系薄壁结构，型材断面中留有不同形状的槽口和孔，分别起到空气对流、排水等作用。不同部位、不同开启方式的铝合金门窗，其型材的壁厚与强度有关，按规范要求，门用主型材主要受力部位基材截面最小实测壁厚应≥ 2.0mm，窗用主型材主要受力部位基材截面最小实测壁厚应≥ 1.4mm。

铝合金门窗连接用螺钉、螺栓宜使用不锈钢紧固件，受力构件之间的连接不得采用铝合金抽芯铆钉。五金件、紧固件用钢材宜采用奥氏体不锈钢材料，黑色金属材料应根据使用要求进行热浸镀锌、电镀锌、防锈涂料等有效防腐处理。

与水泥砂浆接触的铝合金框应进行防腐处理，以免被腐蚀。

铝合金门窗常见构造见图 7-10。

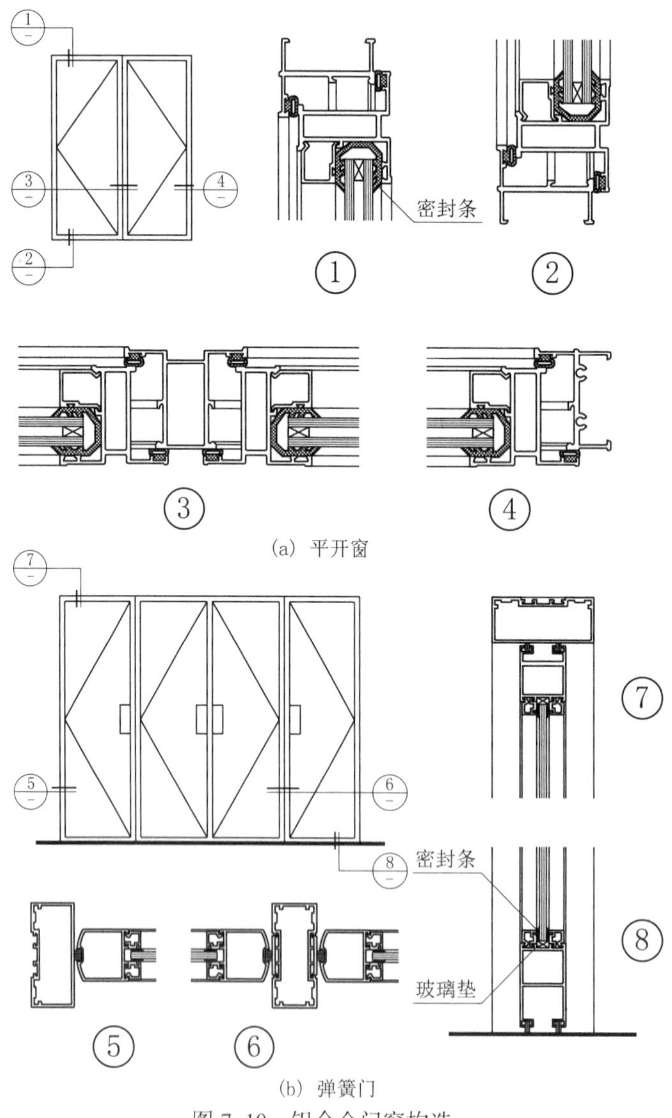

图 7-10 铝合金门窗构造

7.3.5　塑料门窗构造

PVC 塑料门窗应根据自然环境、建筑高度及体型等因素进行抗风压强度设计，以此为基础，选择合适的型材系列，并确定在框、扇、梃型材的受力杆件中使用何种增强型钢。玻璃也应按照抗风压强度设计计算最大许用面积，确定分格尺寸。

塑料门窗常见构造见图 7-11。

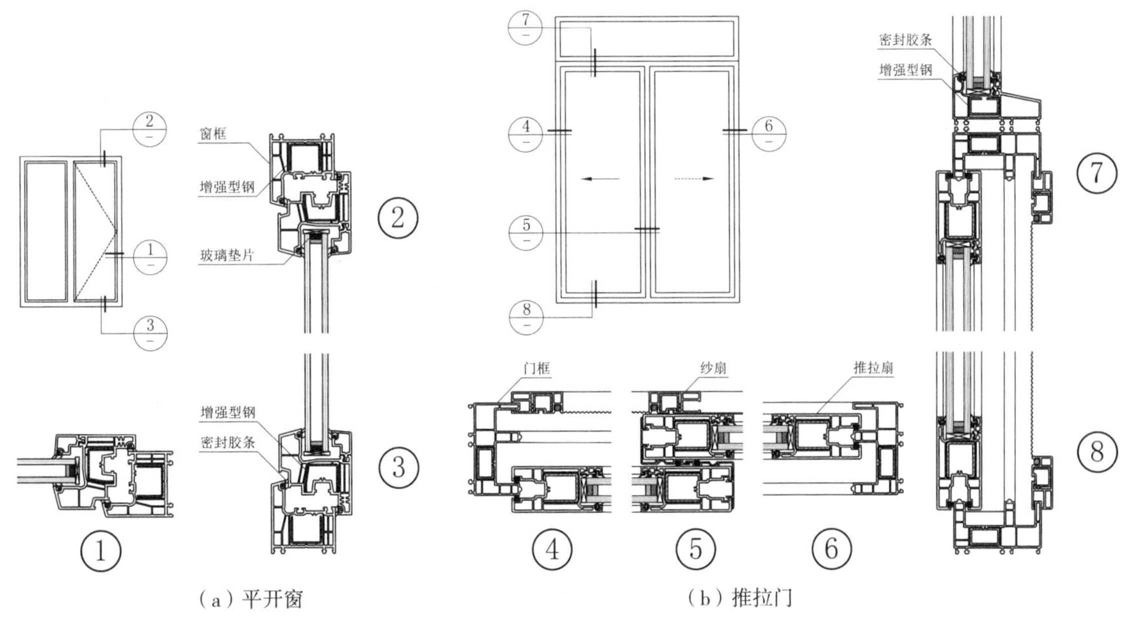

图 7-11　塑料门窗构造

7.3.6　门窗安装及附件

门窗工程施工首先从安装门窗框开始。过去的木门窗常常在墙身砌筑到门窗底标高时，先用临时支撑将门窗框立好，然后再继续砌墙。这种方式叫作“立口”，又称“立樘子”。门窗框靠其两侧的“羊角”或木拉砖砌入墙身而拉结，故框与墙的结合紧密。但是由于工序交叉，施工不便，如不妥善保护门窗框还可能在后续操作中受到损坏，所以今天已很少使用。按照现行规范，门窗框安装采用“塞口”的方式，又称“塞樘子”，即砌筑墙体时先将门窗洞口预留，待墙体完工后再安装门窗框。

门窗框的固定方法与墙体材料有关。混凝土墙洞口应采用射钉或膨胀螺栓、膨胀螺钉固定；当墙体为轻质砌块或加气混凝土时，由于材料强度不够，不能直接采用射钉或膨胀螺栓连接固定，应在门窗框与墙体的连接部位设置预埋件，也可对洞口采取钢筋混凝土框等加强措施；砖砌体上安装门窗时严禁使用射钉固定，砖墙洞口及边缘厚度较大的空心砖砌筑的墙洞口，可以使用膨胀螺钉，但不得固定在砖缝处，空心砖边缘厚度不够时则需设置预埋件。

门窗在墙体洞口中的位置，可以居中，也可以内平或外平。由于门窗框四周的

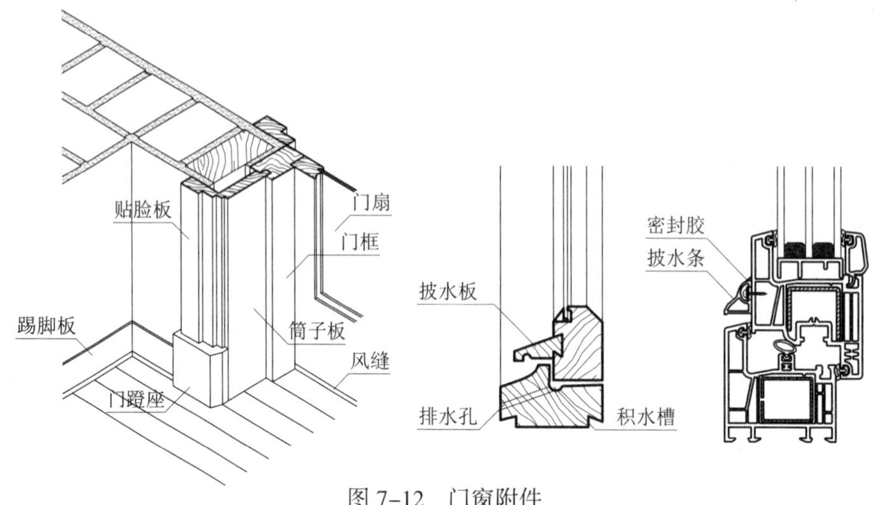

图 7–12　门窗附件

抹灰极易开裂脱落，所以在门窗框与墙体抹灰结合处需做贴脸板或木压条盖缝，还可在门洞两侧和上方设筒子板。披水条（板）也是常见的门窗附件，它设置在门窗扇之间、框与扇之间以及框与门窗洞口之间的横向缝隙处，用来遮挡风雨及排泄雨水（图 7–12）。

1. 木门窗

门窗框采用塞口施工工序，洞口与门窗框的安装缝隙为 8 ～ 30mm。还有一些部品集成产品，如板框门，其安装固定不需要埋件或钉件，而是用膨胀胶与墙体固定，故安装快捷、简便（图 7–13）。

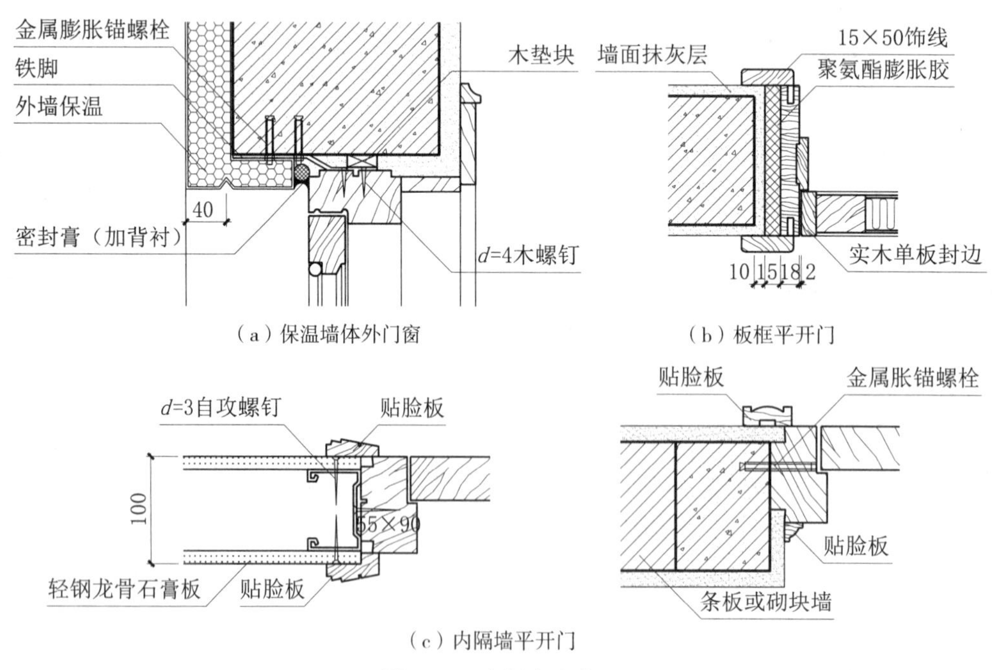

图 7–13　木门窗安装

2. 钢门窗

有外保温或外饰面材料较厚时，外窗宜采用增加钢附框的安装方式。附框也称副框，是在安装门窗之前预先安装在墙体洞口的结构件，门窗通过该构件与墙体相连。钢附框应采用壁厚不小于 1.5mm 的碳素结构钢和低合金结构钢制成，其内、外表面均应进行防锈处理。门窗框应以螺钉与附框紧固。

安装时通常先在门窗框（或附框）四周布置固定片（铁脚）连接件，间距≤ 600mm，连接件需拉铆于门窗框（或附框）上，然后再安装到墙体洞口内。有预埋件时应将连接件与之逐个焊牢，无预埋件时则用膨胀螺栓或射钉直接固定在墙体上（图 7–14）。

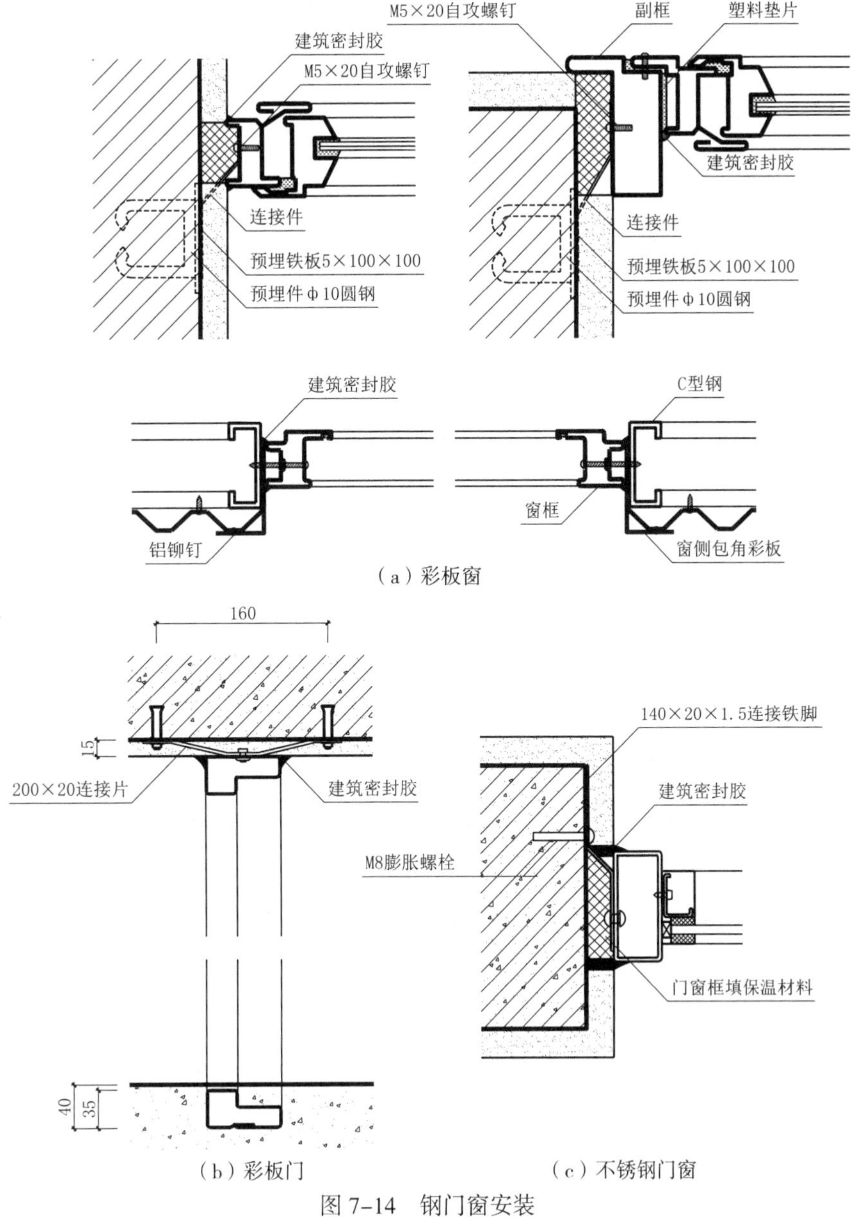

（b）彩板门　　（c）不锈钢门窗

图 7–14　钢门窗安装

门窗框与附框及洞口之间需用建筑密封膏封严。

3. 铝合金门窗

铝合金门窗安装有干法安装（有附框）和湿法安装（无附框）两种施工方式。干法安装是在墙体洞口内预先安置附加金属外框，并对墙体缝隙进行填充、防水密封处理，然后在洞口表面装饰湿作业完成后，再将门窗固定在金属附框上；湿法安装是将门窗直接安装在未经表面装饰的墙体洞口内，当墙体进行湿作业装饰时对门窗洞口间隙进行填充和防水密封处理。在条件允许的情况下，铝合金门窗宜优先选择干法安装(图7–15）。

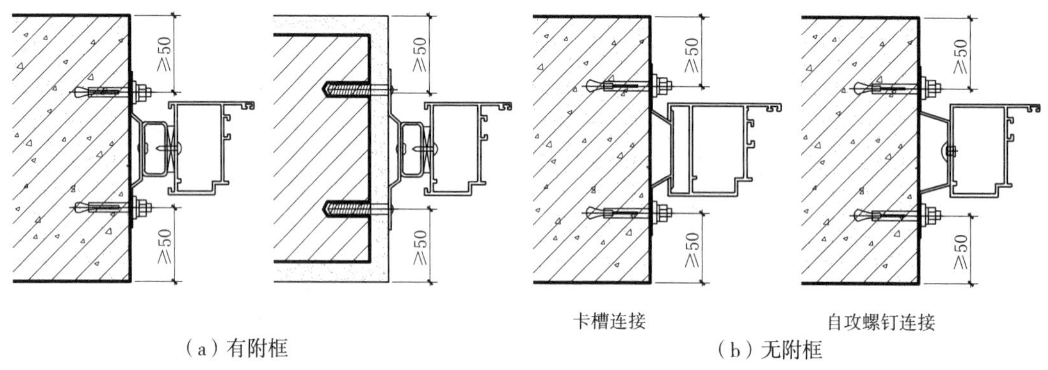

（a）有附框　　（b）无附框

图 7–15　铝合金门窗安装

连接洞口与门窗框或附框的固定片宜采用 Q235 钢材，且表面应做防腐处理，固定片中心距离应≤ 500mm。干法安装时，金属附框宽度应大于 30mm，其安装应在洞口及墙体抹灰湿作业前完成。湿法安装时，固定片与门窗框宜采用卡槽连接，与无槽口铝门窗框的连接，可采用自攻螺钉或抽芯铆钉，钉头处应密封。

铝合金门窗框与洞口之间的缝隙，应采用保温、防潮且无腐蚀性的软质材料填塞密实。也可使用防水砂浆填塞，但不宜使用含海砂成分的砂浆。

4. 塑料门窗

如有水泥砂浆粘到塑料门窗型材上，铲刮时极易损伤型材表面，故为了保持门窗表面洁净，其安装应在墙体湿作业完工后进行。如必须在湿作业前进行，则应采取好保护措施。

塑料门窗应采用固定片法安装。某些旧窗改造工程无法使用固定片法安装时，可采用直接固定法安装。如果窗型构造尺寸较小，除了下框为防止雨水顺螺钉缝隙渗入型材内腔而采用固定片法安装以外，其他部位可采用直接固定法（图 7–16）。

当设计要求安装附框时，宜采用固定片将附框与墙体连接，附框安装后应用水泥砂浆将洞口抹至与附框内表面平齐。附框与门窗框之间应预留伸缩缝，缝宽可根据门窗大小、制作安装精度而定，一般宜为 10mm。门窗框与附框应采用直接固定法连接，但不得在窗下框排水槽内进行钻孔。

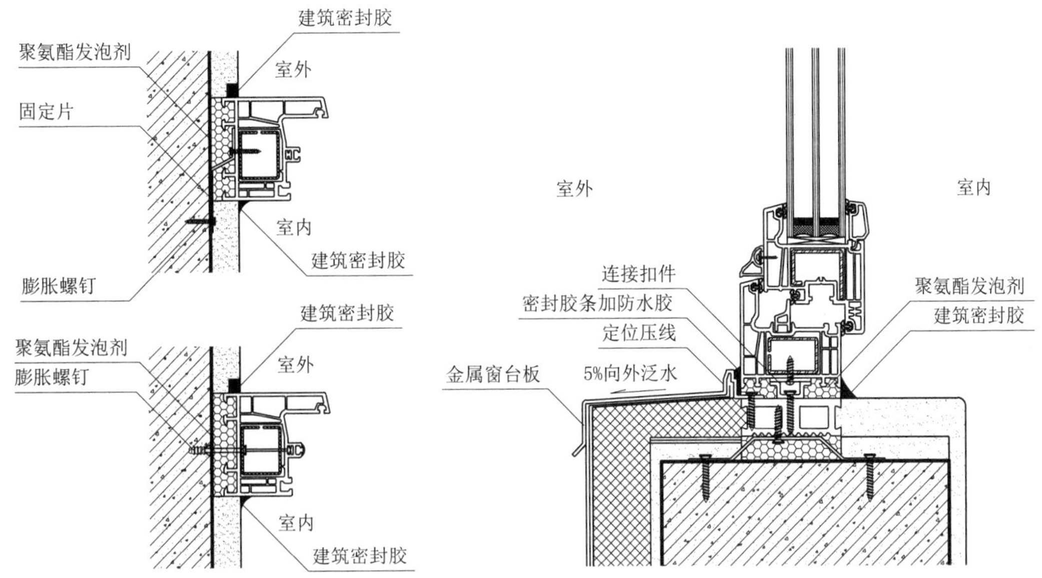

图 7-16 塑料门窗安装

固定片法安装是一种弹性连接方式。由于单向固定片能够更好地调节门窗胀缩带来的变形，并可有效防止雨水渗漏，故门窗框与普通墙体之间应使用双向交叉安装的单向固定片，而外保温墙体应使用朝向室内的单向固定片，避免固定片与室外连接形成热桥。固定片与窗框连接应采用自攻螺钉固定，不得直接锤击钉入或仅靠卡紧方式固定。尺寸较小的窗型采用膨胀螺钉直接固定时，应按螺钉规格先在窗框上打好基孔，装好后螺钉端头应加盖工艺孔帽，并以密封胶密封。固定片或膨胀螺钉的间距应符合设计要求，并应≤ 600mm。

窗下框与保温墙体固定时，由于水泥砂浆的导热性高，应考虑隔绝“热桥”措施，所以窗下框与洞口之间的缝隙全部应以聚氨酯发泡胶填塞饱满。外贴保温材料时，保温材料应略压住窗下框，并以密封胶进行密封。

7.3.7 门窗五金件

作为门窗的组成部分，五金配件的用途是在门窗与建筑主体之间以及门窗各组成部件之间起到连接、控制和固定的作用。门窗五金件一般按功能分为四类。

（1）操纵部件：包括传动机构用执手、旋压执手、双面执手、单点锁闭器等，在外力作用下，控制支配门窗的启闭功能。

（2）承载部件：包括合页（铰链）、滑撑、滑轮等，用来连接框扇，承受门窗开启载荷。

（3）传动启闭部件：包括传动锁闭器、多点锁闭器、插销等，传递操纵力，实现框扇启闭。

（4）辅助部件：用来完善功能的部件，包括撑挡、下悬拉杆。

门锁是最常见的五金件之一，它通过转动钥匙或转钮控制锁舌伸缩实现启闭锁定，选择门锁时需要考虑使用场所、安保等级、使用频率、使用对象和防火性能等；执手也称把手、拉手，装于门窗扇上通过转动来控制门窗扇的启闭，有的单面安装，有的双面安装，有些还与传动锁闭器结合，可实现门窗多点锁闭；合页（铰链）主体材料采用碳素钢、锌合金、铝合金、不锈钢制作，用来实现平开门、平开窗启闭转动，它有明装式和隐藏式，有普通合页和弹簧合页，以及固定合页和抽心合页等类型的区分；滑撑俗称四联杆、五联杆，在外开平开窗和外开上悬窗中可代替合页使用；撑挡适用于平开窗、上悬窗，用来限制窗扇开启角度，一般分为摩擦式和锁定式；闭门器有机械式液压控制的，也有通过电子芯片控制的，它安装在平开门扇上部，与合页或地弹簧配合使用，可以自动关闭开启的门扇，还具有缓冲、延时、停门等功能；地弹簧安装在平开门扇下部，具有自动关闭门扇的功能，并且能承担门扇重量，还可视情况安装在门扇上边框（图 7–17）。

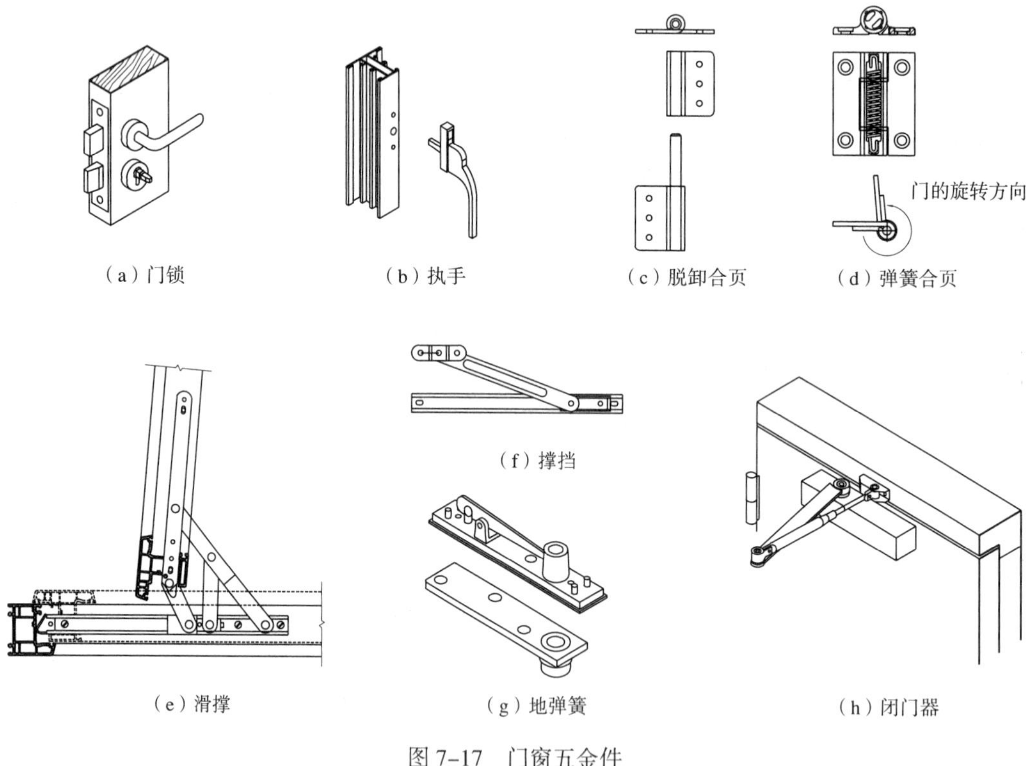

（a）门锁　（b）执手　（c）脱卸合页　（d）弹簧合页

（e）滑撑　（f）撑挡　（g）地弹簧　（h）闭门器

图 7–17　门窗五金件

此外，还有推拉门窗中能在外力作用下使门窗扇沿框材轨道往复运动的滑轮，用于门窗扇定位、锁闭功能的插销、定门器，对于使用者无法直接接触的窗加设的手动或电动开窗机，以及为了在有隔声要求的房间完成有组织进风、排风而使用的通风器等。

7.4 门窗的密闭与节能

7.4.1 门窗的密闭处理

建筑物的外门窗必须满足气密性、水密性和抗风压要求，即在正常关闭状态时，能够阻止空气渗透，遇风雨同时作用能够阻止雨水渗透，并且在风压作用下不发生损坏和五金件松动、开启困难等功能障碍。为达到相应性能标准，应当对门窗的构造形式进行合理设计，提高门窗缝隙空气渗透阻力，并综合采用防水、挡水、排水等措施，

除了门窗框与洞口墙体的安装间隙以外，型材构件连接缝隙、附件装配缝隙、螺栓、螺钉孔等处都需要采取密封防水措施。减少和避免雨水与门窗接触也是一种好方法，可以在窗楣设置滴水槽、开启扇上檐口安装披水条，带有适当坡度的外窗台也可以排除积水，减少雨水对门窗的浸泡。

铝合金门窗、塑料门窗等型材门窗应在框、扇下横边设置排水孔，并根据等压原理设置气压平衡孔槽；排水孔的位置、数量及开口尺寸应满足排水要求，内外侧排水槽应横向错开，避免直通；排水孔宜加盖排水孔帽（图 7–18）。

门窗密封胶条应采用合成橡胶类的三元乙丙橡胶、氯丁橡胶、硅橡胶等耐久性好的材料，装配后应均匀、牢固、接口严密并用胶粘牢。密封毛条宜选用毛束致密的加片型毛条。使用硅胶密封时胶缝应填充密实、表面光滑平整，无气孔、脱胶、断胶等现象。

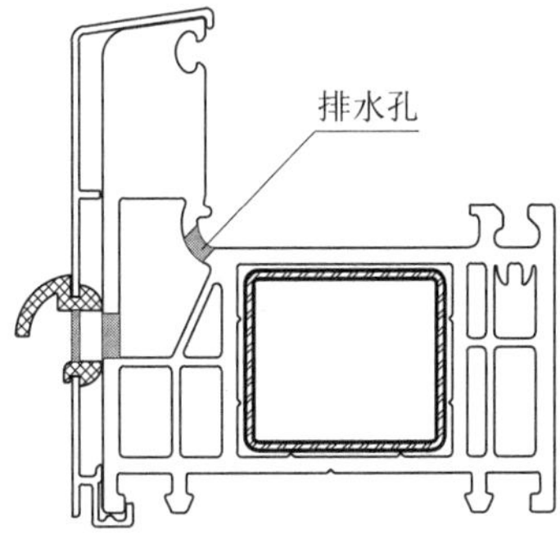

图 7–18 窗框排水孔示意

7.4.2 门窗的节能措施

从提高建筑热工性能角度出发，门窗洞口的布置应考虑冬季利用日照并避开冬季主导风向；严寒地区建筑的外门应设置门斗，寒冷地区建筑面向冬季主导风向的外门应设置门斗或双层外门，其他外门宜设置门斗或应采取措施减少冷风渗透；夏热冬冷、夏热冬暖和温和地区建筑的外门应采取保温隔热措施。

目前国家和地方的建筑节能设计规范，在门窗的传热系数、遮阳系数、可见光透射比、窗墙面积比、外窗可开启面积、气密性、凸窗设置等方面都制定了明确标准，设计时应遵守。特殊情况无法满足规定时，应根据相关的建筑节能设计标准进行围护结构热工性能权衡判断。

门窗材料应该提倡使用热稳定性较好的材料，或者在金属门窗的断面上用硬质塑料隔热条或注胶进行断热处理（图 7–19）。严寒地区、寒冷地区建筑应采用木窗、塑料窗、铝木复合门窗、铝塑复合门窗、钢塑复合门窗和断热铝合金门窗等保温性能好的门窗，严寒地区建筑采用断热金属门窗时宜采用双层窗。为提高门窗的保温性能，应使用中空玻璃、Low–E 中空玻璃、充惰性气体 Low–E 中空玻璃等保温性能良好的玻璃，

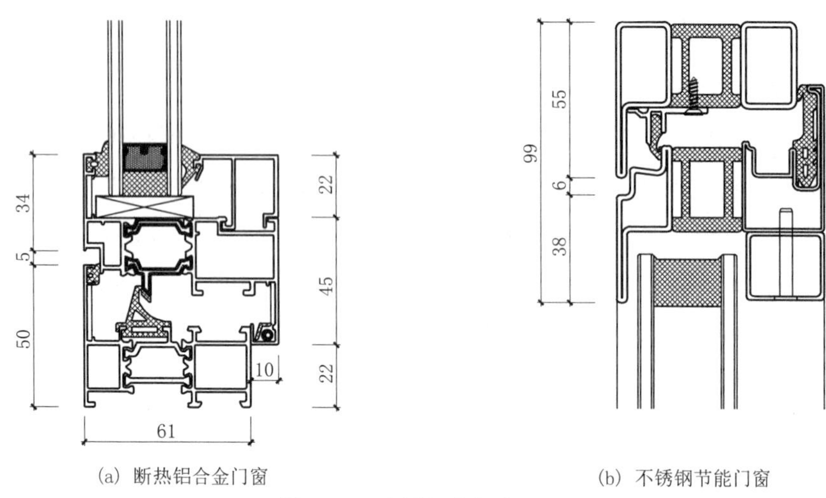

（a）断热铝合金门窗

（b）不锈钢节能门窗

图 7–19　金属门窗断热处理

保温要求高时还可采用三玻两腔、真空玻璃等；如需提高门窗的隔热性能、降低遮阳系数，可采用单片吸热玻璃、单片镀膜玻璃、吸热中空玻璃、镀膜中空玻璃、涂膜玻璃等。

7.4.3　遮阳设计

建筑物在夏季受到强烈日照时，大量太阳辐射热进入室内，会导致建筑内部过热、能耗增加，影响使用舒适度。采用有效的遮阳措施，可以降低建筑物运行能耗，满足节能要求，并减少太阳辐射对室内热舒适度和视觉舒适度的不利影响。故现行规范规定，建筑物的东向、西向和南向外窗或透明幕墙、屋顶天窗或采光顶，应采取遮阳措施。有效的遮阳措施包括绿化遮阳、结合建筑构件的遮阳（如阳台、雨篷、外廊、挑檐等）和专门设置的遮阳，其中专门设置的遮阳有水平遮阳、垂直遮阳、综合遮阳、挡板遮阳、百叶内遮阳、活动百叶外遮阳等种类。

建筑遮阳设计应考虑当地的地理位置、气候特征、建筑类型、建筑功能、建筑造型、透明围护结构朝向等因素，并应优先选择外遮阳。外遮阳将 60% ～ 80% 的太阳辐射直接反射出去或吸收，使辐射热散发到室外，节能效果较好，而内遮阳吸收的太阳能仍留在室内，节能效果不如外遮阳理想。外遮阳有以下几种类型（图 7–20）。

（1）水平遮阳：当太阳高度角较大时，可以有效遮挡来自窗口上前方的直射阳光。

（2）垂直遮阳：当太阳高度角较小时，可以有效遮挡来自窗口侧面的斜射阳光。

（3）综合遮阳：可以有效遮挡从窗口前侧向斜射下来的阳光。它兼有水平遮阳和垂直遮阳的优点，对于遮挡各个朝向以及高度角低的太阳光都比较有效。

（4）挡板遮阳：可以有效遮挡从窗口正前方投射下来的阳光。

建筑物不同朝向的门窗洞口应针对不同的太阳辐射特征选择合理的遮阳形式，南向宜采用水平遮阳，东北、西北及北回归线以南地区的北向宜采用垂直遮阳，东南、

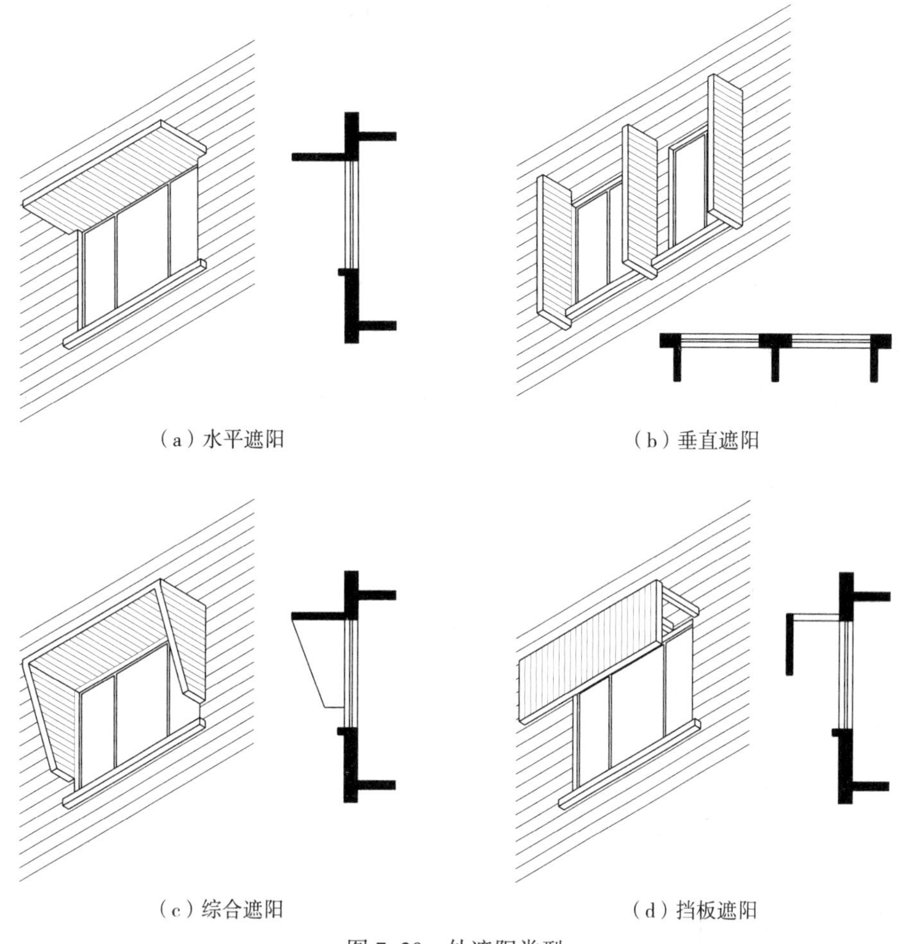

（a）水平遮阳　（b）垂直遮阳

（c）综合遮阳　（d）挡板遮阳

图 7–20　外遮阳类型

西南向宜采用综合遮阳，东、西向宜采用挡板遮阳。

遮阳设计应兼顾通风及冬季日照，宜优先选用活动式遮阳。冬季有采暖需求的房间设置门窗洞口遮阳时，应采用活动式遮阳、活动式中间遮阳，或采用遮阳系数冬季大、夏季小的固定式遮阳。建筑遮阳应与建筑立面、门窗洞口构造一体化设计，新建建筑应做到遮阳装置与建筑同步设计、同步施工、同步验收。

本章引用的规范性文件

《门、窗、幕墙窗用五金附件》04J631

《百叶窗（一）》05J624—1

《快速软帘卷门 透明分节门 滑升门 卷帘门》08CJ17

《彩色涂层钢板门窗》09J602—2

《全国民用建筑工程设计技术措施—规划·建筑·景观》2009JSCS—1

《全国民用建筑工程设计技术措施–建筑产品选用技术（建筑·装修）》2009JSCS–CP1

《不锈钢门窗》13J602—3

《木门窗》16J601

《塑料门窗》16J604

《建筑节能门窗》16J607

《特种门窗（一）》17J610—1

《特种门窗（二）》17J610—2

《建筑专业设计常用数据（按 2020 年 3 月 31 日前出版的标准、规范编制）》17J911

《防火门》GB 12955—2015

《防火卷帘》GB 14102—2005

《防火窗》GB 16809—2008

《建筑设计防火规范》GB 50016—2014

《建筑采光设计标准》GB 50033—2013

《住宅设计规范》GB 50096—2011

《中小学校设计规范》GB 50099—2011

《民用建筑热工设计规范》GB 50176—2016

《公共建筑节能设计标准》GB 50189—2015

《民用建筑设计统一标准》GB 50352—2019

《钢门窗》GB/T 20909—2017

《建筑用塑料窗》GB/T 28887—2012

《木门窗》GB/T 29498—2013

《建筑门窗五金件 通用要求》GB/T 32223—2015

《建筑制图标准》GB/T 50104—2010

《建筑门窗术语》GB/T 5823—2008

《铝合金门窗》GB/T 8478—2020

《卷帘门窗》JG/T 302—2011

《建筑门窗及幕墙用玻璃术语》JG/T 354—2012

《建筑幕墙用平推窗滑撑》JG/T 433—2014

《建筑门窗用铝塑共挤型材》JG/T 437—2014

《集成材木门窗》JG/T 464—2014

《塑料门窗工程技术规程》JGJ 103—2008

《铝合金门窗工程技术规范》JGJ 214—2010

《建筑遮阳工程技术规范》JGJ 237—2011
《宿舍建筑设计规范》JGJ 36—2016
《托儿所、幼儿园建筑设计规范》JGJ 39—2016（2019 年版）
《旅馆建筑设计规范》JGJ 62—2014
《室内木质门》LY/T 1923—2010
《木镶板门》LY/T 2878—2017
《木质门安装规范》WB/T 1047—2012

第 8 章　变形缝

在气温变化、地基不均匀沉降、地震等外界因素作用下，建筑物结构内部会产生附加变形和应力，为防止建筑物因此出现开裂、挤压甚至破坏的情况而预留的构造缝就是变形缝。

8.1　变形缝的种类与设置

8.1.1　变形缝的种类

建筑变形缝按其作用分为伸缩缝、沉降缝和防震缝三种类型。

伸缩缝（又称温度缝）应对昼夜温差引起的变形问题，它是设置在应力比较集中的部位，将建筑物分割成不同的独立单元并且保证彼此能自由伸缩的竖向缝；沉降缝应对不均匀沉降引起的变形问题，设置在因基础沉降出现显著差异而可能引起结构难以承受的内力和变形的部位；防震缝（又称抗震缝）应对地震可能引起的变形问题，设置在建筑层数、质量、刚度差异较大而可能在地震时引起应力或变形集中的部位。

8.1.2　变形缝的设置原则

设置变形缝会对建筑的保温隔声、止水防渗及视觉美观产生不利影响，也会给结构布置、构件传力和设备设计带来一定困难，故建筑设计中应通过调整建筑平面尺寸和结构布置，以及采取有效的构造和施工措施，控制变形缝数量，尽量少设缝或不设缝。当必须设缝时，应遵循“一缝多能”的设计原则，宜使伸缩缝、沉降缝、防震缝三缝合一，并应按规范要求采取可靠的构造措施，保证必要的缝宽，防止使用中发生碰撞破坏。

变形缝宜沿结构平面直线通过，特别是防震缝，不应采用折线形式。

变形缝设置应根据缝的具体性质和条件进行设计，使其在产生位移或变形时不受阻，同时不破坏建筑物。变形缝不应穿过盥洗室、卫生间、浴室、厕所等用水的房间，也不应穿过配电间等严禁有漏水的房间。

8.1.3　变形缝的设置要求

1. 伸缩缝

伸缩缝的设置需要考虑的因素包括建筑物的长度、结构类型和屋盖刚度以及屋面是否设有保温或隔热层。其中，建筑物的长度直接关系到温度应力的积累，结构类型和屋盖刚度主要关系到温度应力的传递及对结构其他部分的影响，是否设有保温或隔热层则关系到温度应力对结构产生直接影响的程度。

伸缩缝设置的最大间距应参照相关规范规定，见表 8–1、表 8–2。

表 8–1　砌体房屋伸缩缝最大间距（m）

屋盖或楼盖类别		间距
整体式或装配整体式钢筋混凝土结构	有保温层或隔热层的屋盖、楼盖	50
	无保温层或隔热层的屋盖	40
装配式无檩体系钢筋混凝土结构	有保温层或隔热层的屋盖、楼盖	60
	无保温层或隔热层的屋盖	50
装配式有檩体系钢筋混凝土结构	有保温层或隔热层的屋盖	75
	无保温层或隔热层的屋盖	60
瓦屋盖、木屋盖或楼盖、轻钢屋盖		100

注：1. 本表选自《砌体结构设计规范》GB 50003—2011。

2. 对烧结普通砖、烧结多孔砖、配筋砌块砌体房屋，取表中数值；对石砌体、蒸压灰砂普通砖、蒸压粉煤灰普通砖、混凝土砌块、混凝土普通砖和混凝土多孔砖房屋，取表中数值乘以 0.8 的系数，当墙体有可靠外保温措施时，其间距可取表中数值。

3. 层高大于 5m 的烧结普通砖、烧结多孔砖，配筋砌块砌体结构单层房屋，其伸缩缝间距可按表中数值乘以 1.3。

4. 温差较大且变化频繁地区和严寒地区不采暖的房屋及构筑物墙体的伸缩缝的最大间距，应按表中数值予以适当减小。

表 8–2　钢筋混凝土结构伸缩缝最大间距（m）

结构类型		室内或土中	露天
排架结构	装配式	100	70
框架结构	装配式	75	50
	现浇式	55	35
剪力墙结构	装配式	65	40
	现浇式	45	30
挡土墙、地下室墙壁等类结构	装配式	40	30
	现浇式	30	20

注：1. 本表选自《混凝土结构设计规范》GB 50010—2010（2015 年版）。

2. 装配整体式结构的伸缩缝间距，可根据结构的具体情况取表中装配式结构与现浇式结构之间的数值；框架 – 剪力墙结构或框架 – 核心筒结构房屋的伸缩缝间距，可根据结构的具体情况取表中框架结构与剪力墙结构之间的数值。

3. 当屋面无保温或隔热措施时，框架结构、剪力墙结构的伸缩缝间距宜按表中露天栏的数值取用。

4. 下列情况中伸缩缝最大间距宜适当减小：柱高（从基础顶面算起）低于 8m 的排架结构，屋面无保温、隔热措施的排架结构，气候干燥地区、夏季炎热且暴雨频繁地区以及经常处于高温作用下的结构，施工采用滑模类工艺的结构，混凝土材料收缩较大、施工期外露时间较长的结构。

5. 如有充分依据，下列情况中伸缩缝最大间距可适当增大：采取减小混凝土收缩或温度变化的措施；采用专门的预加应力或增配构造钢筋的措施；采用低收缩混凝土材料，采取跳仓浇筑、后浇带、控制缝等施工方法，并加强施工养护。

由于基础埋在地下，环境温度比较稳定，故其伸缩变形较小。因此，设置伸缩缝时在基础顶面以上将建筑物的墙体、楼板层、屋顶等构件竖向断开即可，而基础不需断开。

伸缩缝的宽度为 20 ～ 30mm，应根据所处具体位置，采取相应的密封防水措施，同时外围护结构缝内需要填塞保温材料。

2. 沉降缝

建筑物相邻部分高低悬殊或荷载悬殊、建筑物结构形式变化大、地基土质不均匀、新老建筑相邻等情况，都可能造成建筑物不均匀沉降，为此应考虑设置沉降缝，将建筑物划分成若干个可以自由沉降的独立单元，避免互相牵制而造成破坏。沉降缝从基础底部断开，并贯穿至建筑物的顶部。

建筑物中宜设置沉降缝的部位包括：

（1）建筑平面的转折部位；

（2）建筑物高度或荷载差异较大处；

（3）地基土的压缩性有显著差异处；

（4）建筑结构或基础类型不同以及房屋分期建造的交界处；

（5）长高比过大的砌体承重结构或钢筋混凝土框架结构的适当部位。

由于岩石地基刚度大，在岩性均匀的情况下可不考虑不均匀沉降的影响。如果建筑地下工程混凝土结构需要避免渗漏水，则沉降缝两侧最大允许沉降差值不应大于 30mm，否则可能造成止水带与混凝土脱开。

沉降缝同时也能起到伸缩缝的作用，所以当建筑物既需要设伸缩缝，又需要设沉降缝时，应尽量将它们合并。

3. 防震缝

建筑物平面不规则，或纵向形态复杂，都容易在地震时产生应力集中。在适当部位设置防震缝，将建筑物划分为多个较规则的抗侧力结构单元，可以避免建筑物因地震作用造成破坏。体型复杂、平立面不规则的建筑物，应根据其不规则程度、地基基础条件和技术经济等因素的比较分析，确定是否设置防震缝。

建筑物各部分结构刚度、质量截然不同时宜设防震缝，多层砌体房屋当立面高差在 6m 以上，或者有错层且楼板高差大于 1/4 层高时也宜设防震缝。防震缝应针对抗震设防烈度、结构材料种类、结构类型、结构单元的高度和高差以及可能的地震扭转效应的情况，留出足够的宽度，其两侧的上部结构应完全分开。当防震缝不同时承担沉降缝作用时可只在基础之上设置，基础不需断开，但在与上部防震缝对应处应加强构造和连接。

在有抗震设防要求的情况下，伸缩缝和沉降缝均应兼作防震缝，缝的宽度必须同时符合防震缝的要求。

4. 变形缝宽度

表 8–3　变形缝宽度

变形缝类型	结构条件		宽度（mm）
伸缩缝	/		20 ～ 30
沉降缝	土岩组合地基		30 ～ 50 （特殊情况可适当加宽）
	软弱地基	二至三层	50 ～ 80
		四至五层	80 ～ 120
		五层以上	≥ 120
防震缝	砌体结构		70 ～ 100
	框架结构（包括设置少量抗震墙的框架结构）	建筑物高度≤ 15m	100
		建筑物高度> 15m	在缝宽 100 基础上 6 度设防时，每增加 5m 高度，增加 20 7 度设防时，每增加 4m 高度，增加 20 8 度设防时，每增加 3m 高度，增加 20 9 度设防时，每增加 2m 高度，增加 20
	框架 — 抗震墙结构		≥框架结构缝宽的 70%，宜≥ 100
	抗震墙结构		≥框架结构缝宽的 50%，宜≥ 100

注：1. 抗震设防地区伸缩缝、沉降缝宽度均应按防震缝宽。

2. 防震缝两侧结构类型不同时，宜按需要较宽防震缝的结构类型和较低房屋高度确定缝宽。

8.2　结构与构造措施

8.2.1　针对变形缝的结构处理

变形缝将建筑物分割成多个单元，每个单元各自独立，既要满足断开要求，同时仍要保持互相联系，这就需要进行针对性结构设计。

一种方法是根据建筑承重体系不同，在变形缝两侧设双墙或双柱。用于伸缩缝或不承担沉降缝作用的防震缝时，基础可以不断开（图 8–1）。

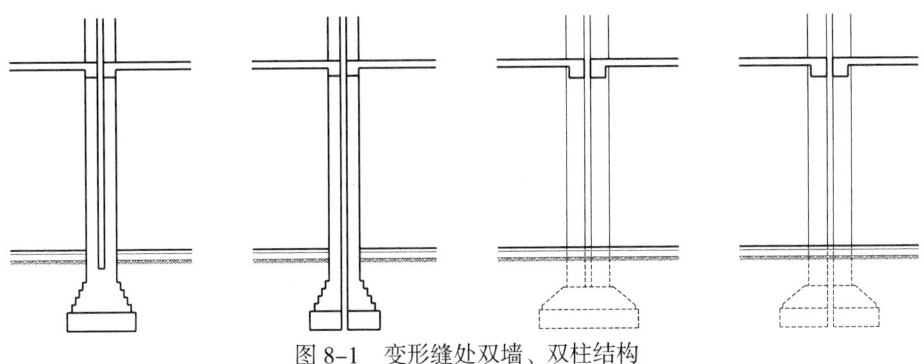

图 8–1　变形缝处双墙、双柱结构

另一种方法是采用悬挑结构，即变形缝两侧或一侧的竖向承重构件退开变形缝一定距离，再以水平构件向变形缝方向挑出（图 8–2）。

还可以采取简支的方法，在两个独立单元之间使用一段水平简支构件，形成连接过渡（图 8–3）。这种方法在抗震设防地区使用时应采取可靠措施，防止地震时碰撞和掉落。

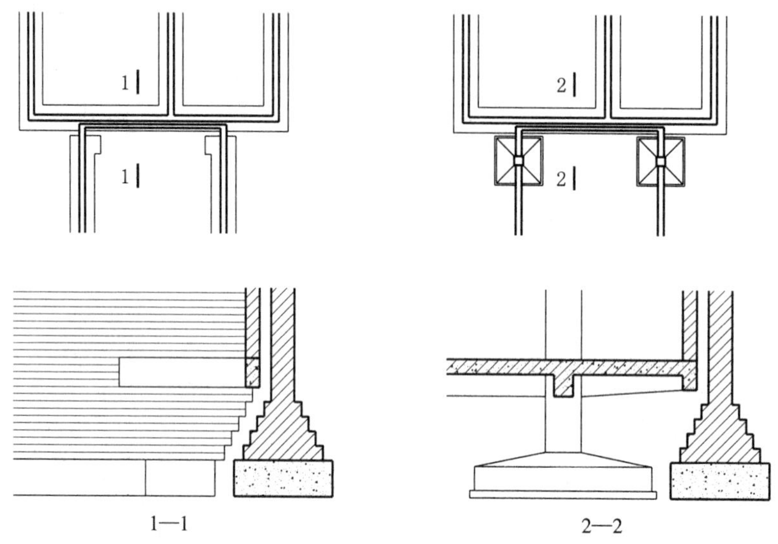

图 8–2　变形缝处悬挑结构

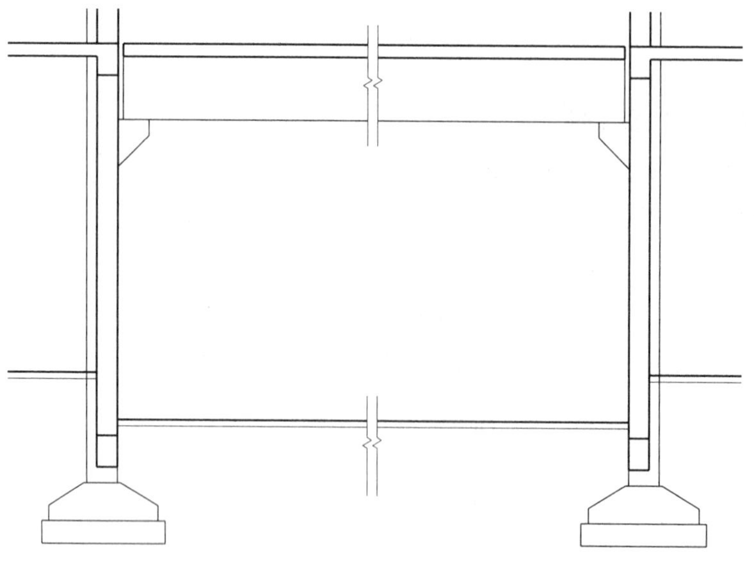

图 8–3　简支构件用于变形缝处理

8.2.2　盖缝构造

建筑物设置变形缝的部位必须根据建筑使用要求，分别采取防水、防火、保温、隔声、防老化、防腐蚀、防虫害和防脱落等盖缝措施，同时也要兼顾美观的需要。盖缝形式应针对变形缝不同类别的具体特征，保证构件在发生相应位置变形时不受阻、不被破坏，也不破坏主体结构。例如伸缩缝做盖缝板必须适应水平方向的位移，不过不必适应上下方向的位移。盖缝构件可以由施工人员现场制作安装，也可以使用由专业厂家制造的变形缝装置成品。

1. 屋面变形缝

在屋面部位，雨水天沟、檐沟不得跨越变形缝。

在等高变形缝顶部，宜加盖钢筋混凝土或金属盖板，高低跨变形缝泛水处应采用具有足够变形能力的材料和构造处理，高跨墙面上的防水卷材收头处应用金属压条钉压固定，并用密封材料封严，金属盖板也应固定牢固并密封严密。变形缝泛水处的防水层下应增设附加防水层，附加层在平面和立面的宽度不应小于 250mm，防水层应铺贴或涂刷至泛水墙的顶部；变形缝内应预填不燃保温材料，上部应采用防水卷材封盖，并放置衬垫材料，再在其上干铺一层卷材（图 8-4）。

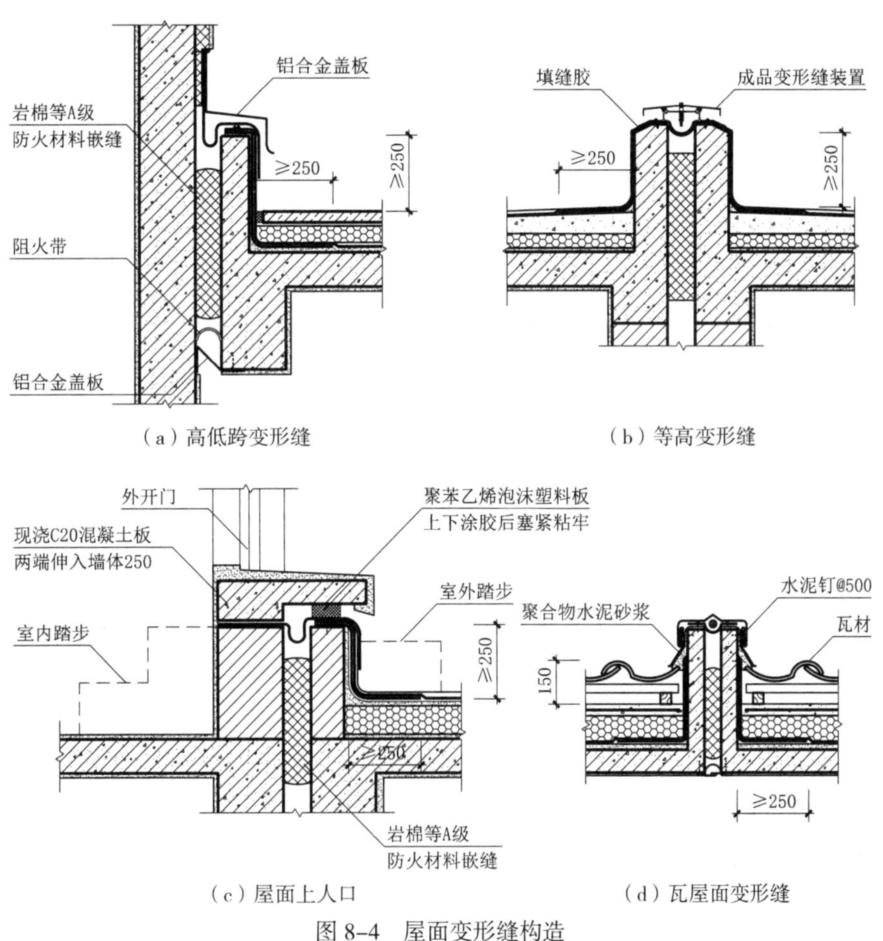

图 8-4　屋面变形缝构造

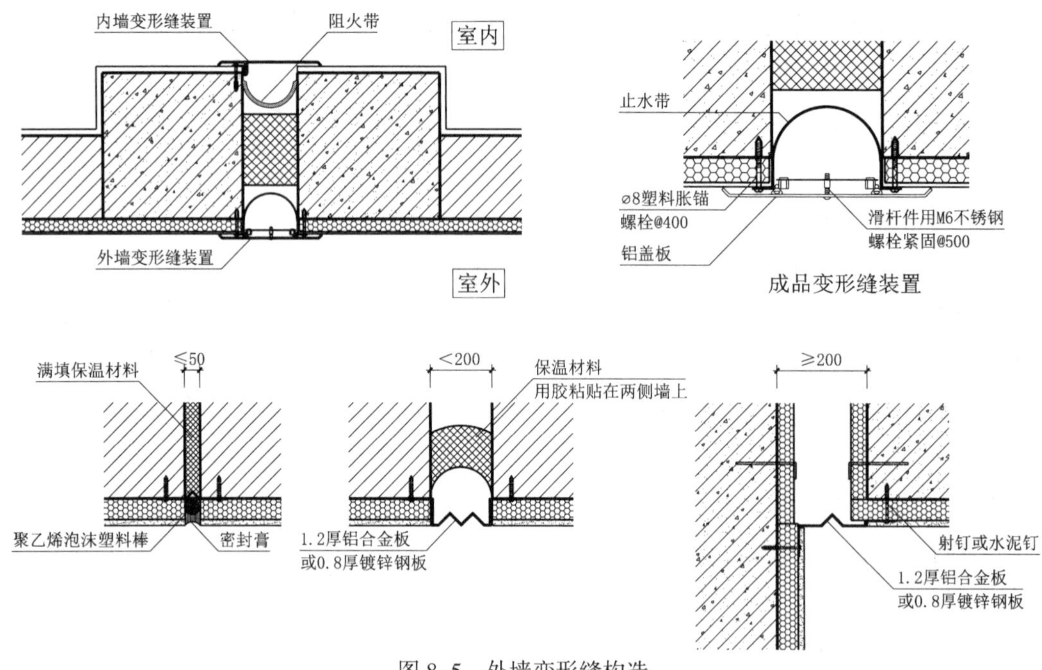

图 8–5　外墙变形缝构造

2. 墙面变形缝

外墙变形缝需根据使用要求做防水、保温处理，阻火带应设在墙体内侧，内墙阻火带则应设在火灾危险性较高房间一侧（图 8–5、图 8–6）。

3. 顶棚变形缝

直接式顶棚变形缝构造做法一般可与内墙变形缝相同。吊顶变形缝缝宽亦应与其他部位一致，设缝处主次龙骨应断开（图 8–6）。

4. 楼地面变形缝

因为要保证通行，楼地面变形缝的盖缝构件不能突出地面，同时还应满足其局部保温、防水、防火、防潮、隔声、防虫害等要求（图 8–7）。

5. 地下室变形缝

一般在地下室部位用于伸缩的变形缝宜少设。变形缝处混凝土结构的厚度不应小于 300mm，如采用局部加厚方式加厚部分的宽度为 700mm。变形缝复合防水构造一般使用中埋式止水带与外贴防水层、嵌缝材料或可卸式止水带复合使用（图 8–8）。环境温度长期高于 50℃的地下室变形缝，所使用中埋式止水带应为金属止水带。

8.2.3　免设缝的技术对策

建筑物中设缝会使得构造更加复杂，给建筑、结构和施工带来一定的不便。而要做到少设缝或不设缝，需要采取有效的技术措施。

配置预应力温度筋或在温度应力大的部位增设温度筋，都是主动抗裂的方法，可以抵抗可能产生的温度应力，使建筑物少设或不设伸缩缝，但必须经过计算确定。

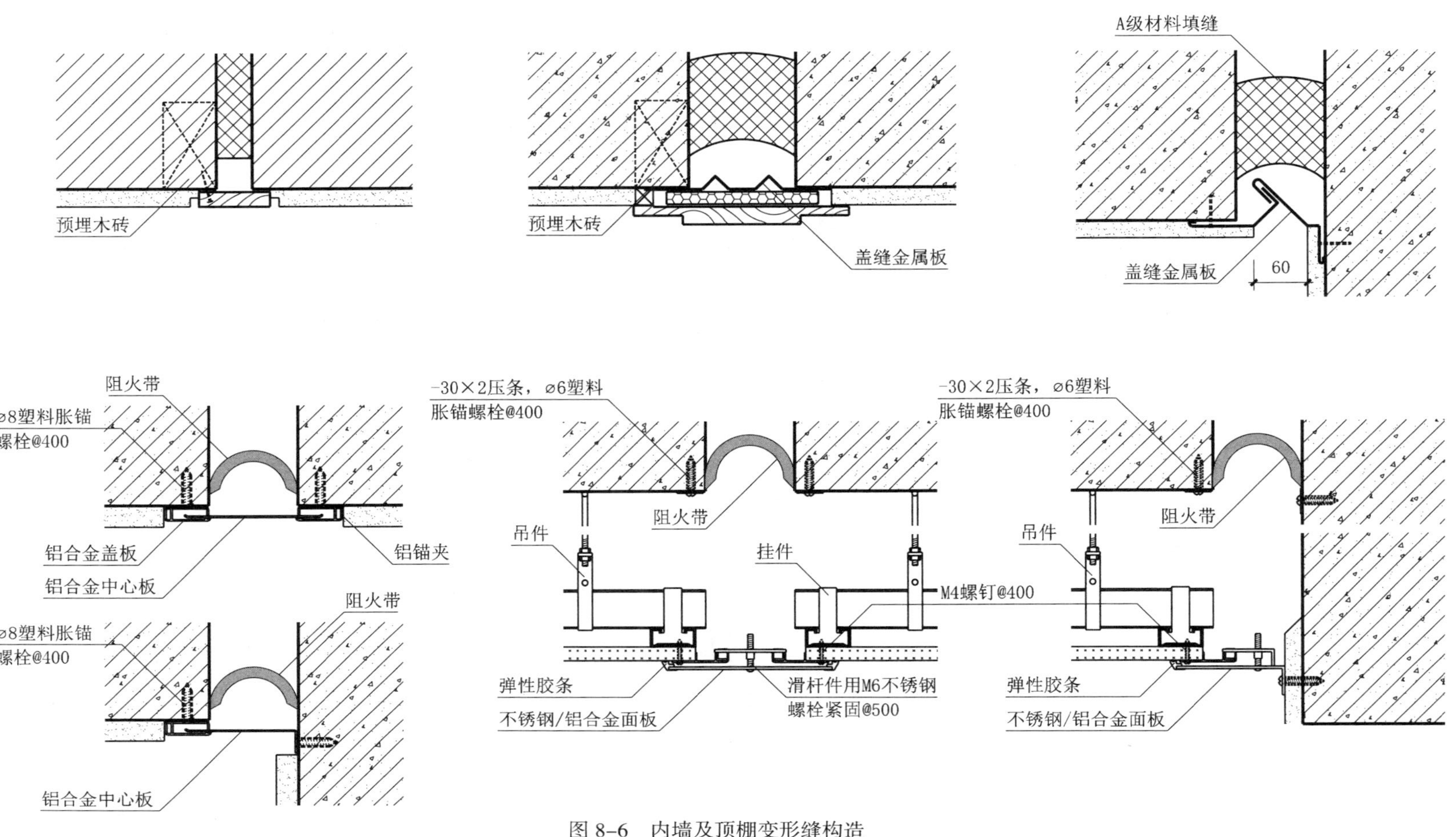

图 8-6　内墙及顶棚变形缝构造

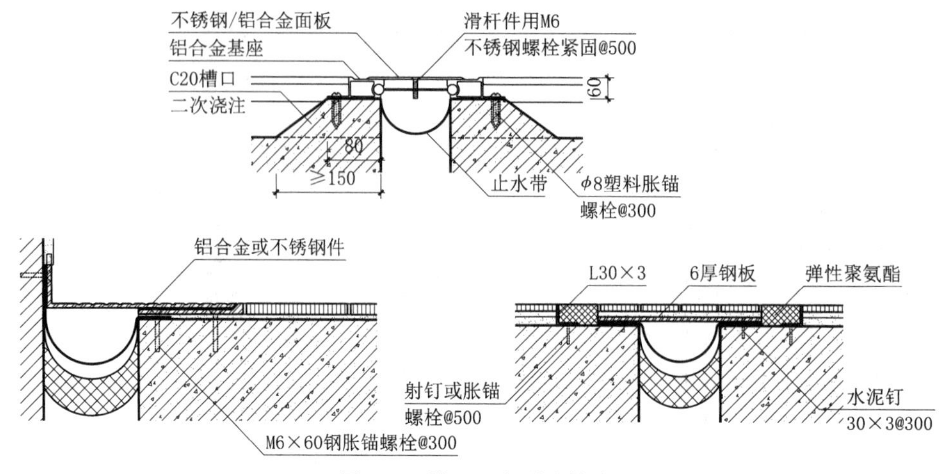

图 8-7　楼地面变形缝构造

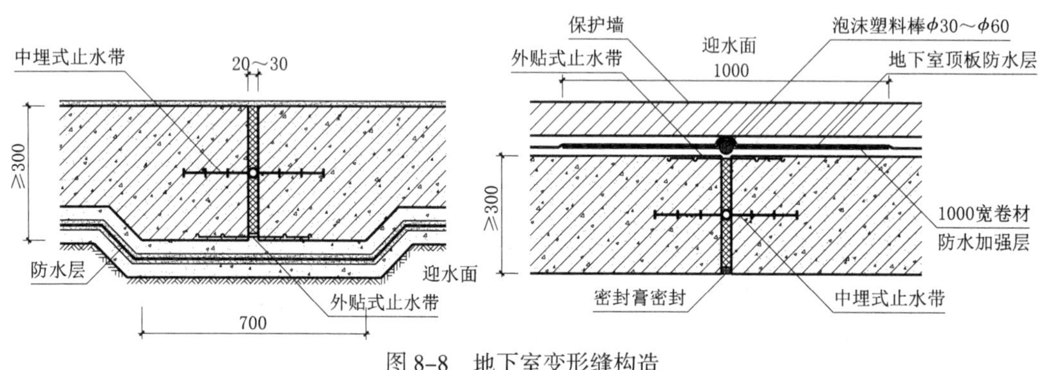

图 8-8　地下室变形缝构造

采用后浇带是钢筋混凝土结构建筑中常见的避免设置变形缝的方法。后浇带的位置一般应设在结构受力和变形较小的部位（如梁、板 1/3 跨度处，或连续梁跨中），现浇结构每隔 30 ～ 40m 间距设置施工后浇带，带宽 800 ～ 1000mm，构造形式可做成平直缝或阶梯缝。通过后浇带的板、墙钢筋宜断开搭接，梁主筋可不断开（图 8-9）。后浇带混凝土宜在 45 天后浇筑，这时混凝土收缩大约可以完成 60%。在高层建筑与裙房之间等两侧有不均匀沉降的情况下设置后浇带，其施工必须在沉降实测值与计算确定的后期沉降差满足设计要求后方可进行。

通过加大结构构件断面加强建筑物的整体性也可以避免设置沉降缝，但可能因对建筑某些部位的特殊处理而需要较高的投资（图 8-10）。

建筑物需要避免设置防震缝时，应采用符合实际的计算模型，分析判明应力集中、变形集中或地震扭转效应等导致的易损部位，再对其采取相应的加强措施。

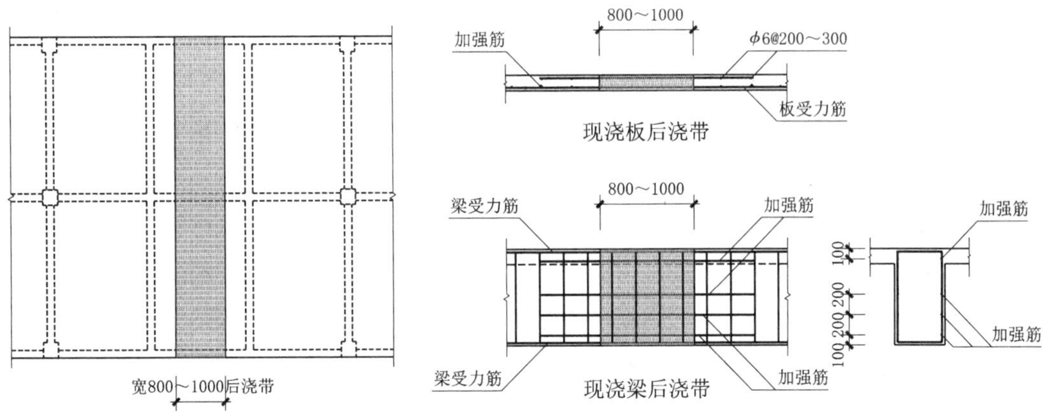

图 8-9　钢筋混凝土结构后浇带

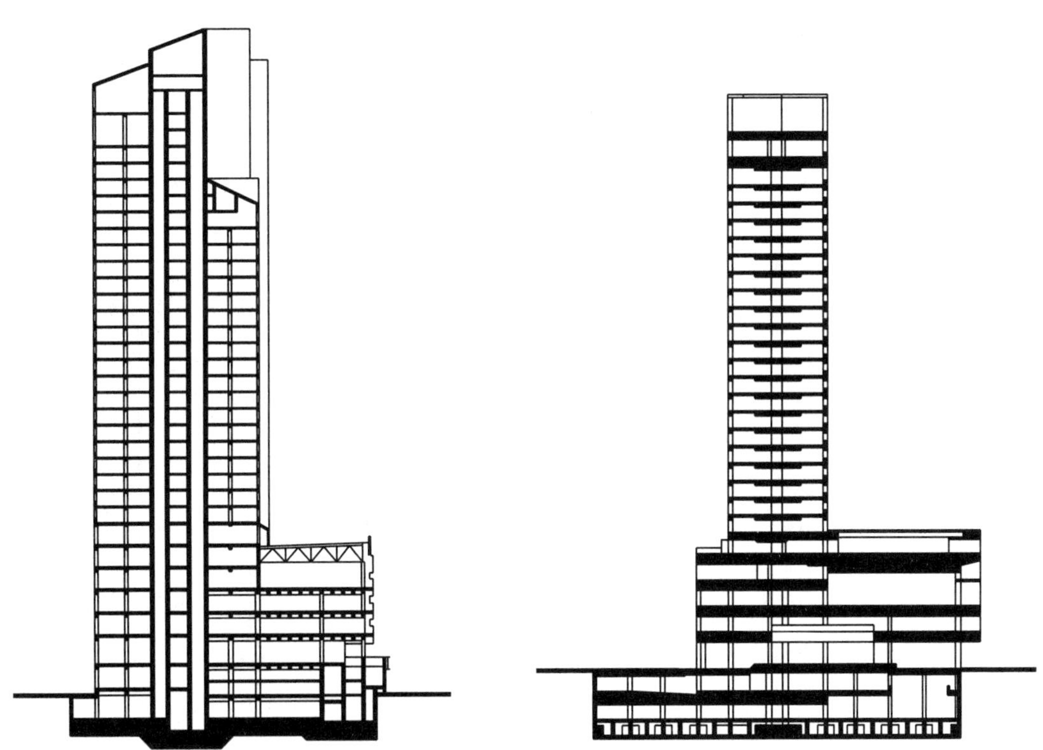

图 8-10　加强整体性对抗不均匀沉降

本章引用的规范性文件

《全国民用建筑工程设计技术措施—结构（结构体系）》2009JSCS-2

《全国民用建筑工程设计技术措施—规划·建筑·景观》2009JSCS-1

《地下建筑防水构造》10J301

《住宅建筑构造图集》11J930

《变形缝建筑构造》14J936

《砌体结构设计规范》GB 50003—2011

《建筑地基基础设计规范》GB 50007—2011

《混凝土结构设计规范》GB 50010—2010（2015 年版）

《建筑抗震设计规范》GB 50011—2010（2016 年版）

《地下工程防水技术规范》GB 50108—2008

《屋面工程技术规范》GB 50345—2012

《民用建筑设计统一标准》GB 50352—2019

《高层建筑混凝土结构技术规程》JGJ 3—2010

主要参考文献

[1] 颜宏亮 . 建筑构造 [M]. 上海：同济大学出版社，2010.

[2] 同济大学，西安建筑科技大学，东南大学，等 . 房屋建筑学 [M]. 5 版 . 北京：中国建筑工业出版社，2016.

[3] 胡向磊 . 建筑构造图解 [M]. 北京：中国建筑工业出版社，2015.

[4] 中国建筑学会 . 建筑设计资料集 [M]. 3 版 . 北京：中国建筑工业出版社，2017.

[5] 《建筑施工手册》编委会 . 建筑施工手册 [M]. 5 版 . 北京：中国建筑工业出版社，2012.

[6] 《建筑结构构造资料集》编辑委员会 . 建筑结构构造资料集下册 [M]. 2 版 . 北京：中国建筑工业出版社，2009.

[7] 江正荣 . 建筑分项施工工艺标准手册 [M]. 3 版 . 北京：中国建筑工业出版社，2009.

[8] 张道真 . 建筑防水 [M]. 北京：中国城市出版社，2014.6.

[9] CHING F D K， MULVILLE M. European Building Construction Illustrated[M]. New York: John Wiley & Sons，2014.

[10] MEHTA M， SCARBOROUGH W， ARMPRIEST D. Building Construction：Principles， Materials， and Systems[M]. Ohio： Pearson Prentice Hall，2008.

[11] ALLEN E， IANO J. Fundamentals of Building Construction：Materials and Methods[M]. New York: John Wiley & Sons，2019.